#수학첫단계
#리더공부비법
#개념과연산을한번에
#학원에서검증된문제집

수학리더
개념

Chunjae
Makes
Chunjae

▼

기획총괄	박금옥
편집개발	윤경옥, 박초아, 조은영, 김연정, 김수정, 임희정, 이혜지, 최민주, 한인숙
디자인총괄	김희정
표지디자인	윤순미, 박민정
내지디자인	박희춘, 조유정
제작	황성진, 조규영

발행일	2023년 4월 1일 3판 2024년 4월 1일 2쇄
발행인	(주)천재교육
주소	서울시 금천구 가산로9길 54
신고번호	제2001-000018호
고객센터	1577-0902
교재 구입 문의	1522-5566

수학 리더

개념 6-2

BOOK **1**

원기둥, 원뿔, 구

개념 기본서 **차례**

1 분수의 나눗셈 ································· 4

2 소수의 나눗셈 ································· 30

3 공간과 입체 ································· 56

4 비례식과 비례배분 ································· 84

5 원의 넓이 ································· 110

6 원기둥, 원뿔, 구 ································· 138

이 책의 구성과 특징 ✧✧

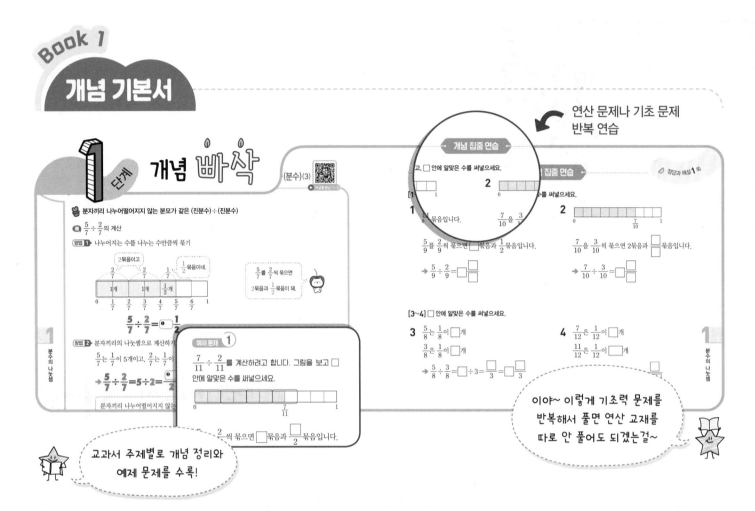

> 연산 문제나 기초 문제
> 반복 연습

1 단계 개념 빠삭 (분수)(3)

분자끼리 나누어떨어지지 않는 분모가 같은 (진분수)÷(진분수)

$\frac{5}{7} \div \frac{2}{7}$ 의 계산

방법 1 나누어지는 수를 나누는 수만큼씩 묶기

2묶음이고 $\frac{1}{2}$ 묶음이네.

$\frac{5}{7}$ 를 $\frac{2}{7}$ 씩 묶으면 2묶음과 $\frac{1}{2}$ 묶음이 돼.

$\frac{5}{7} \div \frac{2}{7} = \square \frac{1}{2}$

방법 2 분자끼리의 나눗셈으로 계산하기

$\frac{5}{7}$ 는 $\frac{1}{7}$ 이 5개이고, $\frac{2}{7}$ 는 $\frac{1}{7}$

$\rightarrow \frac{5}{7} \div \frac{2}{7} = 5 \div 2 = \frac{\square}{2}$

예제 문제 1

$\frac{7}{11} \div \frac{2}{11}$ 를 계산하려고 합니다. 그림을 보고 □ 안에 알맞은 수를 써넣으세요.

$\frac{2}{11}$ 씩 묶으면 □묶음과 $\frac{\square}{2}$ 묶음입니다.

> 교과서 주제별로 개념 정리와
> 예제 문제를 수록!

개념 집중 연습

고, □ 안에 알맞은 수를 써넣으세요.

1 □ 묶음입니다. $\frac{7}{10}$ 을 $\frac{3}{10}$

$\frac{5}{9}$ 를 $\frac{2}{9}$ 씩 묶으면 □묶음과 $\frac{1}{2}$ 묶음입니다.

$\rightarrow \frac{5}{9} \div \frac{2}{9} = \square$

2 $\frac{7}{10}$ 을 $\frac{3}{10}$ 씩 묶으면 2묶음과 □ 묶음입니다.

$\rightarrow \frac{7}{10} \div \frac{3}{10} = \square$

[3~4] □ 안에 알맞은 수를 써넣으세요.

3 $\frac{5}{8}$ 는 $\frac{1}{8}$ 이 □개

$\frac{3}{8}$ 은 $\frac{1}{8}$ 이 □개

$\rightarrow \frac{5}{8} \div \frac{3}{8} = \square \div 3 = \frac{\square}{3} = \square \frac{\square}{3}$

4 $\frac{7}{12}$ 은 $\frac{1}{12}$ 이 □개

$\frac{11}{12}$ 은 $\frac{1}{12}$ 이 □개

> 이야~ 이렇게 기초력 문제를
> 반복해서 풀면 연산 교재를
> 따로 안 풀어도 되겠는걸~

---

2 단계 ❶~❷ 익힘책 빠삭

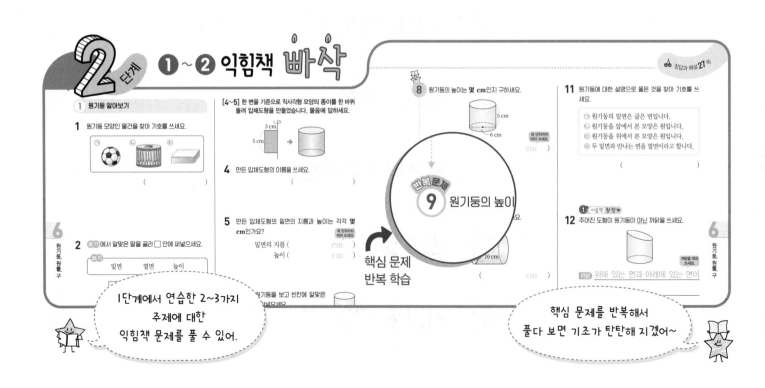

1 원기둥 알아보기

1 원기둥 모양인 물건을 찾아 기호를 쓰세요.

( )

2 보기 에서 알맞은 말을 골라 □ 안에 써넣으세요.

보기 밑면 옆면 높이

[4~5] 한 변을 기준으로 직사각형 모양의 종이를 한 바퀴 돌려 입체도형을 만들었습니다. 물음에 답하세요.

4 만든 입체도형의 이름을 쓰세요.

( )

5 만든 입체도형의 밑면의 지름과 높이는 각각 몇 cm인가요?

밑면의 지름 (cm)
높이 (cm)

원기둥을 보고 빈칸에 알맞은 써넣으세요.

> 1단계에서 연습한 2~3가지
> 주제에 대한
> 익힘책 문제를 풀 수 있어.

8 원기둥의 높이는 몇 **cm**인지 구하세요.

반복문제 9 원기둥의 높이

> 핵심 문제
> 반복 학습

(cm)

11 원기둥에 대한 설명으로 옳은 것을 찾아 기호를 쓰세요.

㉠ 원기둥의 밑면은 굽은 면입니다.
㉡ 원기둥을 앞에서 본 모양은 원입니다.
㉢ 원기둥을 위에서 본 모양은 원입니다.
㉣ 두 밑면과 만나는 면을 옆면이라고 합니다.

12 주어진 도형이 원기둥이 아닌 까닭을 쓰세요.

까닭 위에 있는 면과 아래에 있는 면이

> 핵심 문제를 반복해서
> 풀다 보면 기초가 탄탄해 지겠어~

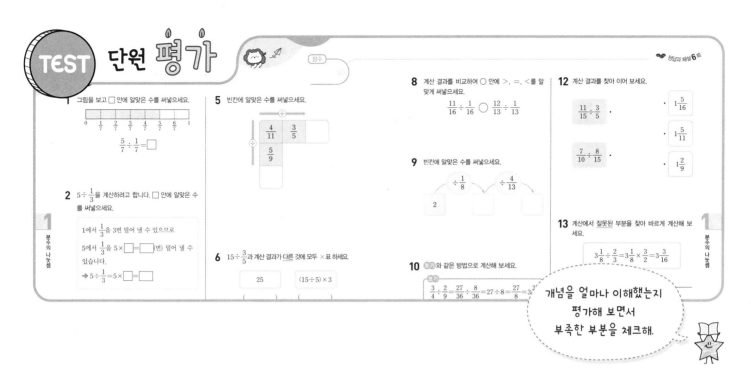

1 그림을 보고 □ 안에 알맞은 수를 써넣으세요.

$$\frac{5}{7} \div \frac{1}{7} = \boxed{}$$

2 $5 \div \frac{1}{3}$ 을 계산하려고 합니다. □ 안에 알맞은 수를 써넣으세요.

1에서 $\frac{1}{3}$ 을 3번 덜어 낼 수 있으므로 5에서 $\frac{1}{3}$ 을 $5 \times \boxed{} = \boxed{}$ (번) 덜어 낼 수 있습니다.

→ $5 \div \frac{1}{3} = 5 \times \boxed{} = \boxed{}$

5 빈칸에 알맞은 수를 써넣으세요.

6 $15 \div \frac{3}{5}$ 과 계산 결과가 다른 것에 모두 ×표 하세요.

| 25 | $(15 \div 5) \times 3$ |

8 계산 결과를 비교하여 ○ 안에 >, =, <를 알맞게 써넣으세요.

$$\frac{11}{16} \div \frac{1}{16} \bigcirc \frac{12}{13} \div \frac{1}{13}$$

9 빈칸에 알맞은 수를 써넣으세요.

$$2 \xrightarrow{\div \frac{1}{8}} \boxed{} \xrightarrow{\div \frac{4}{13}} \boxed{}$$

10 보기 와 같은 방법으로 계산해 보세요.

보기
$$\frac{3}{4} \div \frac{2}{9} = \frac{27}{36} \div \frac{8}{36} = 27 \div 8 = \frac{27}{8} = 3\frac{3}{8}$$

12 계산 결과를 찾아 이어 보세요.

$$\frac{11}{15} \div \frac{3}{5} \cdot \qquad \cdot 1\frac{5}{16}$$
$$\cdot 1\frac{5}{11}$$
$$\frac{7}{10} \div \frac{8}{15} \cdot \qquad \cdot 1\frac{2}{9}$$

13 계산에서 잘못된 부분을 찾아 바르게 계산해 보세요.

$$3\frac{1}{8} \div \frac{2}{3} = 3\frac{1}{8} \times \frac{3}{2} = 3\frac{3}{16}$$

개념을 얼마나 이해했는지 평가해 보면서 부족한 부분을 체크해.

Book 2

보충 문제집

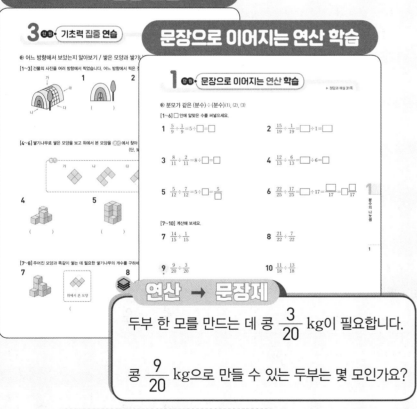

기초력 집중 연습

3 단원 · 기초력 집중 연습

문장으로 이어지는 연산 학습

1 단원 · 문장으로 이어지는 연산 학습

▶ 정답과 해설 31쪽

◈ 분모가 같은 (분수)÷(분수) (1), (2), (3)

[1~6] □ 안에 알맞은 수를 써넣으세요.

1 $\frac{5}{9} \div \frac{1}{9} = 5 \div \boxed{} = \boxed{}$

2 $\frac{15}{19} \div \frac{1}{19} = \boxed{} \div 1 = \boxed{}$

3 $\frac{8}{11} \div \frac{1}{11} = 8 \div \boxed{} = \boxed{}$

4 $\frac{12}{13} \div \frac{6}{13} = \boxed{} \div 6 = \boxed{}$

5 $\frac{5}{12} \div \frac{7}{12} = 5 \div \boxed{} = \frac{5}{\boxed{}}$

6 $\frac{22}{25} \div \frac{17}{25} = 17 \div \boxed{} = \boxed{} \frac{\boxed{}}{17}$

[7~10] 계산해 보세요.

7 $\frac{14}{15} \div \frac{7}{15}$

8 $\frac{21}{22} \div \frac{7}{22}$

9 $\frac{9}{20} \div \frac{3}{20}$

10 $\frac{11}{18} \div \frac{3}{18}$

성취도 평가

1 단원 · 성취도 평가

▶ 정답과 해설 32쪽

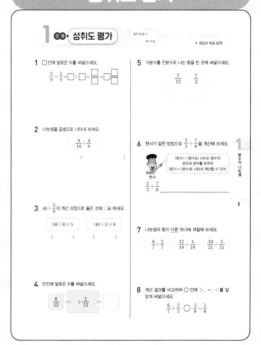

1 □ 안에 알맞은 수를 써넣으세요.

$$\frac{5}{9} \div \frac{2}{9} = \boxed{} \div \boxed{} = \frac{\boxed{}}{\boxed{}}$$

2 나눗셈을 곱셈으로 나타내 보세요.

$$\frac{9}{10} \div \frac{4}{9}$$

3 $40 \div \frac{5}{8}$ 의 계산 과정으로 옳은 것에 ○표 하세요.

| $(40 \div 8) \times 5$ | $(40 \div 5) \times 8$ |

4 빈칸에 알맞은 수를 써넣으세요.

$$\frac{8}{13} \xrightarrow{\div \frac{1}{13}} \boxed{}$$

5 가분수를 진분수로 나누는 몫을 빈 곳에 써넣으세요.

$$\frac{7}{12} \qquad \frac{7}{2}$$

6 현서가 말한 방법으로 $\frac{2}{3} \div \frac{7}{8}$ 을 계산해 보세요.

(분수)÷(분수)는 나누는 분수의 분모와 분자를 바꾸어 (분수)×(분수)로 나타내 계산할 수 있어

현서

$$\frac{2}{3} \div \frac{7}{8}$$

7 나눗셈의 몫이 다른 하나에 색칠해 보세요.

| $\frac{6}{7} \div \frac{2}{7}$ | $\frac{6}{19} \div \frac{2}{19}$ | $\frac{15}{21} \div \frac{5}{21}$ |

8 계산 결과를 비교하여 ○ 안에 >, =, <를 알맞게 써넣으세요.

$$\frac{6}{7} \div \frac{2}{7} \bigcirc 3\frac{8}{1} \div \frac{1}{8}$$

연산 → 문장제

두부 한 모를 만드는 데 콩 $\frac{3}{20}$ kg이 필요합니다.

콩 $\frac{9}{20}$ kg으로 만들 수 있는 두부는 몇 모인가요?

기초력 문제를 반복 수록하여 기초를 튼튼하게! 연산 문제와 함께 문장제 문제까지 연습!

성취도 평가 문제를 풀어 보면서 내 실력을 확인해 볼 수 있어!

1 분수의 나눗셈

1단원 학습 계획표

✔ 이 단원의 표준 학습 일수는 5일입니다. 계획대로 공부한 후 확인란에 사인을 받으세요.

이 단원에서 배울 내용	쪽수	계획한 날	확인
1단계 개념 빠삭 ❶ 분모가 같은 (분수)÷(분수)(1) ❷ 분모가 같은 (분수)÷(분수)(2) ❸ 분모가 같은 (분수)÷(분수)(3)	6~11쪽	월 일	확인했어요! ☺
2단계 익힘책 빠삭	12~13쪽	월 일	확인했어요! ☺
1단계 개념 빠삭 ❹ 분모가 다른 (분수)÷(분수) ❺ (자연수)÷(분수)	14~17쪽	월 일	확인했어요! ☺
2단계 익힘책 빠삭	18~19쪽		
1단계 개념 빠삭 ❻ (분수)÷(분수)를 (분수)×(분수)로 나타내기 ❼ (분수)÷(분수) 계산하기	20~23쪽	월 일	확인했어요! ☺
2단계 익힘책 빠삭	24~25쪽		
TEST 1단원 평가	26~28쪽	월 일	확인했어요! ☺

🍎 나날이 다달이 자라거나 발전한다는 뜻의 고사성어는?

1단계 개념 빠삭

❶ 분모가 같은 (분수)÷(분수) ⑴

▶ 개념동영상 1-①

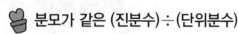 분모가 같은 (진분수)÷(단위분수)

(예) $\dfrac{4}{5} \div \dfrac{1}{5}$의 계산

방법 1 나누어지는 수에서 나누는 수만큼씩 덜어 내기

$\dfrac{4}{5}$에서 $\dfrac{1}{5}$을 4번 덜어 낼 수 있어.

$$\underbrace{\dfrac{4}{5} - \dfrac{1}{5} - \dfrac{1}{5} - \dfrac{1}{5} - \dfrac{1}{5}}_{\text{4번}} = 0 \ \Rightarrow \ \dfrac{4}{5} \div \dfrac{1}{5} = \boxed{❶}$$

방법 2 분자끼리의 나눗셈으로 계산하기

$\dfrac{4}{5}$는 $\dfrac{1}{5}$이 $\boxed{❷}$ 개이고, $\dfrac{1}{5}$은 $\dfrac{1}{5}$이 $\boxed{❸}$ 개이므로 4개를 1개로 나누는 것과 같습니다.

$$\Rightarrow \dfrac{4}{5} \div \dfrac{1}{5} = 4 \div 1 = 4$$

$$\dfrac{▲}{■} \div \dfrac{1}{■} = ▲ \div 1$$

정답 확인 | ❶ 4 ❷ 4 ❸ 1

예제 문제 1

그림을 보고 □ 안에 알맞은 수를 써넣으세요.

(1)

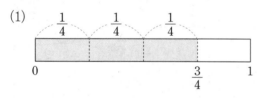

$\dfrac{3}{4}$에서 $\dfrac{1}{4}$을 □번 덜어 낼 수 있으므로

$\dfrac{3}{4} \div \dfrac{1}{4} = \boxed{}$입니다.

(2)

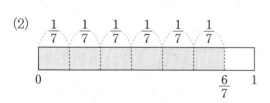

$\dfrac{6}{7}$에서 $\dfrac{1}{7}$을 □번 덜어 낼 수 있으므로

$\dfrac{6}{7} \div \dfrac{1}{7} = \boxed{}$입니다.

예제 문제 2

$\dfrac{7}{9} \div \dfrac{1}{9}$을 계산하려고 합니다. □ 안에 알맞은 수를 써넣으세요.

(1) $\dfrac{7}{9}$은 $\dfrac{1}{9}$이 □ 개이고,

$\dfrac{1}{9}$은 $\dfrac{1}{9}$이 □ 개입니다.

(2) $\dfrac{7}{9} \div \dfrac{1}{9} = \boxed{} \div 1 = \boxed{}$

예제 문제 3

□ 안에 알맞은 수를 써넣으세요.

$$\dfrac{9}{10} \div \dfrac{1}{10} = \boxed{} \div \boxed{} = \boxed{}$$

1 분수의 나눗셈

[1~2] 그림을 보고 □ 안에 알맞은 수를 써넣으세요.

1

$\dfrac{2}{3}$에서 $\dfrac{1}{3}$을 □번 덜어 낼 수 있습니다.

➡ $\dfrac{2}{3} \div \dfrac{1}{3} = \boxed{}$

2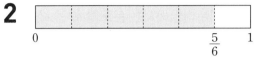

$\dfrac{5}{6}$에서 $\dfrac{1}{6}$을 □번 덜어 낼 수 있습니다.

➡ $\dfrac{5}{6} \div \dfrac{1}{6} = \boxed{}$

[3~6] □ 안에 알맞은 수를 써넣으세요.

3 $\dfrac{3}{7} \div \dfrac{1}{7} = \boxed{} \div \boxed{} = \boxed{}$

4 $\dfrac{7}{12} \div \dfrac{1}{12} = \boxed{} \div \boxed{} = \boxed{}$

5 $\dfrac{6}{11} \div \dfrac{1}{11} = \boxed{} \div \boxed{} = \boxed{}$

6 $\dfrac{4}{9} \div \dfrac{1}{9} = \boxed{} \div \boxed{} = \boxed{}$

분모가 같은 (진분수)÷(단위분수)의 계산은 분자끼리의 나눗셈으로 계산할 수 있어.

[7~12] 계산해 보세요.

7 $\dfrac{5}{8} \div \dfrac{1}{8}$

8 $\dfrac{11}{14} \div \dfrac{1}{14}$

9 $\dfrac{13}{15} \div \dfrac{1}{15}$

10 $\dfrac{8}{13} \div \dfrac{1}{13}$

11 $\dfrac{9}{16} \div \dfrac{1}{16}$

12 $\dfrac{10}{17} \div \dfrac{1}{17}$

🌱 분자끼리 나누어떨어지는 분모가 같은 (진분수)÷(진분수)

예 $\dfrac{4}{5} \div \dfrac{2}{5}$의 계산

방법 1 나누어지는 수에서 나누는 수만큼씩 덜어 내기

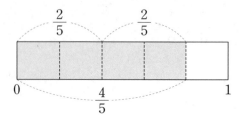

$\dfrac{4}{5}$에서 $\dfrac{2}{5}$를 2번 덜어 낼 수 있어.

$$\underset{2번}{\dfrac{4}{5} - \dfrac{2}{5} - \dfrac{2}{5}} = 0 \ \rightarrow \ \dfrac{4}{5} \div \dfrac{2}{5} = \boxed{❶}$$

방법 2 분자끼리의 나눗셈으로 계산하기

$\dfrac{4}{5}$는 $\dfrac{1}{5}$이 $\boxed{❷}$개이고, $\dfrac{2}{5}$는 $\dfrac{1}{5}$이 $\boxed{❸}$개이므로 4개를 2개로 나누는 것과 같습니다.

$$\rightarrow \ \dfrac{4}{5} \div \dfrac{2}{5} = 4 \div 2 = 2$$

> 분자끼리 나누어떨어지는 분모가 같은 (진분수)÷(진분수)는 분자끼리 나누어 계산합니다.
>
>

1

분수의 나눗셈

8

정답 확인 | ❶ 2 ❷ 4 ❸ 2

예제 문제 1

그림을 보고 ☐ 안에 알맞은 수를 써넣으세요.

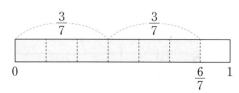

(1) $\dfrac{6}{7}$에서 $\dfrac{3}{7}$을 ☐번 덜어 낼 수 있습니다.

(2) $\dfrac{6}{7} \div \dfrac{3}{7} = \boxed{}$

예제 문제 2

$\dfrac{10}{11} \div \dfrac{5}{11}$를 계산하려고 합니다. ☐ 안에 알맞은 수를 써넣으세요.

$\dfrac{10}{11}$은 $\dfrac{1}{11}$이 $\boxed{}$개이고,

$\dfrac{5}{11}$는 $\dfrac{1}{11}$이 $\boxed{}$개이므로

$\dfrac{10}{11} \div \dfrac{5}{11} = \boxed{} \div 5 = \boxed{}$입니다.

[1~2] 그림을 보고 □ 안에 알맞은 수를 써넣으세요.

1
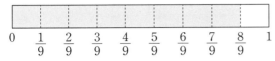

$\dfrac{8}{9}$에서 $\dfrac{2}{9}$를 □번 덜어 낼 수 있습니다.

➡ $\dfrac{8}{9} \div \dfrac{2}{9} = \boxed{}$

2
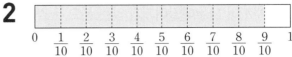

$\dfrac{9}{10}$에서 $\dfrac{3}{10}$을 □번 덜어 낼 수 있습니다.

➡ $\dfrac{9}{10} \div \dfrac{3}{10} = \boxed{}$

[3~6] □ 안에 알맞은 수를 써넣으세요.

3 $\dfrac{6}{11}$은 $\dfrac{1}{11}$이 □개

$\dfrac{2}{11}$는 $\dfrac{1}{11}$이 □개

➡ $\dfrac{6}{11} \div \dfrac{2}{11} = \boxed{} \div 2 = \boxed{}$

4 $\dfrac{8}{15}$은 $\dfrac{1}{15}$이 □개

$\dfrac{4}{15}$는 $\dfrac{1}{15}$이 □개

➡ $\dfrac{8}{15} \div \dfrac{4}{15} = 8 \div \boxed{} = \boxed{}$

5 $\dfrac{12}{13} \div \dfrac{4}{13} = \boxed{} \div \boxed{} = \boxed{}$

6 $\dfrac{18}{19} \div \dfrac{3}{19} = \boxed{} \div \boxed{} = \boxed{}$

분자끼리 나누어떨어지는 분모가 같은 (진분수)÷(진분수)의 계산은 분자끼리의 나눗셈으로 계산할 수 있어.

[7~12] 계산해 보세요.

7 $\dfrac{4}{9} \div \dfrac{2}{9}$

8 $\dfrac{15}{16} \div \dfrac{3}{16}$

9 $\dfrac{21}{22} \div \dfrac{3}{22}$

10 $\dfrac{16}{17} \div \dfrac{4}{17}$

11 $\dfrac{14}{23} \div \dfrac{7}{23}$

12 $\dfrac{24}{25} \div \dfrac{4}{25}$

1
분수의 나눗셈

9

🌱 분자끼리 나누어떨어지지 않는 분모가 같은 (진분수)÷(진분수)

예 $\frac{5}{7} \div \frac{2}{7}$의 계산

방법 **1** 나누어지는 수를 나누는 수만큼씩 묶기

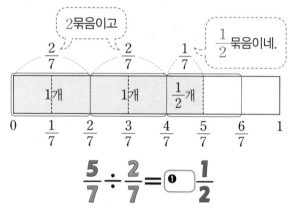

$\frac{5}{7}$를 $\frac{2}{7}$씩 묶으면
2묶음과 $\frac{1}{2}$묶음이 돼.

$$\frac{5}{7} \div \frac{2}{7} = ❶\boxed{} \frac{1}{2}$$

방법 **2** 분자끼리의 나눗셈으로 계산하기

$\frac{5}{7}$는 $\frac{1}{7}$이 5개이고, $\frac{2}{7}$는 $\frac{1}{7}$이 2개이므로 5개를 2개로 나누는 것과 같습니다.

$$→ \frac{5}{7} \div \frac{2}{7} = 5 \div 2 = \frac{❷\boxed{}}{2} = 2\frac{❸\boxed{}}{2}$$

> 분자끼리 나누어떨어지지 않는 분모가 같은 (진분수)÷(진분수)는 분자끼리 나누어 계산합니다.
>
> $$\frac{▲}{■} \div \frac{●}{■} = ▲ \div ● = \frac{▲}{●}$$

1

분수의 나눗셈

10

정답 확인 | ❶ 2 ❷ 5 ❸ 1

예제 문제 **1**

$\frac{7}{11} \div \frac{2}{11}$를 계산하려고 합니다. 그림을 보고 □ 안에 알맞은 수를 써넣으세요.

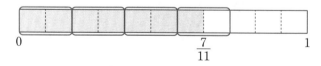

$\frac{7}{11}$을 $\frac{2}{11}$씩 묶으면 □묶음과 $\frac{\boxed{}}{2}$묶음입니다.

$$→ \frac{7}{11} \div \frac{2}{11} = \boxed{}\frac{\boxed{}}{2}$$

예제 문제 **2**

$\frac{4}{5} \div \frac{3}{5}$을 계산하려고 합니다. □ 안에 알맞은 수를 써넣으세요.

$\frac{4}{5}$는 $\frac{1}{5}$이 □개이고,

$\frac{3}{5}$은 $\frac{1}{5}$이 □개이므로

$$\frac{4}{5} \div \frac{3}{5} = 4 \div \boxed{} = \frac{4}{\boxed{}} = \boxed{}\frac{1}{\boxed{}}$$입니다.

[1~2] 나눗셈을 그림으로 나타내고, ☐ 안에 알맞은 수를 써넣으세요.

1

$\dfrac{5}{9}$를 $\dfrac{2}{9}$씩 묶으면 ☐묶음과 $\dfrac{1}{2}$묶음입니다.

➜ $\dfrac{5}{9} \div \dfrac{2}{9} = ☐\dfrac{☐}{☐}$

2

$\dfrac{7}{10}$을 $\dfrac{3}{10}$씩 묶으면 2묶음과 $\dfrac{☐}{☐}$묶음입니다.

➜ $\dfrac{7}{10} \div \dfrac{3}{10} = ☐\dfrac{☐}{☐}$

[3~4] ☐ 안에 알맞은 수를 써넣으세요.

3 $\dfrac{5}{8}$는 $\dfrac{1}{8}$이 ☐개

$\dfrac{3}{8}$은 $\dfrac{1}{8}$이 ☐개

➜ $\dfrac{5}{8} \div \dfrac{3}{8} = ☐ \div 3 = \dfrac{☐}{3} = ☐\dfrac{☐}{3}$

4 $\dfrac{7}{12}$은 $\dfrac{1}{12}$이 ☐개

$\dfrac{11}{12}$은 $\dfrac{1}{12}$이 ☐개

➜ $\dfrac{7}{12} \div \dfrac{11}{12} = ☐ \div 11 = \dfrac{☐}{☐}$

[5~6] 보기 와 같은 방법으로 계산해 보세요.

보기
$$\dfrac{8}{11} \div \dfrac{5}{11} = 8 \div 5 = \dfrac{8}{5} = 1\dfrac{3}{5}$$

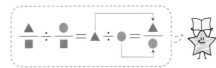

5 $\dfrac{10}{13} \div \dfrac{3}{13}$ _____

6 $\dfrac{3}{17} \div \dfrac{8}{17}$ _____

[7~12] 계산해 보세요.

7 $\dfrac{9}{14} \div \dfrac{5}{14}$

8 $\dfrac{13}{15} \div \dfrac{4}{15}$

9 $\dfrac{17}{22} \div \dfrac{9}{22}$

10 $\dfrac{7}{18} \div \dfrac{17}{18}$

11 $\dfrac{9}{19} \div \dfrac{10}{19}$

12 $\dfrac{11}{20} \div \dfrac{13}{20}$

1 분모가 같은 (분수)÷(분수)⑴

1 그림을 보고 □ 안에 알맞은 수를 써넣으세요.

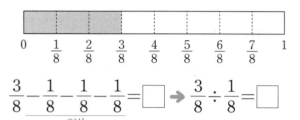

$$\frac{3}{8} - \frac{1}{8} - \frac{1}{8} - \frac{1}{8} = \boxed{} \Rightarrow \frac{3}{8} \div \frac{1}{8} = \boxed{}$$

<u>3번</u>

2 빈칸에 알맞은 수를 써넣으세요.

$$\frac{14}{17} \longrightarrow \div \frac{1}{17} \longrightarrow \boxed{}$$

3 큰 수를 작은 수로 나눈 몫을 구하세요.

$$\frac{1}{9} \qquad \frac{5}{9}$$

( )

4 길이가 $\frac{7}{10}$ m인 끈을 $\frac{1}{10}$ m씩 자르면 모두 **몇 도막**이 되나요?

$$\underset{\frac{7}{10} \text{ m}}{\underbrace{}}$$

> 꼭 단위까지 따라 쓰세요.

(도막)

2 분모가 같은 (분수)÷(분수)⑵

5 수직선을 보고 □ 안에 알맞은 수를 써넣으세요.

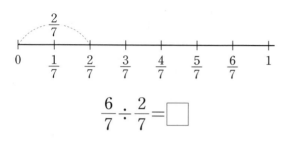

$$\frac{6}{7} \div \frac{2}{7} = \boxed{}$$

6 $\frac{10}{11} \div \frac{2}{11}$ 의 몫을 찾아 ○표 하세요.

$$\boxed{\frac{5}{11}} \qquad \boxed{5}$$

( ) ( )

7 계산 결과를 비교하여 ○ 안에 >, =, <를 알맞게 써넣으세요.

$$\frac{18}{19} \div \frac{6}{19} \ \bigcirc \ \frac{12}{13} \div \frac{3}{13}$$

8 계산 결과가 더 큰 사람은 누구인가요?

$$\frac{16}{21} \div \frac{4}{21} \qquad \frac{10}{17} \div \frac{5}{17}$$

건우   은우

( )

3 분모가 같은 (분수)÷(분수)(3)

9 $\frac{5}{7} \div \frac{6}{7}$을 계산하려고 합니다. □ 안에 알맞은 수를 써넣으세요.

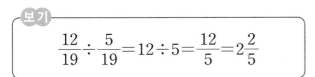

$\frac{5}{7}$는 $\frac{1}{7}$이 □ 개이고,

$\frac{6}{7}$은 $\frac{1}{7}$이 □ 개이므로

$\frac{5}{7} \div \frac{6}{7} =$ □÷□$=\frac{□}{□}$입니다.

10 [보기]와 같은 방법으로 계산해 보세요.

[보기]

$$\frac{12}{19} \div \frac{5}{19} = 12 \div 5 = \frac{12}{5} = 2\frac{2}{5}$$

(1) $\frac{8}{13} \div \frac{7}{13}$ _____

(2) $\frac{9}{23} \div \frac{20}{23}$ _____

11 빈 곳에 알맞은 수를 써넣으세요.

(1)
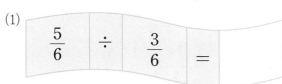

$\frac{5}{6}$ ÷ $\frac{3}{6}$ =

(2)

$\frac{4}{11}$ ÷ $\frac{9}{11}$ =

12 계산한 값이 <u>다른</u> 하나에 ◯표 하세요.

| $\frac{23}{26} \div \frac{5}{26}$ | $5 \div 23$ | $4\frac{3}{5}$ |

(   ) (   ) (   )

13 관계있는 것끼리 이어 보세요.

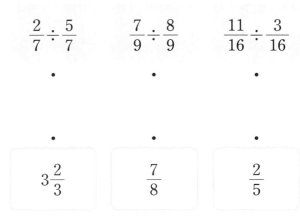

$\frac{2}{7} \div \frac{5}{7}$ $\frac{7}{9} \div \frac{8}{9}$ $\frac{11}{16} \div \frac{3}{16}$

•   •   •

•   •   •

$3\frac{2}{3}$ $\frac{7}{8}$ $\frac{2}{5}$

14 몫이 더 작은 것의 기호를 쓰세요.

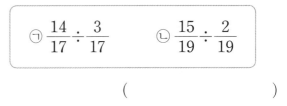

ㄱ $\frac{14}{17} \div \frac{3}{17}$ ㄴ $\frac{15}{19} \div \frac{2}{19}$

(   )

🖊 서술형 **첫 단계**

15 효연이는 케이크를 만드는 데 밀가루 $\frac{4}{25}$ kg, 설탕 $\frac{3}{25}$ kg을 사용했습니다. 효연이가 사용한 밀가루 양은 설탕 양의 **몇 배**인가요?

식 _____   꼭 단위까지 따라 쓰세요.

답 _____ 배

▶개념동영상 1-④

1 분자끼리 나누어떨어지는 분모가 다른 (분수)÷(분수)

예 $\dfrac{3}{4} \div \dfrac{3}{8}$의 계산

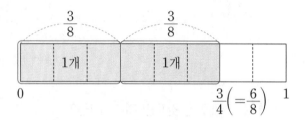

$\dfrac{3}{4} = \dfrac{6}{8}$이므로 $\dfrac{3}{4}$에서 $\dfrac{3}{8}$을 2번 덜어 낼 수 있습니다.

→ $\dfrac{3}{4} \div \dfrac{3}{8} = \dfrac{6}{8} \div \dfrac{3}{8} = 6 \div 3 = $ ❶

분모가 다른 경우 **통분하여 분모를 같게** 만들어 줘.

2 분자끼리 나누어떨어지지 않는 분모가 다른 (분수)÷(분수)

예 $\dfrac{2}{3} \div \dfrac{5}{9}$의 계산

$\dfrac{2}{3} = \dfrac{6}{9}$입니다. $\dfrac{6}{9}$은 $\dfrac{1}{9}$이 6개이고, $\dfrac{5}{9}$는 $\dfrac{1}{9}$이 5개이므로 6개를 5개로 나누는 것과 같습니다.

→ $\dfrac{2}{3} \div \dfrac{5}{9} = \dfrac{6}{9} \div \dfrac{5}{9} = 6 \div 5 = \dfrac{❷}{5} = 1\dfrac{❸}{5}$

> 분모가 다른 (분수)÷(분수)는 **분모를 같게 통분**하여 분자끼리 나누어 계산합니다.

1 분수의 나눗셈

정답 확인 | ❶ 2 ❷ 6 ❸ 1

예제 문제 **1**

그림을 보고 ☐ 안에 알맞은 수를 써넣으세요.

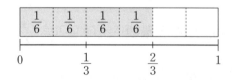

(1) $\dfrac{2}{3} = \dfrac{4}{6}$이므로 $\dfrac{2}{3}$에서 $\dfrac{1}{6}$을 ☐번 덜어 낼 수 있습니다.

(2) $\dfrac{2}{3} \div \dfrac{1}{6} = \dfrac{4}{6} \div \dfrac{1}{6} = $ ☐ $\div 1 = $ ☐

예제 문제 **2**

$\dfrac{1}{4} \div \dfrac{4}{9}$를 계산하려고 합니다. ☐ 안에 알맞은 수를 써넣으세요.

(1) 분모를 같게 통분하면

$\dfrac{1}{4} \div \dfrac{4}{9} = \dfrac{☐}{36} \div \dfrac{16}{36}$입니다.

(2) 위 (1)에서 통분한 식을 분자끼리 나누면

☐ $\div 16 = \dfrac{☐}{☐}$입니다.

[1~2] 그림을 보고 □ 안에 알맞은 수를 써넣으세요.

1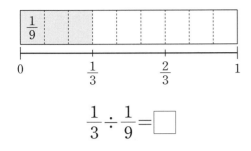

$$\frac{1}{3} \div \frac{1}{9} = \boxed{}$$

2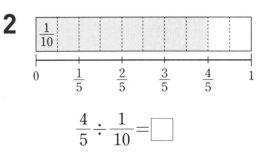

$$\frac{4}{5} \div \frac{1}{10} = \boxed{}$$

[3~6] 보기 와 같은 방법으로 계산해 보세요.

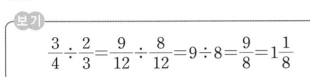

보기
$$\frac{3}{4} \div \frac{2}{3} = \frac{9}{12} \div \frac{8}{12} = 9 \div 8 = \frac{9}{8} = 1\frac{1}{8}$$

분모가 다른 분수의 나눗셈은
분모를 같게 통분한 다음
분자끼리 나누어 계산해.

3 $\dfrac{3}{5} \div \dfrac{2}{15}$ _____

4 $\dfrac{1}{6} \div \dfrac{5}{12}$ _____

5 $\dfrac{7}{10} \div \dfrac{4}{5}$ _____

6 $\dfrac{8}{9} \div \dfrac{5}{6}$ _____

[7~12] 계산해 보세요.

7 $\dfrac{5}{6} \div \dfrac{5}{18}$

8 $\dfrac{10}{11} \div \dfrac{5}{22}$

9 $\dfrac{6}{7} \div \dfrac{3}{14}$

10 $\dfrac{13}{15} \div \dfrac{2}{3}$

11 $\dfrac{8}{13} \div \dfrac{3}{4}$

12 $\dfrac{7}{8} \div \dfrac{9}{20}$

⑤ (자연수) ÷ (분수)

▶ 개념동영상 1-⑤

① (자연수) ÷ (단위분수)

예 $3 \div \dfrac{1}{4}$의 계산

방법 1 통분하여 계산하기

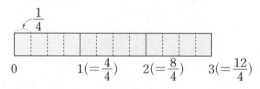

$3 = \dfrac{12}{4}$이므로 3에서 $\dfrac{1}{4}$을 12번 덜어 낼 수 있습니다.

→ $3 \div \dfrac{1}{4} = \dfrac{12}{4} \div \dfrac{1}{4} = \boxed{❶}$

방법 2 곱셈으로 나타내 계산하기

1에서 $\dfrac{1}{4}$을 4번 덜어 낼 수 있으므로

3에서 $\dfrac{1}{4}$을 $3 \times 4 = 12$(번) 덜어 낼 수 있습니다.

→ $3 \div \dfrac{1}{4} = 3 \times 4 = \boxed{❷}$

② (자연수) ÷ (분수)

예 $6 \div \dfrac{2}{3}$의 계산

• 사탕 6 kg을 만드는 데 $\dfrac{2}{3}$시간이 걸릴 때 같은 빠르기로 1시간 동안 만들 수 있는 사탕의 무게 구하기

$6 \div \dfrac{2}{3} = (6 \div 2) \times 3 = \boxed{❸}$ (kg)

> (자연수) ÷ (분수)의 계산은 자연수를 분자로 나눈 다음 분모를 곱하여 계산할 수 있어.

정답 확인 │ ❶ 12 ❷ 12 ❸ 9

예제 문제 1

그림을 보고 □ 안에 알맞은 수를 써넣으세요.

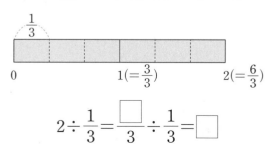

$2 \div \dfrac{1}{3} = \dfrac{\boxed{}}{3} \div \dfrac{1}{3} = \boxed{}$

예제 문제 2

□ 안에 알맞은 수를 써넣으세요.

(1) $8 \div \dfrac{2}{7} = (8 \div \boxed{}) \times 7 = \boxed{}$

(2) $9 \div \dfrac{3}{5} = (9 \div 3) \times \boxed{} = \boxed{}$

[1~2] $4 \div \dfrac{1}{6}$ 을 두 가지 방법으로 계산하려고 합니다. □ 안에 알맞은 수를 써넣으세요.

1 | 방법 1 |

$4 = \dfrac{\boxed{}}{6}$ 이므로

4에서 $\dfrac{1}{6}$ 을 $\boxed{}$ 번 덜어 낼 수 있습니다.

➡ $4 \div \dfrac{1}{6} = \dfrac{\boxed{}}{6} \div \dfrac{1}{6} = \boxed{}$

2 | 방법 2 |

1에서 $\dfrac{1}{6}$ 을 $\boxed{}$ 번 덜어 낼 수 있으므로

4에서 $\dfrac{1}{6}$ 을 $4 \times \boxed{} = \boxed{}$ (번) 덜어 낼 수 있습니다.

➡ $4 \div \dfrac{1}{6} = 4 \times \boxed{} = \boxed{}$

3 주희는 감자 8 kg을 캐는 데 $\dfrac{4}{5}$ 시간이 걸렸습니다. 주희가 같은 빠르기로 1시간 동안 캘 수 있는 감자의 무게는 몇 kg인지 구하려고 합니다. □ 안에 알맞은 수를 써넣으세요.

(1)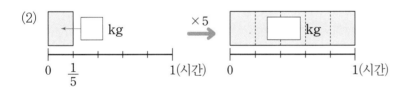

$\dfrac{1}{5}$ 시간 동안 캘 수 있는 감자의 무게는

$8 \div \boxed{} = \boxed{}$ (kg)입니다.

(2)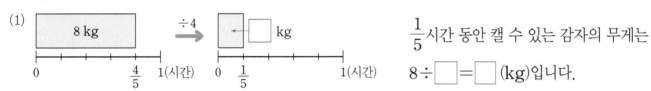

1시간 동안 캘 수 있는 감자의 무게는

$\boxed{} \times 5 = \boxed{}$ (kg)입니다.

$$\bullet \div \dfrac{\blacktriangle}{\blacksquare} = (\bullet \div \blacktriangle) \times \blacksquare$$

[4~9] 계산해 보세요.

4 $7 \div \dfrac{1}{8}$

5 $11 \div \dfrac{1}{2}$

6 $10 \div \dfrac{5}{6}$

7 $14 \div \dfrac{7}{9}$

8 $20 \div \dfrac{4}{11}$

9 $36 \div \dfrac{6}{7}$

❹ 분모가 다른 (분수)÷(분수)

1 그림을 보고 □ 안에 알맞은 수를 써넣으세요.

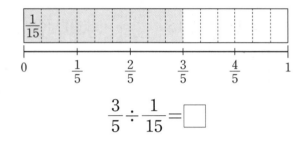

$$\frac{3}{5} \div \frac{1}{15} = \boxed{}$$

2 계산해 보세요.

(1) $\dfrac{3}{4} \div \dfrac{3}{16}$

(2) $\dfrac{6}{13} \div \dfrac{5}{26}$

3 빈칸에 알맞은 수를 써넣으세요.

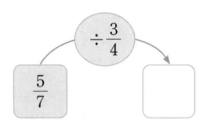

4 계산에서 잘못된 부분을 찾아 바르게 계산해 보세요.

$$\frac{13}{20} \div \frac{3}{5} = 13 \div 3 = \frac{13}{3} = 4\frac{1}{3}$$

$\dfrac{13}{20} \div \dfrac{3}{5}$ _____

5 계산 결과를 찾아 이어 보세요.

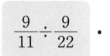 $\dfrac{9}{11} \div \dfrac{9}{22}$ •

• $\boxed{1}$

• $\boxed{\dfrac{9}{22}}$

$\dfrac{3}{10} \div \dfrac{11}{15}$ •

• $\boxed{2}$

6 계산 결과가 자연수인 것의 기호를 쓰세요.

> ㉠ $\dfrac{17}{18} \div \dfrac{1}{3}$ ㉡ $\dfrac{4}{9} \div \dfrac{2}{27}$

(   )

❶ 서술형 **첫 단계**

7 넓이가 $\dfrac{8}{9}$ m²인 직사각형이 있습니다. 직사각형의 세로가 $\dfrac{7}{10}$ m일 때 가로는 몇 **m**인가요?

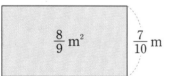

식 _____ 꼭 단위까지 따라 쓰세요.

답 _____ m

1

분수의 나눗셈

5 (자연수)÷(분수)

8 자연수를 분수로 나눈 몫을 구하세요.

$\dfrac{1}{5}$	10

( )

 9 $28 \div \dfrac{4}{7}$의 계산 과정으로 옳은 것에 ○표 하세요.

$(28 \div 7) \times 4 \qquad (28 \div 4) \times 7$

( ) ( )

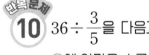 **10** $36 \div \dfrac{3}{5}$을 다음과 같이 계산하려고 합니다. ㉠과 ㉡에 알맞은 수를 각각 구하세요.

$$36 \div \dfrac{3}{5} = (㉠ \div 3) \times ㉡$$

㉠ ( )

㉡ ( )

11 빈칸에 알맞은 수를 써넣으세요.

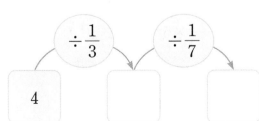

12 계산 결과를 비교하여 ○ 안에 >, =, <를 알맞게 써넣으세요.

$$21 \div \dfrac{7}{9} \quad \bigcirc \quad 24 \div \dfrac{8}{11}$$

13 잘못 계산한 것의 기호를 쓰고, 바르게 계산한 값을 구하세요.

$㉠\ 20 \div \dfrac{5}{13} = 52$	$㉡\ 16 \div \dfrac{1}{4} = 4$

잘못 계산한 것 ( )

바르게 계산한 값 ( )

14 □ 안에 들어갈 수 있는 가장 큰 자연수를 구하세요.

$12 \div \dfrac{3}{4} > □$

( )

15 체리 $2\,\mathrm{kg}$을 접시 한 개에 $\dfrac{1}{10}\,\mathrm{kg}$씩 모두 나누어 담았습니다. 체리를 담은 접시는 **몇** 개인가요?

꼭 단위까지 따라 쓰세요.

(개)

개념 빠삭

6 (분수)÷(분수)를
(분수)×(분수)로 나타내기

▶ 개념동영상 1-⑥

1 (분수)÷(분수)를 (분수)×(분수)로 나타내는 방법 알아보기

예 $\dfrac{4}{5} \div \dfrac{2}{3}$ 의 계산

· 설탕 $\dfrac{4}{5}$ kg으로 통의 $\dfrac{2}{3}$ 를 채웠을 때 한 통을 가득 채울 수 있는 설탕의 무게 구하기

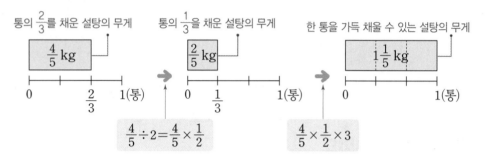

$$\frac{4}{5} \div \frac{2}{3} = \left(\frac{4}{5} \div 2\right) \times 3 = \frac{4}{5} \times \frac{1}{❶} \times ❷ = \frac{4}{5} \times \frac{3}{2} = \frac{12}{10} = 1\frac{2}{10} = 1\frac{1}{5} \ (\text{kg})$$

2 (분수)÷(분수)를 (분수)×(분수)로 나타내 계산하기

(분수)÷(분수)는 나누는 분수의 분모와 분자를 바꾸어
(분수)×(분수)로 나타내 계산합니다.

$$\frac{\blacktriangle}{\blacksquare} \div \frac{\bullet}{\star} = \frac{\blacktriangle}{\blacksquare} \times \frac{\star}{\bullet}$$

정답 확인 | ❶ 2 ❷ 3

분수의 나눗셈

예제 문제 1

예서가 주스 $\dfrac{6}{7}$ L를 통에 담았더니 통의 $\dfrac{2}{5}$ 가 채워졌습니다. 한 통을 가득 채울 수 있는 주스의 양을 구하려고 합니다. ☐ 안에 알맞은 수를 써넣으세요.

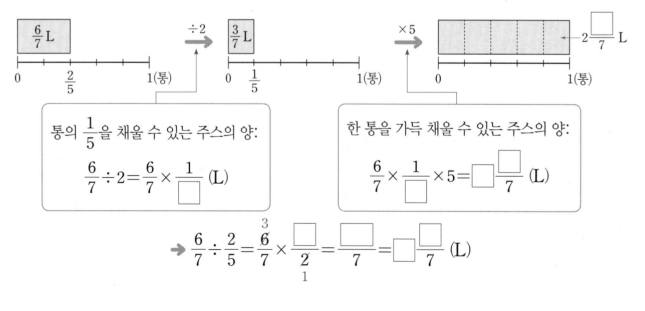

통의 $\dfrac{1}{5}$ 을 채울 수 있는 주스의 양:
$$\frac{6}{7} \div 2 = \frac{6}{7} \times \frac{1}{\square} \ (\text{L})$$

한 통을 가득 채울 수 있는 주스의 양:
$$\frac{6}{7} \times \frac{1}{\square} \times 5 = \square \frac{\square}{7} \ (\text{L})$$

$$\rightarrow \frac{6}{7} \div \frac{2}{5} = \frac{\overset{3}{\cancel{6}}}{7} \times \frac{\square}{\underset{1}{\cancel{2}}} = \frac{\square}{7} = \square \frac{\square}{7} \ (\text{L})$$

[1~2] 분수의 나눗셈을 곱셈으로 나타내 보세요.

1 $\dfrac{2}{7} \div \dfrac{8}{9}$

2 $\dfrac{3}{14} \div \dfrac{5}{6}$

$$\dfrac{\blacktriangle}{\blacksquare} \div \dfrac{\bullet}{\bigstar} = \dfrac{\blacktriangle}{\blacksquare} \times \dfrac{\bigstar}{\bullet}$$

[3~6] ☐ 안에 알맞은 수를 써넣으세요.

3 $\dfrac{1}{2} \div \dfrac{3}{5} = \dfrac{1}{2} \times \dfrac{\square}{\square} = \dfrac{\square}{\square}$

4 $\dfrac{6}{7} \div \dfrac{5}{8} = \dfrac{6}{7} \times \dfrac{\square}{\square} = \dfrac{\square}{\square} = \square\dfrac{\square}{\square}$

5 $\dfrac{2}{9} \div \dfrac{3}{11} = \dfrac{2}{9} \times \dfrac{\square}{\square} = \dfrac{\square}{\square}$

6 $\dfrac{3}{16} \div \dfrac{4}{13} = \dfrac{3}{16} \times \dfrac{\square}{\square} = \dfrac{\square}{\square}$

[7~8] 보기 와 같은 방법으로 계산해 보세요.

보기
$$\dfrac{5}{8} \div \dfrac{11}{14} = \dfrac{5}{\overset{}{\underset{4}{8}}} \times \dfrac{\overset{7}{14}}{11} = \dfrac{35}{44}$$

7 $\dfrac{1}{18} \div \dfrac{4}{9}$ _____

8 $\dfrac{4}{7} \div \dfrac{20}{23}$ _____

[9~12] 계산해 보세요.

9 $\dfrac{2}{3} \div \dfrac{3}{4}$

10 $\dfrac{9}{10} \div \dfrac{8}{9}$

11 $\dfrac{7}{15} \div \dfrac{3}{10}$

12 $\dfrac{2}{5} \div \dfrac{11}{15}$

▶ 개념동영상 1-⑦

❶ (가분수)÷(분수) 계산하기

예 $\dfrac{5}{4} \div \dfrac{2}{5}$ 의 계산

방법 1 통분하여 계산하기

$$\dfrac{5}{4} \div \dfrac{2}{5} = \dfrac{25}{20} \div \dfrac{8}{20} = 25 \div 8 = \dfrac{25}{8} = \boxed{❶}\dfrac{1}{8}$$

> (가분수)÷(분수)는
> 분모를 같게 통분한 다음
> 분자끼리 나누어 계산하는 방법과
> 나눗셈을 곱셈으로 나타내
> 계산하는 방법이 있어.

방법 2 곱셈으로 나타내 계산하기

$$\dfrac{5}{4} \div \dfrac{2}{5} = \dfrac{5}{4} \times \dfrac{5}{2} = \dfrac{25}{8} = 3\dfrac{1}{8}$$

❷ (대분수)÷(분수) 계산하기

예 $1\dfrac{1}{3} \div \dfrac{3}{5}$ 의 계산

> (대분수)÷(분수)를 계산하려면
> 먼저 대분수를 가분수로 바꾸어야 해.

방법 1 통분하여 계산하기

$$1\dfrac{1}{3} \div \dfrac{3}{5} = \dfrac{4}{3} \div \dfrac{3}{5} = \dfrac{20}{15} \div \dfrac{9}{15} = 20 \div 9 = \dfrac{20}{9} = 2\dfrac{\boxed{❷}}{9}$$

방법 2 곱셈으로 나타내 계산하기

$$1\dfrac{1}{3} \div \dfrac{3}{5} = \dfrac{4}{3} \div \dfrac{3}{5} = \dfrac{4}{3} \times \dfrac{5}{3} = \dfrac{20}{9} = 2\dfrac{\boxed{❸}}{9}$$

정답 확인 | ❶ 3 ❷ 2 ❸ 2

예제 문제 1

통분하여 계산할 때 ☐ 안에 알맞은 수를 써넣으세요.

$$\dfrac{7}{5} \div \dfrac{3}{8} = \dfrac{\boxed{}}{40} \div \dfrac{15}{40} = \boxed{} \div 15$$
$$= \dfrac{\boxed{}}{15} = 3\dfrac{\boxed{}}{15}$$

예제 문제 2

곱셈으로 나타내 계산할 때 ☐ 안에 알맞은 수를 써넣으세요.

$$\dfrac{11}{6} \div \dfrac{4}{7} = \dfrac{11}{6} \times \dfrac{\boxed{}}{4} = \dfrac{\boxed{}}{24} = 3\dfrac{\boxed{}}{24}$$

예제 문제 3

$2\dfrac{1}{2} \div \dfrac{2}{3}$ 를 계산하려고 합니다. 물음에 답하세요.

(1) $2\dfrac{1}{2}$ 을 가분수로 바꾸어 보세요.

$$2\dfrac{1}{2} = \dfrac{\boxed{}}{2}$$

(2) 분수의 나눗셈을 곱셈으로 나타내 계산하려고 합니다. ☐ 안에 알맞은 수를 써넣으세요.

$$2\dfrac{1}{2} \div \dfrac{2}{3} = \dfrac{\boxed{}}{2} \div \dfrac{2}{3} = \dfrac{\boxed{}}{2} \times \dfrac{\boxed{}}{2}$$
$$= \dfrac{\boxed{}}{4} = 3\dfrac{\boxed{}}{4}$$

[1~2] 분수를 통분하여 계산하려고 합니다. ☐ 안에 알맞은 수를 써넣으세요.

1 $\dfrac{8}{5} \div \dfrac{5}{6} = \dfrac{48}{30} \div \dfrac{\boxed{}}{30} = 48 \div \boxed{} = \dfrac{48}{\boxed{}} = 1\dfrac{23}{\boxed{}}$

> 대분수는 가분수로 바꾼 후 나눗셈을 해야 해.

2 $3\dfrac{1}{5} \div \dfrac{3}{10} = \dfrac{\boxed{}}{5} \div \dfrac{3}{10} = \dfrac{\boxed{}}{10} \div \dfrac{3}{10} = \boxed{} \div 3 = \dfrac{\boxed{}}{3} = 10\dfrac{\boxed{}}{3}$

[3~4] 분수의 나눗셈을 곱셈으로 나타내 계산하려고 합니다. ☐ 안에 알맞은 수를 써넣으세요.

3 $\dfrac{9}{7} \div \dfrac{2}{3} = \dfrac{9}{7} \times \dfrac{\boxed{}}{2} = \dfrac{\boxed{}}{\boxed{}} = 1\dfrac{\boxed{}}{\boxed{}}$

> 나누는 수의 분모와 분자를 바꾸어 곱셈으로 나타내 계산해.

4 $6\dfrac{1}{3} \div \dfrac{4}{5} = \dfrac{\boxed{}}{3} \div \dfrac{4}{5} = \dfrac{\boxed{}}{3} \times \dfrac{5}{\boxed{}} = \dfrac{\boxed{}}{12} = 7\dfrac{\boxed{}}{12}$

[5~6] 보기 와 같은 방법으로 계산해 보세요.

> 보기
>
> $2\dfrac{2}{5} \div \dfrac{2}{3} = \dfrac{12}{5} \div \dfrac{2}{3} = \dfrac{\overset{6}{12}}{5} \times \dfrac{3}{\underset{1}{2}} = \dfrac{18}{5} = 3\dfrac{3}{5}$

5 $4\dfrac{1}{6} \div \dfrac{5}{7}$ _____

6 $7\dfrac{1}{2} \div \dfrac{3}{5}$ _____

[7~10] 계산해 보세요.

7 $\dfrac{13}{9} \div \dfrac{3}{4}$

8 $\dfrac{16}{3} \div \dfrac{8}{19}$

9 $1\dfrac{4}{5} \div \dfrac{2}{11}$

10 $3\dfrac{3}{4} \div 1\dfrac{1}{9}$

6 (분수)÷(분수)를 (분수)×(분수)로 나타내기

1 식을 보고 □ 안에 알맞은 분수를 구하세요.

$$\frac{3}{5} \div \frac{4}{11} = \frac{3}{5} \times \square$$

( )

2 건우와 같은 방법으로 계산해 보세요.

$$\frac{7}{27} \div \frac{5}{9} = \frac{7}{\underset{3}{27}} \times \frac{\overset{1}{9}}{5} = \frac{7}{15}$$

건우

$$\frac{19}{36} \div \frac{11}{12}$$ _____

3 분수의 나눗셈을 곱셈으로 나타내 계산해 보세요.

(1) $\frac{4}{21} \div \frac{3}{13}$

(2) $\frac{7}{10} \div \frac{2}{9}$

4 빈칸에 알맞은 수를 써넣으세요.

$$\frac{11}{16} \rightarrow \boxed{\div \frac{5}{7}} \rightarrow \boxed{}$$

5 계산 결과가 더 큰 것의 기호를 쓰세요.

$$\bigcirc \ \frac{2}{3} \div \frac{9}{11} \qquad \bigcirc \ \frac{5}{9} \div \frac{3}{4}$$

( )

6 나눗셈의 몫이 다른 하나에 ◯표 하세요.

$$\boxed{\frac{4}{7} \div \frac{2}{3}} \qquad \boxed{\frac{3}{8} \div \frac{2}{5}} \qquad \boxed{\frac{5}{6} \div \frac{8}{9}}$$

( ) ( ) ( )

1 서술형 **첫 단계**

7 길이가 $\frac{13}{15}$ m인 배수관의 무게는 $\frac{29}{30}$ kg입니다. 이 배수관 **1 m**의 무게는 **몇 kg**인가요?

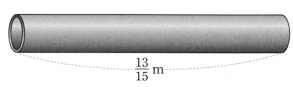

$\frac{13}{15}$ m

식 _____ 꼭 단위까지 따라 쓰세요.

답 _____ kg

7 (분수)÷(분수) 계산하기

8 서아가 설명한 방법으로 계산해 보세요.

> (가분수)÷(분수)는
> 분모를 같게 통분하여
> 분자끼리 나누어 계산할 수 있어.

서아

$$\frac{11}{8} \div \frac{3}{5}$$ _____

9 가분수를 진분수로 나눈 몫을 빈칸에 써넣으세요.

$\frac{3}{7}$	$\frac{17}{15}$

10 가장 큰 수를 가장 작은 수로 나눈 몫을 구하세요.

$\frac{2}{5}$	2	$2\frac{3}{4}$

( )

11 계산에서 잘못된 부분을 찾아 바르게 계산해 보세요.

$$1\frac{2}{9} \div \frac{5}{8} = 1\frac{2}{9} \times \frac{8}{5} = 1\frac{16}{45}$$

$$1\frac{2}{9} \div \frac{5}{8}$$ _____

12 $4\frac{1}{8} \div \frac{2}{3}$를 두 가지 방법으로 계산해 보세요.

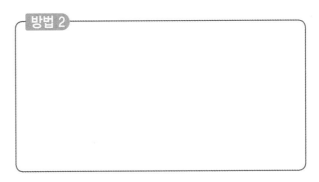

방법 1

방법 2

13 계산 결과를 비교하여 ◯ 안에 >, =, <를 알맞게 써넣으세요.

$$\frac{17}{4} \div \frac{2}{3} \quad \bigcirc \quad \frac{13}{2} \div \frac{5}{8}$$

14 □ 안에 알맞은 수를 써넣으세요.

$$\boxed{} \times 1\frac{5}{6} = 1\frac{4}{5}$$

15 빵 한 개를 만드는 데 우유 $\frac{9}{20}$ L가 필요합니다.

우유 $3\frac{3}{5}$ L로 만들 수 있는 빵은 모두 **몇** 개인가요?

꼭 단위까지
따라 쓰세요.

(개)

1 그림을 보고 □ 안에 알맞은 수를 써넣으세요.

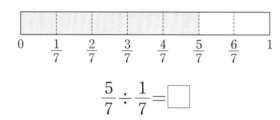

$$\frac{5}{7} \div \frac{1}{7} = \boxed{}$$

2 $5 \div \frac{1}{3}$ 을 계산하려고 합니다. □ 안에 알맞은 수를 써넣으세요.

> 1에서 $\frac{1}{3}$ 을 3번 덜어 낼 수 있으므로
>
> 5에서 $\frac{1}{3}$ 을 $5 \times \boxed{} = \boxed{}$ (번) 덜어 낼 수 있습니다.
>
> → $5 \div \frac{1}{3} = 5 \times \boxed{} = \boxed{}$

3 대분수를 가분수로 바꾸고 나눗셈을 곱셈으로 나타내 보세요.

$$1\frac{3}{7} \div \frac{11}{15} = \frac{\boxed{}}{\boxed{}} \times \frac{\boxed{}}{\boxed{}}$$

4 □ 안에 알맞은 수를 써넣으세요.

(1) $\frac{14}{15} \div \frac{2}{15} = \boxed{} \div \boxed{} = \boxed{}$

(2) $\frac{12}{17} \div \frac{13}{17} = 12 \div \boxed{} = \frac{\boxed{}}{\boxed{}}$

5 빈칸에 알맞은 수를 써넣으세요.

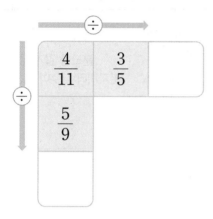

6 $15 \div \frac{3}{5}$ 과 계산 결과가 <u>다른</u> 것에 모두 ×표 하세요.

25	$(15 \div 5) \times 3$
( )	( )
$(15 \div 3) \times 5$	$(15 \div 3) \div 5$
( )	( )

7 가분수를 진분수로 나눈 몫을 구하세요.

$\frac{15}{11}$	$\frac{2}{3}$

( )

8 계산 결과를 비교하여 ○ 안에 >, =, <를 알맞게 써넣으세요.

$$\frac{11}{16} \div \frac{1}{16} \bigcirc \frac{12}{13} \div \frac{1}{13}$$

9 빈칸에 알맞은 수를 써넣으세요.

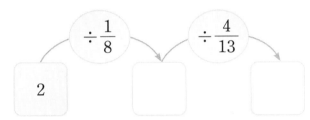

10 보기와 같은 방법으로 계산해 보세요.

보기

$$\frac{3}{4} \div \frac{2}{9} = \frac{27}{36} \div \frac{8}{36} = 27 \div 8 = \frac{27}{8} = 3\frac{3}{8}$$

$$\frac{4}{5} \div \frac{3}{8}$$ _____

11 바르게 계산한 사람의 이름을 쓰세요.

지안

$$\frac{4}{5} \div \frac{7}{10} = \frac{\overset{2}{4}}{5} \times \frac{7}{\underset{5}{10}} = \frac{14}{25}$$

$$\frac{3}{2} \div \frac{7}{8} = \frac{3}{\underset{1}{2}} \times \frac{\overset{4}{8}}{7} = \frac{12}{7} = 1\frac{5}{7}$$

민재

(   )

12 계산 결과를 찾아 이어 보세요.

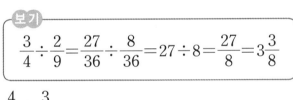

$$\frac{11}{15} \div \frac{3}{5}$$ •

$$\frac{7}{10} \div \frac{8}{15}$$ •

• $1\frac{5}{16}$

• $1\frac{5}{11}$

• $1\frac{2}{9}$

13 계산에서 잘못된 부분을 찾아 바르게 계산해 보세요.

$$3\frac{1}{8} \div \frac{2}{3} = 3\frac{1}{8} \times \frac{3}{2} = 3\frac{3}{16}$$

$$3\frac{1}{8} \div \frac{2}{3}$$ _____

14 레몬 아이스티를 준희는 $\frac{21}{25}$ L 마셨고, 채연이는 $\frac{7}{25}$ L 마셨습니다. 준희가 마신 레몬 아이스티의 양은 채연이가 마신 레몬 아이스티의 양의 몇 배인가요?

(   )

15 $1\frac{4}{9} \div 1\frac{3}{4}$을 두 가지 방법으로 계산해 보세요.

방법 1

방법 2

1

분수의 나눗셈

16 넓이가 $3\,m^2$인 평행사변형의 높이가 $\frac{4}{5}\,m$일 때 밑변의 길이는 몇 m인가요?

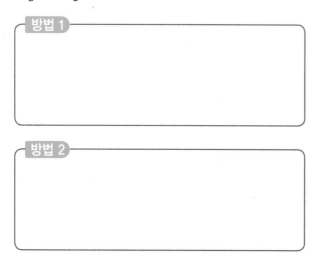

( )

17 해원이는 $\frac{5}{6}$시간 동안 산책로 $\frac{8}{7}\,km$를 걸었습니다. 해원이가 같은 빠르기로 걷는다면 1시간 동안 걸을 수 있는 거리는 몇 km인가요?

( )

18 계산 결과가 큰 것부터 차례대로 기호를 쓰세요.

$$ⓐ \frac{20}{23} \div \frac{3}{23} \qquad ⓑ \frac{7}{9} \div \frac{7}{45} \qquad ⓒ 12 \div \frac{4}{9}$$

( )

19 ☐ 안에 들어갈 수 있는 자연수를 모두 쓰세요.

$$8\frac{\square}{14} < \frac{9}{2} \div \frac{7}{13}$$

( )

20 어떤 수를 $1\frac{7}{8}$로 나누어야 할 것을 잘못하여 곱했더니 $9\frac{3}{8}$이 되었습니다. 어떤 수를 구하세요.

( )

16. (평행사변형의 넓이)=(밑변의 길이)×(높이) ➡ (밑변의 길이)=(평행사변형의 넓이)÷(높이)

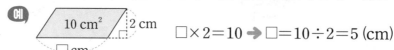

예 10 cm² 2 cm ☐ cm   ☐×2=10 ➡ ☐=10÷2=5 (cm)

틀린 그림을 찾아라!

🔍 스마트폰으로 QR코드를 찍으면 정답이 보여요.

 지은이와 현석이가 밤을 줍고 있습니다. 두 그림에서 서로 다른 3곳을 찾아 ○표 하고 물음에 답하세요.

지은이와 현석이가 밤 줍기 체험을 했나봐.

밤 4 kg을 줍는 데 지은이는 $\frac{4}{5}$시간, 현석이는 $\frac{2}{3}$시간이 걸렸대.

그럼 지은이와 현석이가 각자 같은 빠르기로
1시간 동안 주울 수 있는 밤의 무게는 몇 kg일까?

지은이는 $4 \div$ ▢ $=$ ▢ (kg), 현석이는 $4 \div$ ▢ $=$ ▢ (kg)의 밤을 주울 수 있어.

2 소수의 나눗셈

2단원 학습 계획표

✔ 이 단원의 표준 학습 일수는 5일입니다. 계획대로 공부한 후 확인란에 사인을 받으세요.

이 단원에서 배울 내용	쪽수	계획한 날	확인
1단계 개념 빠삭 ❶ (소수)÷(소수) 알아보기 ❷ (소수 한 자리 수)÷(소수 한 자리 수) ❸ (소수 두 자리 수)÷(소수 두 자리 수)	32~37쪽	월 일	확인했어요! ☺
2단계 익힘책 빠삭	38~39쪽	월 일	확인했어요! ☺
1단계 개념 빠삭 ❹ 자릿수가 다른 (소수)÷(소수) ❺ (자연수)÷(소수)	40~43쪽	월 일	확인했어요! ☺
2단계 익힘책 빠삭	44~45쪽		
1단계 개념 빠삭 ❻ 몫을 반올림하여 나타내기 ❼ 나누어 주고 남는 양 알아보기	46~49쪽	월 일	확인했어요! ☺
2단계 익힘책 빠삭	50~51쪽		
TEST 2단원 평가	52~54쪽	월 일	확인했어요! ☺

스마트폰을 이용하여 QR 코드를 찍으면
개념 학습 영상을 볼 수 있어요.

🍎 사람이 먹지 못하는 깨는?

1 그림으로 나타내 구하기

예 리본 3.5 cm를 0.5 cm씩 잘라서 만들 수 있는 조각의 수 구하기

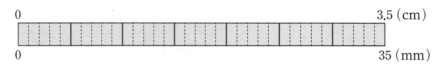

리본 **3.5** cm를 **0.5** cm씩 자르면 **7**조각으로 나누어집니다. ➜ **3.5÷0.5=** ❶

└▶ 3.5에서 0.5씩 7번 덜어 낼 수 있습니다.
3.5를 0.5씩 묶으면 7묶음입니다.

참고 ▶ 1 cm=10 mm를 이용하면 3.5 cm=35 mm, 0.5 cm=5 mm이므로

3.5÷0.5는 35÷5와 같습니다.

➜ 35÷5=7이므로 3.5÷0.5=7입니다.

2 자연수의 나눗셈을 이용하여 계산하기

(1) 소수 한 자리 수의 계산

예 11.5÷0.5의 계산

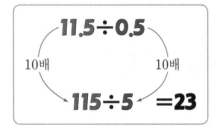

➜ **11.5÷0.5=115÷5=** ❷

(2) 소수 두 자리 수의 계산

예 1.89÷0.07의 계산

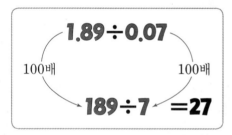

➜ **1.89÷0.07=189÷7=** ❸

> 나누어지는 수와 나누는 수에 똑같이 10배 또는 100배 하여
> (자연수)÷(자연수)로 계산해도 몫은 같아.

정답 확인 | ❶ 7   ❷ 23   ❸ 27

예제 문제 ①

그림을 보고 1.5÷0.3을 계산해 보세요.

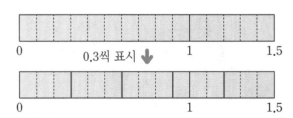

1.5를 0.3씩 표시하면 ☐ 등분으로 나누어집니다. ➜ 1.5÷0.3= ☐

예제 문제 ②

철사 4.8 cm를 0.4 cm씩 자르려고 합니다. ☐ 안에 알맞은 수를 써넣으세요.

1 cm=10 mm이므로 4.8 cm=☐ mm,

0.4 cm=☐ mm이고 48÷4=☐ 입니다.

따라서 철사를 ☐ 도막으로 자를 수 있습니다.

[1~2] 나눗셈을 그림으로 나타내고, ☐ 안에 알맞은 수를 써넣으세요.

1

0   1   1.5

$$1.5 \div 0.5 = \boxed{}$$

2

0   1   1.8

$$1.8 \div 0.3 = \boxed{}$$

[3~6] ☐ 안에 알맞은 수를 써넣으세요.

3

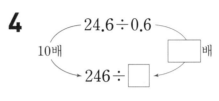

$$8.4 \div 0.4 = \boxed{} \div 4 = \boxed{}$$

4

$$24.6 \div 0.6 = 246 \div \boxed{} = \boxed{}$$

5

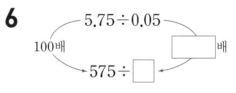

$$1.56 \div 0.03 = \boxed{} \div 3 = \boxed{}$$

6

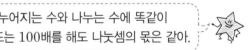

$$5.75 \div 0.05 = 575 \div \boxed{} = \boxed{}$$

나누어지는 수와 나누는 수에 똑같이
10배 또는 100배를 해도 나눗셈의 몫은 같아.

[7~10] 소수의 나눗셈을 자연수의 나눗셈을 이용하여 계산해 보세요.

7

$$846 \div 9 = 94$$

➡ $84.6 \div 0.9 = \boxed{}$

8

$$426 \div 2 = 213$$

➡ $42.6 \div 0.2 = \boxed{}$

9

$$488 \div 8 = 61$$

➡ $4.88 \div 0.08 = \boxed{}$

10

$$696 \div 6 = 116$$

➡ $6.96 \div 0.06 = \boxed{}$

1단계 개념 빠삭

2 (소수 한 자리 수) ÷(소수 한 자리 수)

🌵 **(소수 한 자리 수)÷(소수 한 자리 수)**

예 3.5÷0.7의 계산

방법 1 분수의 나눗셈으로 바꾸어 계산하기

$$3.5 \div 0.7 = \frac{35}{10} \div \frac{7}{10} = 35 \div 7 = \boxed{❶}$$

→ 분모가 같으므로 분자끼리 나눕니다.

→ 소수 한 자리 수를 분모가 10인 분수로 바꿉니다.

방법 2 자연수의 나눗셈을 이용하여 계산하기

10배

$$3.5 \div 0.7 = 5 \qquad 35 \div 7 = 5$$

$$\boxed{❷} \text{배}$$

나누어지는 수와 나누는 수에 똑같이 10배 하면 나눗셈의 몫은 같아.

방법 3 세로로 계산하기

$$0.7\overline{)3.5} \rightarrow 0.7\overline{)3.5} \rightarrow 7\overline{)35} \begin{array}{r} 5 \\ \underline{35} \\ \boxed{❸} \end{array}$$

(소수 한 자리 수)÷(소수 한 자리 수)를 세로로 계산하는 방법
① 나누어지는 수와 나누는 수에 똑같이 10배 하므로 소수점을 각각 오른쪽으로 한 자리씩 옮겨서 계산합니다.
② 몫의 소수점은 옮긴 소수점의 위치에 맞추어 찍습니다.

정답 확인 | ❶ 5   ❷ 10   ❸ 0

예제 문제 1

소수의 나눗셈을 분수의 나눗셈으로 바꾸어 계산하려고 합니다. ☐ 안에 알맞은 수를 써넣으세요.

(1) $1.6 \div 0.2 = \dfrac{\boxed{}}{10} \div \dfrac{2}{10} = \boxed{} \div 2 = \boxed{}$

(2) $4.5 \div 0.9 = \dfrac{45}{10} \div \dfrac{\boxed{}}{10} = 45 \div \boxed{} = \boxed{}$

예제 문제 2

소수의 나눗셈을 자연수의 나눗셈을 이용하여 계산하려고 합니다. ☐ 안에 알맞은 수를 써넣으세요.

(1) $\boxed{32 \div 8 = 4}$ ➡ $3.2 \div 0.8 = \boxed{}$

(2) $\boxed{96 \div 3 = 32}$ ➡ $9.6 \div 0.3 = \boxed{}$

[1~2] 소수의 나눗셈을 분수의 나눗셈으로 바꾸어 계산하려고 합니다. ☐ 안에 알맞은 수를 써넣으세요.

1 $2.4 \div 0.4 = \dfrac{24}{10} \div \dfrac{\boxed{}}{10}$

$= \boxed{} \div \boxed{} = \boxed{}$

2 $8.4 \div 1.2 = \dfrac{\boxed{}}{10} \div \dfrac{12}{10}$

$= \boxed{} \div \boxed{} = \boxed{}$

[3~4] 소수의 나눗셈을 자연수의 나눗셈을 이용하여 계산하려고 합니다. ☐ 안에 알맞은 수를 써넣으세요.

3

$3.6 \div 0.4 = \boxed{} \qquad 36 \div 4 = \boxed{}$

4

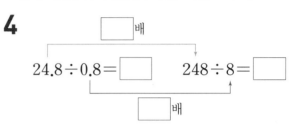

$24.8 \div 0.8 = \boxed{} \qquad 248 \div 8 = \boxed{}$

[5~7] 소수의 나눗셈을 세로로 계산하려고 합니다. ☐ 안에 알맞은 수를 써넣으세요.

5

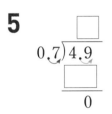

$0.7 \overline{\smash{)}4.9}$

6

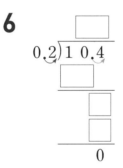

$0.2 \overline{\smash{)}10.4}$

7

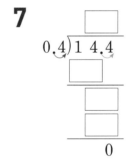

$0.4 \overline{\smash{)}14.4}$

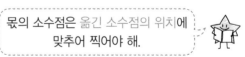
몫의 소수점은 옮긴 소수점의 위치에 맞추어 찍어야 해.

[8~12] 계산해 보세요.

8 $0.5 \overline{\smash{)}7.5}$

9 $0.9 \overline{\smash{)}63.9}$

10 $1.1 \overline{\smash{)}26.4}$

11 $4.8 \div 0.8$

12 $12.9 \div 0.3$

개념 빠삭

❸ (소수 두 자리 수) ÷(소수 두 자리 수)

▶ 개념동영상 2-③

🪴 **(소수 두 자리 수)÷(소수 두 자리 수)**

예 2.76÷0.23의 계산

방법1 분수의 나눗셈으로 바꾸어 계산하기

$$2.76 \div 0.23 = \frac{276}{100} \div \frac{23}{100} = 276 \div 23 = \boxed{❶}$$

┌→ 분모가 같으므로 분자끼리 나눕니다.

└→ 소수 두 자리 수를 분모가 100인 분수로 바꿉니다.

방법2 자연수의 나눗셈을 이용하여 계산하기

$$2.76 \div 0.23 = 12 \qquad 276 \div 23 = 12$$

$\boxed{❷}$ 배

100배

> 나누어지는 수와 나누는 수에 똑같이 100배 하면 나눗셈의 몫은 같아.

방법3 세로로 계산하기

$$0.23\overline{)2.76} \rightarrow 0.23\overline{)2.76} \rightarrow 23\overline{)276}$$

$\boxed{❸}$

```
    23 ) 2 7 6
         2 3
         ─────
         4 6
         4 6
         ─────
           0
```

(소수 두 자리 수)÷(소수 두 자리 수)를 세로로 계산하는 방법
① 나누어지는 수와 나누는 수에 똑같이 100배 하므로 소수점을 각각 오른쪽으로 두 자리씩 옮겨서 계산합니다.
② 몫의 소수점은 옮긴 소수점의 위치에 맞추어 찍습니다.

정답 확인 | ❶ 12　❷ 100　❸ 12

예제 문제 1

소수의 나눗셈을 분수의 나눗셈으로 바꾸어 계산하려고 합니다. ☐ 안에 알맞은 수를 써넣으세요.

$$1.95 \div 0.15 = \frac{\boxed{}}{100} \div \frac{15}{100}$$

$$= \boxed{} \div 15 = \boxed{}$$

예제 문제 2

소수의 나눗셈을 세로로 계산하려고 합니다. ☐ 안에 알맞은 수를 써넣으세요.

```
          □
   0.24 )1.4 4
         ─────
          □
         ─────
          0
```

2

소수의 나눗셈

36

[1~2] 소수의 나눗셈을 분수의 나눗셈으로 바꾸어 계산하려고 합니다. □ 안에 알맞은 수를 써넣으세요.

1 $2.88 \div 0.32 = \dfrac{288}{100} \div \dfrac{\boxed{}}{100}$

$= \boxed{} \div \boxed{} = \boxed{}$

2 $3.23 \div 0.17 = \dfrac{\boxed{}}{100} \div \dfrac{17}{100}$

$= \boxed{} \div \boxed{} = \boxed{}$

[3~4] 소수의 나눗셈을 자연수의 나눗셈을 이용하여 계산하려고 합니다. □ 안에 알맞은 수를 써넣으세요.

3 $\boxed{}$ 배

$5.76 \div 0.72 = \boxed{}$ $\qquad$ $576 \div 72 = \boxed{}$

$\boxed{}$ 배

4 $\boxed{}$ 배

$4.48 \div 1.12 = \boxed{}$ $\qquad$ $448 \div 112 = \boxed{}$

$\boxed{}$ 배

[5~7] 소수의 나눗셈을 세로로 계산하려고 합니다. □ 안에 알맞은 수를 써넣으세요.

5

$0.07 \overline{)2.38}$

6

$0.37 \overline{)17.76}$

7

$0.25 \overline{)14.25}$

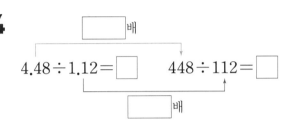

나누어지는 수와 나누는 수가 모두
소수 두 자리 수일 때에는 소수점을 각각
오른쪽으로 두 자리씩 옮겨서 계산해.

[8~12] 계산해 보세요.

8 $0.93 \overline{)4.65}$

9 $0.16 \overline{)2.72}$

10 $1.25 \overline{)16.25}$

11 $2.17 \div 0.31$

12 $3.24 \div 0.27$

❶ (소수)÷(소수) 알아보기

1 1.4÷0.2를 그림으로 나타내고, 몫을 구하세요.

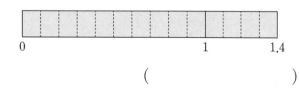

(   )

2 52÷4＝13을 이용하여 □ 안에 알맞은 수를 써넣으세요.

$$5.2 \div 0.4 = \boxed{}$$
$$0.52 \div 0.04 = \boxed{}$$

3 자연수의 나눗셈을 이용하여 소수의 나눗셈을 바르게 한 사람은 누구인가요?

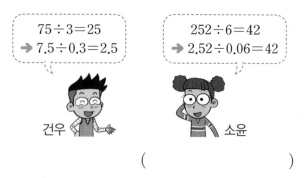

$$75 \div 3 = 25$$
$$\rightarrow 7.5 \div 0.3 = 2.5$$

$$252 \div 6 = 42$$
$$\rightarrow 2.52 \div 0.06 = 42$$

건우   소윤

(   )

4 빈칸에 알맞은 수를 써넣으세요.

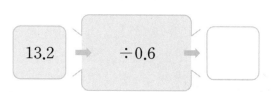

13.2 → ÷0.6 →

❷ (소수 한 자리 수)÷(소수 한 자리 수)

5 □ 안에 알맞은 수를 써넣으세요.

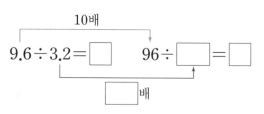

$$9.6 \div 3.2 = \boxed{} \qquad 96 \div \boxed{} = \boxed{}$$

6 보기 와 같은 방법으로 계산해 보세요.

보기
$$4.8 \div 0.6 = \frac{48}{10} \div \frac{6}{10} = 48 \div 6 = 8$$

15.2÷3.8 _____

7 잘못 계산한 곳을 찾아 바르게 계산해 보세요.

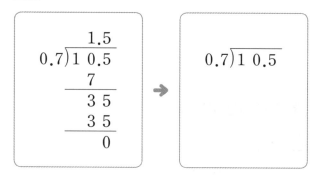

8 식혜 3.2 L를 한 명이 0.4 L씩 마신다면 모두 **몇 명**이 마실 수 있나요?

꼭 단위까지 따라 쓰세요.

(명   )

3 (소수 두 자리 수)÷(소수 두 자리 수)

9 □ 안에 알맞은 수를 써넣으세요.

10 계산해 보세요.

(1)
$$0.23\overline{)5.29}$$

(2)
$$1.32\overline{)9.24}$$

11 큰 수를 작은 수로 나눈 몫을 빈칸에 써넣으세요.

0.17	7.14

12 가장 큰 수를 가장 작은 수로 나눈 몫을 구하세요.

1.54	6.16	0.56

( )

[13~14] 다음 소수의 나눗셈을 두 가지 방법으로 계산하려고 합니다. 물음에 답하세요.

$$2.45 \div 0.35$$

13 분수의 나눗셈으로 바꾸어 계산해 보세요.

답 _____

14 세로로 계산해 보세요.

답 _____

15 계산 결과가 더 큰 것에 ○표 하세요.

$5.67 \div 0.27$	$4.94 \div 0.19$
( )	( )

1 서술형 첫 단계

16 현지는 마트에서 사과 8.25 kg과 딸기 1.65 kg을 샀습니다. 현지가 산 사과의 무게는 딸기의 무게의 **몇 배**인가요?

식 _____

꼭 단위까지 따라 쓰세요.

답 _____ 배

🌱 **자릿수가 다른 (소수)÷(소수)**

예 2.88÷2.4의 계산

방법 1 288÷240을 이용하여 계산하기 → 나누어지는 수를 자연수로 만들기

나누어지는 수와 나누는 수에 똑같이 100배 하여 288÷240으로 바꾸어 계산합니다.

$$2.88÷2.4=\frac{288}{100}÷\frac{240}{100}=288÷240=1.2$$

100배
2.88÷2.4=1.2   **288÷240**=1.2
100배

$$2.4\overline{)2.88} \rightarrow 2.40\overline{)2.88} \rightarrow ❶\boxed{}\overline{)288.0}$$

```
        1.2
❶[    ] ) 2 8 8.0
          2 4 0
            4 8 0
            4 8 0
                0
```

> 2.4 —100배→ 240과 같이 소수점을 옮길 자리에 수가 없으면 0을 써.

방법 2 28.8÷24를 이용하여 계산하기 → 나누는 수를 자연수로 만들기

나누어지는 수와 나누는 수에 똑같이 10배 하여 28.8÷24로 바꾸어 계산합니다.

$$2.88÷2.4=\frac{28.8}{10}÷\frac{24}{10}=28.8÷24=1.2$$

10배
2.88÷2.4=1.2   **28.8÷24**=1.2
❷[ ]배

$$2.4\overline{)2.88} \rightarrow 2.4\overline{)2.88} \rightarrow 24\overline{)28.8}$$

❸[ ] → 몫의 소수점은 옮긴 소수점의 위치에 맞추어 찍습니다.

```
        ❸[  ]
24 ) 2 8.8
     2 4
       4 8
       4 8
          0
```

정답 확인 | ❶ 240 ❷ 10 ❸ 1.2

예제 문제 1

3.68÷1.6을 368÷160을 이용하여 계산하려고 합니다. ☐ 안에 알맞은 수를 써넣으세요.

100배
3.68÷1.6=☐   368÷160=☐
100배

예제 문제 2

3.68÷1.6을 36.8÷16을 이용하여 계산하려고 합니다. ☐ 안에 알맞은 수를 써넣으세요.

10배
3.68÷1.6=☐   36.8÷16=☐
10배

[1~2] 소수의 나눗셈을 분수의 나눗셈으로 바꾸어 계산하려고 합니다. ☐ 안에 알맞은 수를 써넣으세요.

1 $5.85 \div 1.3 = \dfrac{585}{100} \div \dfrac{\boxed{}}{100}$

$\qquad\quad = 585 \div \boxed{} = \boxed{}$

2 $6.25 \div 2.5 = \dfrac{\boxed{}}{10} \div \dfrac{25}{10}$

$\qquad\quad = \boxed{} \div 25 = \boxed{}$

[3~4] ☐ 안에 알맞은 수를 써넣으세요.

3

$\overset{\text{100배}}{\overbrace{\qquad\qquad}}$

$2.52 \div 0.9 = \boxed{} \qquad 252 \div \boxed{} = \boxed{}$

$\underset{\text{100배}}{\underbrace{\qquad\qquad}}$

$0.90\,)\overline{2.520}$
$\quad\;\;\underline{180}$

4

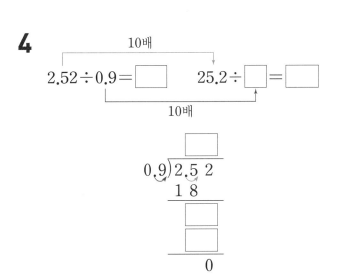

$\overset{\text{10배}}{\overbrace{\qquad\qquad}}$

$2.52 \div 0.9 = \boxed{} \qquad 25.2 \div \boxed{} = \boxed{}$

$\underset{\text{10배}}{\underbrace{\qquad\qquad}}$

$0.9\,)\overline{2.52}$
$\quad\;\;\underline{18}$

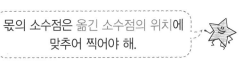

몫의 소수점은 옮긴 소수점의 위치에 맞추어 찍어야 해.

[5~11] 계산해 보세요.

5 $8.3\,)\overline{10.79}$

6 $1.9\,)\overline{9.31}$

7 $6.4\,)\overline{17.28}$

8 $7.52 \div 0.8$

9 $3.57 \div 2.1$

10 $3.64 \div 1.4$

11 $8.16 \div 1.6$

개념 빠삭

5 (자연수)÷(소수)

▶ 개념동영상 2-⑤

1 (자연수)÷(소수 한 자리 수)

예 17÷8.5의 계산

방법 1 분수의 나눗셈으로 바꾸어 계산하기
나누는 수가 소수 한 자리 수이므로
분모가 10인 분수로 바꾸어 계산합니다.

$$17÷8.5=\frac{170}{10}÷\frac{85}{10}$$
$$=170÷85=\boxed{❶}$$

방법 2 자연수의 나눗셈을 이용하여 계산하기

$$17÷8.5=2 \quad 170÷85=2$$
10배 / 10배

방법 3 세로로 계산하기

$$8.5)\overline{17} \Rightarrow 8.5)\overline{17.0} \Rightarrow 85)\overline{170} \atop {170 \atop 0}$$ 몫 2

2 (자연수)÷(소수 두 자리 수)

예 3÷0.75의 계산

방법 1 분수의 나눗셈으로 바꾸어 계산하기
나누는 수가 소수 두 자리 수이므로
분모가 100인 분수로 바꾸어 계산합니다.

$$3÷0.75=\frac{300}{100}÷\frac{75}{100}$$
$$=300÷75=\boxed{❷}$$

방법 2 자연수의 나눗셈을 이용하여 계산하기

$$3÷0.75=4 \quad 300÷75=4$$
100배 / 100배

방법 3 세로로 계산하기

$$0.75)\overline{3} \Rightarrow 0.75)\overline{3.00} \Rightarrow 75)\overline{300} \atop {\boxed{❸} \atop 0}$$ 몫 4

참고 소수가 자연수가 되도록 나누어지는 수와 나누는 수의 소수점을 똑같이 옮겨서 계산하는 방법은
나누어지는 수와 나누는 수에 똑같이 10배 또는 100배를 해도 몫이 변하지 않는 것과 같습니다.

정답 확인 | ❶ 2 ❷ 4 ❸ 300

예제 문제 1

소수의 나눗셈을 분수의 나눗셈으로 바꾸어 계산하려고 합니다. ☐ 안에 알맞은 수를 써넣으세요.

$$27÷1.5=\frac{\boxed{}}{10}÷\frac{\boxed{}}{10}$$
$$=270÷\boxed{}$$
$$=\boxed{}$$

예제 문제 2

소수의 나눗셈을 세로로 계산하려고 합니다. ☐ 안에 알맞은 수를 써넣으세요.

$$0.25)\overline{16} \Rightarrow 0.25)\overline{16.00} \atop {150 \atop {\boxed{} \atop {\boxed{} \atop 0}}}$$ 몫 ☐

[1~2] 보기 와 같이 소수의 나눗셈을 분수의 나눗셈으로 바꾸어 계산해 보세요.

보기

$$7 \div 0.25 = \frac{700}{100} \div \frac{25}{100} = 700 \div 25 = 28$$

자연수를 분모가 10 또는 100인 분수로 바꾸면

$$\blacksquare = \frac{\blacksquare 0}{10} = \frac{\blacksquare 00}{100} \text{이야.}$$

1 $12 \div 0.6 = \dfrac{120}{10} \div \dfrac{\square}{10}$

$\qquad = \boxed{} \div \boxed{} = \boxed{}$

2 $9 \div 0.36 = \dfrac{\boxed{}}{100} \div \dfrac{36}{100}$

$\qquad = \boxed{} \div \boxed{} = \boxed{}$

[3~4] 소수의 나눗셈을 자연수의 나눗셈을 이용하여 계산하려고 합니다. □ 안에 알맞은 수를 써넣으세요.

3

$\boxed{}$ 배

$36 \div 4.5 = \boxed{} \qquad 360 \div 45 = \boxed{}$

$\boxed{}$ 배

4

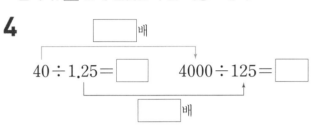

$\boxed{}$ 배

$40 \div 1.25 = \boxed{} \qquad 4000 \div 125 = \boxed{}$

$\boxed{}$ 배

2

소수의 나눗셈

43

[5~11] 계산해 보세요.

5 $7.5 \overline{)6\,0}$

6 $2.7\,5 \overline{)3\,3}$

7 $1.2\,4 \overline{)3\,1}$

8 $32 \div 6.4$

9 $42 \div 1.4$

10 $10 \div 0.08$

11 $78 \div 3.25$

4 **자릿수가 다른 (소수)÷(소수)**

1 24.84÷9.2를 계산하려고 합니다. 소수점을 바르게 옮긴 것에 ○표 하세요.

9.2)2 4.8 4

9.2)2 4.8 4

(   )   (   )

2 □ 안에 알맞은 수를 써넣으세요.

5.52÷2.3=552÷□=□

3 주어진 방법으로 계산해 보세요.

(1) 나누어지는 수를 자연수로 만들어 계산하기

3.4)1 4.2 8   →

(2) 나누는 수를 자연수로 만들어 계산하기

3.1)5.2 7   →

4 큰 수를 작은 수로 나눈 몫을 구하세요.

3.4   7.48

(   )

5 계산 결과가 다른 하나를 찾아 기호를 쓰세요.

㉠ 45.58÷5.3   ㉡ 455.8÷53
㉢ 4558÷53   ㉣ 4558÷530

(   )

6 계산 결과를 비교하여 ○ 안에 >, =, <를 알맞게 써넣으세요.

15.08÷5.2 ○ 4.32÷3.6

1 서술형 첫 단계

7 잘못 계산한 곳을 찾아 바르게 계산하고, 그 까닭을 쓰세요.

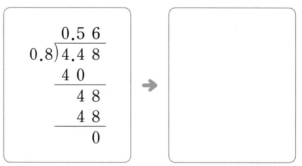

까닭을 따라 쓰세요.

까닭 소수점을 옮겨서 계산하는 경우에

몫의 소수점은 _____

5 (자연수)÷(소수)

8 □ 안에 알맞은 수를 써넣으세요.

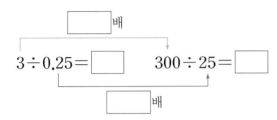

9 보기 와 같은 방법으로 계산해 보세요.

보기
$$21 \div 4.2 = \frac{210}{10} \div \frac{42}{10} = 210 \div 42 = 5$$

72 ÷ 4.5 _____

10 계산해 보세요.

(1) 7.5)4 5

(2) 1.2 5)3 5

11 자연수를 소수로 나눈 몫을 빈 곳에 써넣으세요.

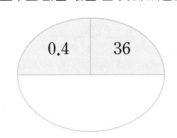

12 자연수의 나눗셈을 이용하여 소수의 나눗셈을 바르게 계산한 사람은 누구인가요?

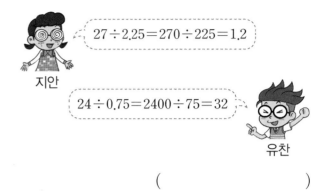

지안: 27 ÷ 2.25 = 270 ÷ 225 = 1.2

유찬: 24 ÷ 0.75 = 2400 ÷ 75 = 32

( )

13 계산 결과가 더 큰 것에 ○표 하세요.

21 ÷ 0.7   38 ÷ 1.52

( )   ( )

14 계산 결과가 더 작은 것의 기호를 쓰세요.

⊙ 15 ÷ 3.75   ⓒ 6 ÷ 1.2

( )

15 서술형 첫 단계

케이크 한 개를 만드는 데 생크림 0.55 L가 필요합니다. 생크림 11 L를 사용하여 만들 수 있는 케이크는 **몇** 개인가요?

식 _____ 꼭 단위까지 따라 쓰세요.

답 _____ 개

2

소수의 나눗셈

45

🪴 **몫을 반올림하여 나타내기**

몫을 반올림하여 나타내는 방법

① 구하려는 자리 바로 아래 자리까지 몫을 구합니다.

② 구하려는 자리 바로 아래 자리의 숫자가

0, 1, 2, 3, 4이면 버리고, **5, 6, 7, 8, 9**이면 올립니다.

나눗셈의 몫이 나누어떨어지지 않아 정확하게 구할 수 없을 때에는 몫을 반올림하여 나타낼 수 있어.

예 $92.2 \div 3$의 몫을 반올림하여 나타내기

```
      3 0.7 3 3
  3 ) 9 2.2 0 0
      9
      ─────
      2 2
      2 1
      ─────
        1 0
          9
        ─────
          1 0
            9
          ─────
            1
```

(1) 몫을 반올림하여 일의 자리까지 나타내기: 몫의 소수 첫째 자리 숫자가 ❶ ( )이므로 몫을 반올림하여 일의 자리까지 나타내면 31입니다.

$$92.2 \div 3 = 30.7 \cdots \rightarrow 31$$

(2) 몫을 반올림하여 소수 첫째 자리까지 나타내기: 몫의 소수 둘째 자리 숫자가 3이므로 몫을 반올림하여 소수 첫째 자리까지 나타내면 ❷ ( )입니다.

$$92.2 \div 3 = 30.73 \cdots \rightarrow 30.7$$

(3) 몫을 반올림하여 소수 둘째 자리까지 나타내기: 몫의 소수 셋째 자리 숫자가 3이므로 몫을 반올림하여 소수 둘째 자리까지 나타내면 ❸ ( )입니다.

$$92.2 \div 3 = 30.733 \cdots \rightarrow 30.73$$

정답 확인 | ❶ 7 ❷ 30.7 ❸ 30.73

2 소수의 나눗셈

46

나눗셈식을 보고 물음에 답하세요.

```
      3.2 8 5
  7 ) 2 3.0 0 0
      2 1
      ─────
      2 0
      1 4
      ─────
        6 0
        5 6
        ─────
          4 0
          3 5
          ─────
            5
```

(1) 몫을 반올림하여 일의 자리까지 나타내 보세요.

( )

(2) 몫을 반올림하여 소수 첫째 자리까지 나타내 보세요.

( )

(3) 몫을 반올림하여 소수 둘째 자리까지 나타내 보세요.

( )

[1~2] 나눗셈식을 보고 □ 안에 알맞은 수를 써넣으세요.

1

$$59 \div 6 = 9.833 \cdots$$

(1) 몫을 반올림하여 일의 자리까지 나타내기

┌ 몫의 소수 첫째 자리 숫자 ➡ □

└ 반올림한 몫 ➡ □

(2) 몫을 반올림하여 소수 첫째 자리까지 나타내기

┌ 몫의 소수 둘째 자리 숫자 ➡ □

└ 반올림한 몫 ➡ □

2

$$9.7 \div 3.9 = 2.487 \cdots$$

(1) 몫을 반올림하여 소수 첫째 자리까지 나타내기

┌ 몫의 소수 둘째 자리 숫자 ➡ □

└ 반올림한 몫 ➡ □

(2) 몫을 반올림하여 소수 둘째 자리까지 나타내기

┌ 몫의 소수 셋째 자리 숫자 ➡ □

└ 반올림한 몫 ➡ □

반올림은 구하려는 자리 바로 아래 자리의 숫자가
0, 1, 2, 3, 4이면 버리고,
5, 6, 7, 8, 9이면 올리는 방법이야.

2

소수의 나눗셈

[3~5] 몫을 소수 첫째 자리까지 구한 후 반올림하여 일의 자리까지 나타내 보세요.

3

$$3 \overline{)1\ 1}$$

( )

4

$$9 \overline{)2\ 9}$$

( )

5

$$0.7 \overline{)4.8}$$

( )

[6~7] 몫을 소수 셋째 자리까지 구한 후 반올림하여 주어진 자리까지 나타내 보세요.

6

$$7 \overline{)6\ 1}$$

소수 첫째 자리

( )

소수 둘째 자리

( )

7

$$6 \overline{)5.3}$$

소수 첫째 자리

( )

소수 둘째 자리

( )

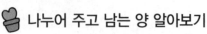 개념 빠삭 ⑦ 나누어 주고 남는 양 알아보기

▶ 개념동영상 2-⑦

🌱 나누어 주고 남는 양 알아보기

예 쌀 6.2 kg을 한 봉지에 2 kg씩 나누어 담아 판매할 때 판매할 수 있는 봉지 수와 남는 쌀의 양 구하기

방법 1 뺄셈으로 구하기

2 kg	2 kg	2 kg

0.2 kg

$$6.2-2-2-2=0.2$$
└─3번─┘

➡ 봉지 수: **3**봉지, 남는 양: ❶ [ ] kg

방법 2 나눗셈으로 구하기

```
        3  → 봉지 수
    2)6.2
한 봉지에  6  → 봉지에 담은 쌀의 양
담는 쌀의 양 ──
        0.2 → 남는 쌀의 양
```

봉지 수는 자연수이므로 몫은 자연수까지만 구하면 돼.

남는 양의 소수점은 나누어지는 수의 소수점의 위치와 같게 찍어.

➡ 봉지 수: ❷ [ ] 봉지, 남는 양: ❸ [ ] kg

주의 사람 수, 병의 수, 경기 수 등은 소수로 나타낼 수 없으므로 몫을 자연수까지만 구합니다.

정답 확인 | ❶ 0.2 ❷ 3 ❸ 0.2

2 소수의 나눗셈

48

예제 문제 ①

색 테이프 23.5 cm를 한 사람에게 5 cm씩 나누어 주려고 합니다. 물음에 답하세요.

(1) 그림을 보고 ☐ 안에 알맞은 수를 써넣으세요.

5 cm	5 cm	5 cm	5 cm
└─────23.5 cm─────┘

$$23.5-5-5-5-5=\boxed{}$$
☐번

➡ 나누어 줄 수 있는 사람 수: ☐명

남는 색 테이프의 길이: ☐ cm

(2) ☐ 안에 알맞은 수를 써넣으세요.

```
       ☐
   5)2 3.5    나누어 줄 수 있는 사람 수: ☐명
     2 0
   ─────      남는 색 테이프의 길이: ☐ cm
       ☐
```

예제 문제 ②

물 10.1 L를 한 병에 3 L씩 나누어 담으려고 합니다. 물음에 답하세요.

(1) 그림을 보고 ☐ 안에 알맞은 수를 써넣으세요.

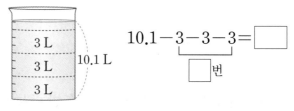

$$10.1-3-3-3=\boxed{}$$
☐번

➡ 담을 수 있는 병의 수: ☐병

남는 물의 양: ☐ L

(2) ☐ 안에 알맞은 수를 써넣으세요.

```
       ☐
   3)1 0.1    담을 수 있는 병의 수: ☐병
     9
   ─────      남는 물의 양: ☐ L
       ☐
```

1 키위 16.7 kg을 바구니 한 개에 4 kg씩 나누어 담아서 판매하려고 합니다. 물음에 답하세요.

(1) ☐ 안에 알맞은 수를 써넣으세요.

$$16.7 - 4 - 4 - 4 - 4 = \boxed{}$$

(2) 담을 수 있는 바구니는 몇 개인가요?

( )개

(3) 남는 키위의 양은 몇 kg인가요?

( )kg

2 리본 13.5 m를 선물 상자 한 개에 2 m씩 사용하여 포장하려고 합니다. 물음에 답하세요.

(1) ☐ 안에 알맞은 수를 써넣으세요.

$$13.5 - 2 - 2 - 2 - 2 - 2 - 2 = \boxed{}$$

(2) 포장할 수 있는 선물 상자는 몇 개인가요?

( )개

(3) 남는 리본의 길이는 몇 m인가요?

( )m

3 설탕 24.8 kg을 한 사람에게 6 kg씩 나누어 주려고 합니다.
나눗셈식을 보고 ☐ 안에 알맞은 말을 보기 에서 찾아 써넣으세요.

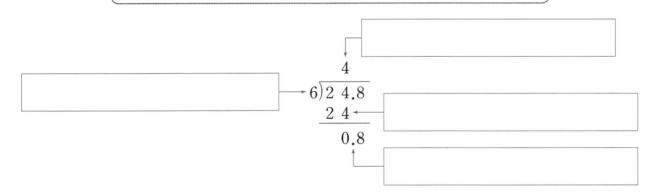

보기

나누어 줄 수 있는 사람 수   남는 설탕의 양
한 사람에게 나누어 주는 설탕의 양   나누어 준 설탕의 양

4 콩 15.4 kg을 한 봉지에 3 kg씩 나누어 담을 때 나누어 담을 수 있는 봉지 수와 남는 콩의 양을 구하려고 합니다. ☐ 안에 알맞은 수를 써넣으세요.

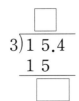

➡ 나누어 담을 수 있는 봉지 수: ☐봉지

남는 콩의 양: ☐ kg

5 페인트 23.6 L를 한 통에 5 L씩 나누어 담을 때 나누어 담을 수 있는 통의 수와 남는 페인트의 양을 구하려고 합니다. ☐ 안에 알맞은 수를 써넣으세요.

➡ 나누어 담을 수 있는 통의 수: ☐통

남는 페인트의 양: ☐ L

6 몫을 반올림하여 나타내기

1 나눗셈식을 보고 ☐ 안에 알맞은 수를 써넣으세요.

$$37 \div 6 = 6.166\cdots$$

(1) 몫을 반올림하여 일의 자리까지 나타내면 ☐ 입니다.

(2) 몫을 반올림하여 소수 첫째 자리까지 나타내면 ☐ 입니다.

2 나눗셈식을 보고 몫을 반올림하여 바르게 나타낸 사람의 이름을 쓰세요.

$$82 \div 9 = 9.11\cdots$$

몫의 소수 둘째 자리 숫자가 1이므로 몫을 반올림하여 소수 첫째 자리까지 나타내면 9.2가 돼.

지안

몫의 소수 첫째 자리 숫자가 1이므로 몫을 반올림하여 일의 자리까지 나타내면 9가 돼.

민재

( )

3 몫을 반올림하여 소수 둘째 자리까지 바르게 나타낸 것의 기호를 쓰세요.

㉠ $3.4 \div 7 = 0.485\cdots$ ➡ 0.48
㉡ $22 \div 0.6 = 36.666\cdots$ ➡ 36.67

( )

4 나눗셈을 계산하고 몫을 반올림하여 소수 둘째 자리까지 나타내 보세요.

$$7 \overline{)5\ 3.4}$$

몫을 반올림하여 나타내려면 구하려는 자리 바로 아래 자리까지 몫을 구한 다음 반올림해야 해.

( )

5 $24.7 \div 3$의 몫을 반올림하여 주어진 자리까지 나타내 보세요.

(1) 일의 자리 ( )

(2) 소수 첫째 자리 ( )

6 크기를 비교하여 ○ 안에 >, =, <를 알맞게 써넣으세요.

$29 \div 3$의 몫을 반올림하여 일의 자리까지 나타낸 수 ○ 10

7 지현이네 강아지의 무게는 5.2 kg이고, 고양이의 무게는 4.8 kg입니다. 강아지의 무게는 고양이의 무게의 **몇 배**인지 반올림하여 소수 첫째 자리까지 나타내 보세요.

꼭 단위까지 따라 쓰세요.

(배)

7 나누어 주고 남는 양 알아보기

[8~9] 끈 37.5 cm를 한 사람에게 9 cm씩 나누어 줄 때 나누어 줄 수 있는 사람 수와 남는 끈의 길이를 구하려고 합니다. 물음에 답하세요.

8 그림을 보고 37.5에서 9씩 빼 보세요.

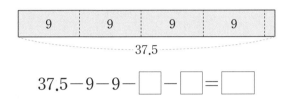

$$37.5 - 9 - 9 - \boxed{} - \boxed{} = \boxed{}$$

9 나누어 줄 수 있는 사람 수와 남는 끈의 길이를 각각 구하세요.

꼭 단위까지 따라 쓰세요.

사람 수 (명   )

남는 끈의 길이 (cm   )

[10~11] 딸기잼 32.4 kg을 병 한 개에 5 kg씩 담으려고 할 때 담을 수 있는 병의 수와 남는 딸기잼의 양을 구하려고 합니다. 물음에 답하세요.

10 ☐ 안에 알맞은 수를 써넣으세요.

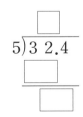

11 담을 수 있는 병의 수와 남는 딸기잼의 양을 각각 구하세요.

병의 수 (개   )

남는 딸기잼의 양 (kg   )

12 물 8.3 L를 한 사람에게 4 L씩 나누어 줄 때 나누어 줄 수 있는 사람 수와 남는 물의 양을 구하기 위해 다음과 같이 계산했습니다. 잘못된 곳을 찾아 바르게 계산해 보세요.

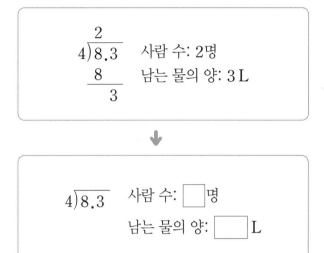

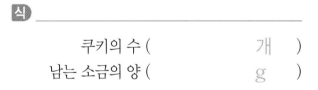

[13~14] 쿠키 한 개를 만드는 데 소금이 4 g 필요합니다. 소금 13.2 g으로 만들 수 있는 쿠키의 수와 남는 소금의 양을 구하려고 합니다. 물음에 답하세요.

13 뺄셈으로 구하세요.

실 _____

쿠키의 수 (개   )

남는 소금의 양 (g   )

14 나눗셈으로 구하세요.

쿠키의 수 (개   )

남는 소금의 양 (g   )

2

소수의 나눗셈

1 자연수의 나눗셈을 이용하여 □ 안에 알맞은 수를 써넣으세요.

$$426 \div 6 = 71$$

$$42.6 \div 0.6 = \boxed{}$$

2 $2.24 \div 1.6$을 계산하려고 합니다. 소수점을 바르게 옮긴 것에 ◯표 하세요.

$1.6\overline{)2.2\,4}$

$1.6\overline{)2.2\,4}$

(   )   (   )

3 $3.22 \div 0.14$를 두 가지 방법으로 계산하려고 합니다. □ 안에 알맞은 수를 써넣으세요.

(1) $3.22 \div 0.14 = \dfrac{322}{100} \div \dfrac{\boxed{}}{100}$

$= 322 \div \boxed{} = \boxed{}$

(2) $0.14\overline{)3.2\,2}$ ➡ $14\overline{)3\,2\,2}$

4 □ 안에 알맞은 수를 써넣으세요.

$$27.2 \div 0.8 = \boxed{} \quad 272 \div \boxed{} = \boxed{}$$

□배

10배

5 빈칸에 알맞은 수를 써넣으세요.

7.04 ➡ $\div 0.22$ ➡ $\boxed{}$

6 나눗셈식을 보고 몫을 반올림하여 일의 자리까지 나타내 보세요.

$$65 \div 3 = 21.6\cdots$$

(   )

7 뜨개실 17.6 m를 한 사람에게 4 m씩 나누어 주려고 합니다. □ 안에 알맞은 수를 써넣으세요.

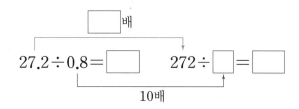

4 m   4 m   4 m   4 m

17.6 m

$$17.6 - 4 - 4 - 4 - 4 = \boxed{}$$

□번

8 자연수를 소수로 나눈 몫을 구하세요.

0.76 19

(   )

9 서준이와 같은 방법으로 계산해 보세요.

$$9.6 \div 2.4 = \frac{96}{10} \div \frac{24}{10} = 96 \div 24 = 4$$

서준

$87.4 \div 4.6$ _____

10 나눗셈의 몫을 찾아 이어 보세요.

| $5.27 \div 3.1$ | $1.89 \div 0.7$ |

$\cdot$

$\cdot$　　　　$\cdot$　　　　$\cdot$

1.7　　　　2.7　　　　3.7

11 나눗셈의 몫을 반올림하여 일의 자리까지 나타내 보세요.

$$83 \div 6$$

(　　　　　　　)

12 귤 25.2 kg을 상자 한 개에 4.2 kg씩 담으려고 합니다. 필요한 상자는 몇 개인가요?

(　　　　　　　)

13 잘못 계산한 곳을 찾아 바르게 계산해 보세요.

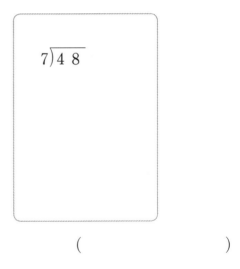

14 나눗셈을 계산하고, 몫을 반올림하여 소수 둘째 자리까지 나타내 보세요.

$$7 \overline{)48}$$

(　　　　　　　)

15 계산 결과를 비교하여 ○ 안에 >, =, <를 알맞게 써넣으세요.

$$36 \div 0.8 \bigcirc 55 \div 1.25$$

2

소수의 나눗셈

53

16 기름 48.6 L를 한 사람에게 9 L씩 나누어 줄 때 나누어 줄 수 있는 사람 수와 남는 기름의 양을 구하기 위해 다음과 같이 계산했습니다. 잘못된 곳을 찾아 바르게 계산해 보세요.

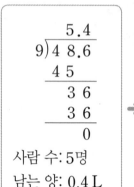

사람 수: 5명
남는 양: 0.4 L

→

$9\overline{)48.6}$

사람 수: ☐ 명
남는 양: ☐ L

17 소금 13.7 kg을 한 봉지에 3 kg씩 담아 판매하려고 합니다. 판매할 수 있는 봉지 수와 남는 소금의 양을 두 가지 방법으로 구하세요.

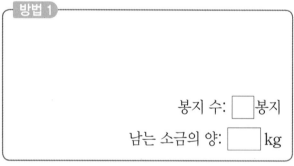

방법 1

봉지 수: ☐ 봉지
남는 소금의 양: ☐ kg

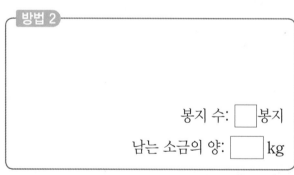

방법 2

봉지 수: ☐ 봉지
남는 소금의 양: ☐ kg

18 계산 결과가 큰 것부터 차례대로 기호를 쓰세요.

| ㉠ 9.5÷1.9 | ㉡ 9.72÷1.62 |
| ㉢ 20.72÷3.7 | ㉣ 28÷3.5 |

(   )

19 넓이가 54 cm²인 평행사변형입니다. 이 평행사변형의 높이가 4.5 cm라면 밑변의 길이는 몇 cm인가요?

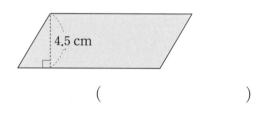

4.5 cm

(   )

20 번개가 친 곳에서 21 km 떨어진 곳은 번개가 친 지 1분 뒤에 천둥 소리를 들을 수 있습니다. 번개가 친 곳에서 70 km 떨어진 곳은 번개가 친 지 몇 분 뒤에 천둥 소리를 들을 수 있는지 반올림하여 소수 첫째 자리까지 나타내 보세요.

(   )

해결 팁!

16. 나누어 줄 수 있는 사람 수를 구해야 하므로 나눗셈의 몫을 자연수까지만 구해야 합니다.

예 빵 7개를 한 사람에게 2개씩 나누어 준다면 몇 명에게 나누어 줄 수 있고 남는 빵은 몇 개인가요?

→

$2\overline{)7}$ 3 → 사람 수: 3명
6
1 → 남는 빵 수: 1개

틀린 그림을 찾아라!

스마트폰으로 QR코드를
찍으면 정답이 보여요.

🍎 거리에서 맛있는 아이스크림을 판매하고 있습니다. 두 그림에서 서로 다른 3곳을 찾아 ○표 하고 물음에
답하세요.

컵과 콘의 무게를 제외한 아이스크림 1개의 무게를 재어 봤더니
컵 아이스크림은 0.2 kg, 콘 아이스크림은 0.25 kg이래.
아이스크림 1 kg의 가격은 각각 얼마일까?

컵 아이스크림은 2500÷ ☐ = ☐ (원)이고,

콘 아이스크림은 3000÷ ☐ = ☐ (원)이야.

그럼 컵 아이스크림과 콘 아이스크림 중 더 저렴한
아이스크림은 무엇일까?

1 kg의 가격을 비교하면 (컵 아이스크림 , 콘 아이스크림)이 더 저렴해.

3 공간과 입체

3단원 학습 계획표

✔ 이 단원의 표준 학습 일수는 5일입니다. 계획대로 공부한 후 확인란에 사인을 받으세요.

이 단원에서 배울 내용	쪽수	계획한 날	확인
1단계 개념 빠삭 ❶ 어느 방향에서 보았는지 알아보기 ❷ 쌓은 모양과 쌓기나무의 개수 (1)	58~61쪽	월 일	확인했어요! ☺
2단계 익힘책 빠삭	62~63쪽		
1단계 개념 빠삭 ❸ 쌓은 모양과 쌓기나무의 개수 (2) ❹ 쌓은 모양과 쌓기나무의 개수 (3) ❺ 쌓은 모양과 쌓기나무의 개수 (4)	64~69쪽	월 일	확인했어요! ☺
2단계 익힘책 빠삭	70~73쪽	월 일	확인했어요! ☺
1단계 개념 빠삭 ❻ 쌓은 모양과 쌓기나무의 개수 (5) ❼ 여러 가지 모양 만들기	74~77쪽	월 일	확인했어요! ☺
2단계 익힘책 빠삭	78~79쪽		
TEST 3단원 평가	80~82쪽	월 일	확인했어요! ☺

기본이 되는 것보다 덧붙이는 것이 더 많거나 큰 경우를 나타내는 속담은?

개념 빠삭

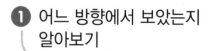

1 어느 방향에서 보았는지
알아보기

▶ 개념동영상 3-①

🌵 **여러 방향에서 본 모습 알아보기**

물체를 보는 위치와 방향에 따라 보이는 모습이 달라집니다.

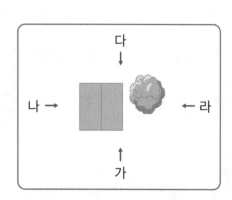

보는 방향에 따라
집과 나무가 보이는
모습이 달라.

나무와 집의 위치,
지붕의 모양을 비교하여
어느 방향에서 본 것인지 찾아봐.

정답 확인 | **1** 다 **2** 라

예제 문제 1

재연이네 집의 사진을 여러 방향에서 찍었습니다.
가 방향에서 찍은 사진을 보고, 주어진 방향에서 찍은
사진이 맞으면 ○표, 아니면 ×표 하세요.

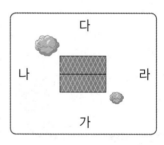

(1)

나 ( )

(2)

라 ( )

예제 문제 2

컵의 사진을 여러 방향에서 찍었습니다. 각 사진은
어느 방향에서 찍은 것인지 방향을 찾아 쓰세요.

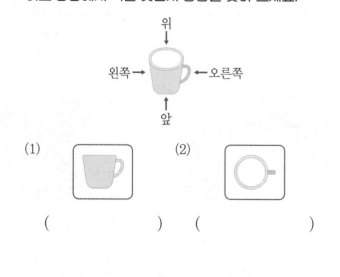

(1) ( ) (2) ( )

(3) ( ) (4) ( )

[1~3] 보기 와 같이 놓인 컵의 사진을 여러 방향에서 찍었습니다. 사진을 찍은 방향에 맞게 이어 보세요.

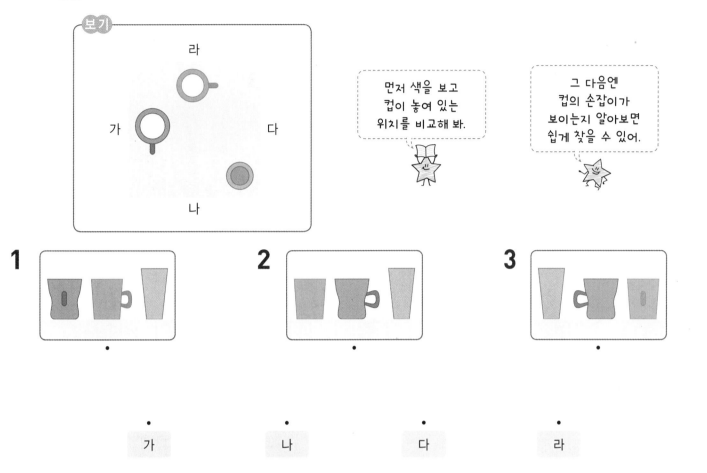

먼저 색을 보고
컵이 놓여 있는
위치를 비교해 봐.

그 다음엔
컵의 손잡이가
보이는지 알아보면
쉽게 찾을 수 있어.

1　　　**2**　　　**3**

가　　　나　　　다　　　라

[4~6] 미호와 친구들은 탁자 위에 있는 조형물의 사진을 여러 방향에서 찍었습니다. 각 사진은 누가 찍은 것인지 찾아 이름을 쓰세요.

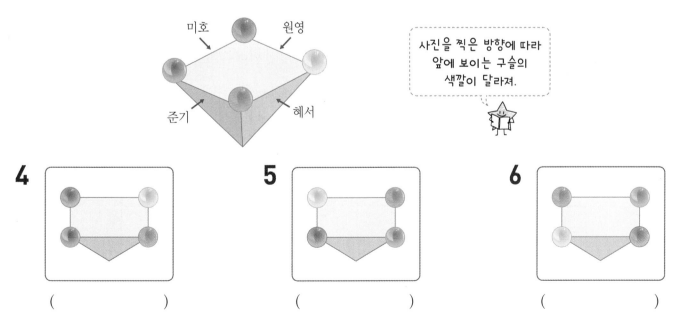

미호　　원영

준기　　혜서

사진을 찍은 방향에 따라
앞에 보이는 구슬의
색깔이 달라져.

4　　　**5**　　　**6**

(　　　　　)　　　(　　　　　)　　　(　　　　　)

2 쌓은 모양과 쌓기나무의 개수(1)
– 쌓은 모양과 위에서 본 모양

▶ 개념동영상 3-②

1 쌓기나무로 쌓은 모양을 보고 쌓기나무의 개수 추측하기

보이지 않는 뒤쪽에

(1) 쌓기나무가 없는 경우

(2) 쌓기나무가 있는 경우

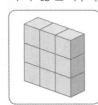

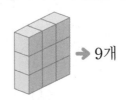 ➜ 9개

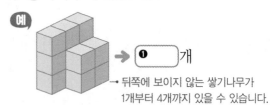

예 ➜ ❶ ☐ 개

→ 뒤쪽에 보이지 않는 쌓기나무가
1개부터 4개까지 있을 수 있습니다.

➜ 보는 방향에 따라 보이지 않는 쌓기나무가 있을 수 있으므로 정확한 모양과 개수를 알기 어렵습니다.

2 쌓기나무로 쌓은 모양과 위에서 본 모양을 보고 쌓기나무의 개수 알아보기

쌓은 모양에서
보이는 위의 면

위에서 본 모양

쌓은 모양에서 보이는 위의 면들과
위에서 본 모양이 같습니다.

➜ 뒤에 숨겨진 쌓기나무가 없습니다.

➜ 쌓기나무의 개수: ❷ ☐ 개

쌓은 모양에서
보이는 위의
면

위에서 본 모양

쌓은 모양에서 보이는 위의 면들과
위에서 본 모양이 다릅니다.

➜ ○표 한 부분에 숨겨진 쌓기나무: **1**개

➜ 쌓기나무의 개수: 11개

위에서 본 모양을 보면 보이지 않는 부분에
숨겨진 쌓기나무가 있는지 알 수 있어.

정답 확인 | ❶ 13 ❷ 10

예제 문제 1

뒤에 숨겨진 쌓기나무가 있는 것에 ○표 하세요.

위에서 본 모양

(   )

위에서 본 모양

(   )

예제 문제 2

주어진 모양과 똑같이 쌓는 데 필요한 쌓기나무의 수
를 ☐ 안에 써넣으세요.

(1)

위에서 본 모양

 개

(2)

위에서 본 모양

 개

1 쌓기나무로 쌓은 모양을 보고 알맞은 말 하나를 찾아 ○표 하세요.

뒤에 숨겨진 쌓기나무가 있는지 확인할 수 있는 방법은 (위 , 앞 , 옆)에서 본 모양을 함께 보여주는 것입니다.

[2~3] 쌓기나무로 쌓은 모양에서 보이는 위의 면들과 위에서 본 모양이 같은 것의 기호를 쓰세요.

2

가	나
 위에서 본 모양	위에서 본 모양

( )

3

가	나
 위에서 본 모양	 위에서 본 모양

( )

[4~5] 쌓기나무로 쌓은 모양을 보고 위에서 본 모양을 그렸습니다. 둘 중 바르게 그린 것에 ○표 하세요.

4

위에서 본 모양   위에서 본 모양

( )   ( )

5

위에서 본 모양   위에서 본 모양

( )   ( )

[6~7] 주어진 모양과 똑같이 쌓는 데 필요한 쌓기나무는 몇 개인지 구하세요.

6

위에서 본 모양

( )개

7

위에서 본 모양

( )개

① 어느 방향에서 보았는지 알아보기

1 어느 방향에서 찍은 것인지 찾아 기호를 쓰세요.

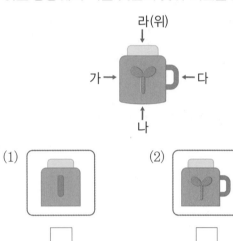

(1) □   (2) □

(3) □   (4) □

2 다음과 같이 놓인 입체도형의 사진을 여러 방향에서 찍었습니다. 사진을 찍은 방향을 찾아 이어 보세요.

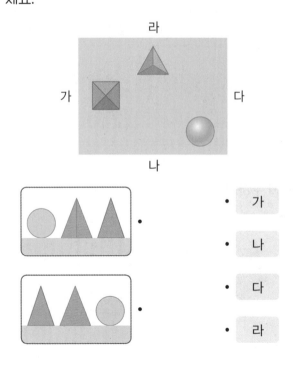

· 가

· 나

· 다

· 라

3 보기 와 같이 컵을 놓았을 때 찍을 수 없는 사진을 찾아 기호를 쓰세요.

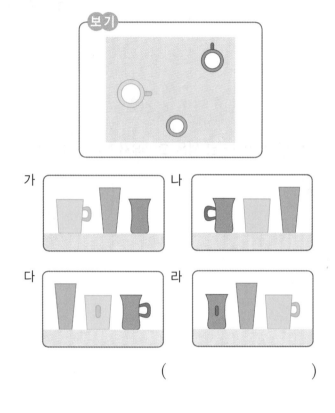

가   나

다   라

(   )

4 오른쪽 사진은 채희가 공원에 있는 조형물의 사진을 찍은 것입니다. 채희가 어느 방향에서 사진을 찍은 것인지 찾아 기호를 쓰세요.

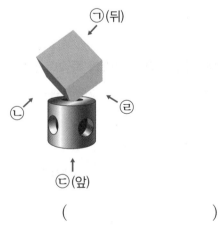

(   )

2 쌓은 모양과 쌓기나무의 개수(1)
— 쌓은 모양과 위에서 본 모양

5 쌓기나무로 쌓은 모양에서 보이는 위의 면들과 위에서 본 모양이 같은 것에 ○표 하세요.

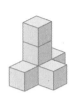  

위에서 본 모양   위에서 본 모양

(   )   (   )

6 쌓기나무로 쌓은 모양을 보고 위에서 본 모양을 그렸습니다. 관계있는 것끼리 이어 보세요.

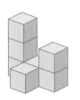   •   •

   •   •

7 돌렸을 때 보기 와 같은 모양을 만들 수 없는 경우를 찾아 기호를 쓰세요.

보기

가   나   다
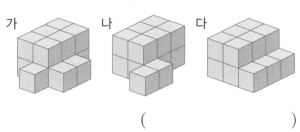

(   )

8 쌓기나무로 쌓은 모양과 위에서 본 모양을 보고 알맞은 것에 ○표 하세요.

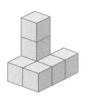 

위에서 본 모양

(1) 쌓기나무로 쌓은 모양에서 보이는 위의 면들과 위에서 본 모양이 일치하나요?

(예 , 아니요)

(2) 뒤에 숨겨진 쌓기나무가 있나요?

(예 , 아니요)

(3) 주어진 모양과 똑같이 쌓는 데 필요한 쌓기나무는 (6개 , 7개 , 8개)입니다.

3

공간과 입체

[9~10] 주어진 모양과 똑같이 쌓는 데 필요한 쌓기나무의 개수를 구하세요.

9

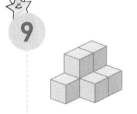 

위에서 본 모양

꼭 단위까지 따라 쓰세요.

(개   )

반복문제 **10**

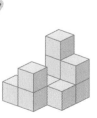 

위에서 본 모양

(개   )

개념 빠삭

③ 쌓은 모양과 쌓기나무의 개수(2)
– 위, 앞, 옆에서 본 모양 그리기

▶ 개념동영상 3-③

 쌓은 모양을 보고 위, 앞, 옆에서 본 모양 그리기

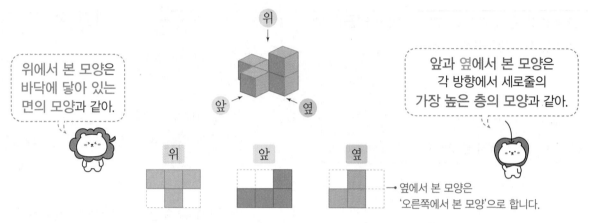

위에서 본 모양은 바닥에 닿아 있는 면의 모양과 같아.

앞과 옆에서 본 모양은 각 방향에서 세로줄의 가장 높은 층의 모양과 같아.

→ 옆에서 본 모양은 '오른쪽에서 본 모양'으로 합니다.

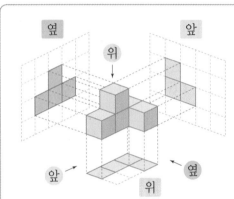

- 위에서 본 모양은 ❶ [   ]에 닿아 있는 면의 모양과 같게 그립니다.
  └ 1층에 쌓은 모양
- 앞과 옆에서 본 모양은 쌓은 모양의 각 방향에서 세로줄의 가장 ❷ [   ] 층의 모양과 같게 그립니다.

참고 왼쪽과 오른쪽에서 본 모양은 같고 방향만 다르므로 옆에서 본 모양은 오른쪽에서 본 모양으로 그립니다.

정답 확인 | ❶ 바닥 ❷ 높은

3 공간과 입체

예제 문제 ①

쌓기나무로 쌓은 모양과 위에서 본 모양입니다. 앞에서 본 모양에 ○표 하세요.

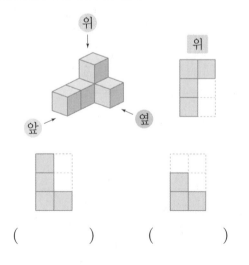

(   ) (   )

예제 문제 ②

쌓기나무로 쌓은 모양과 위에서 본 모양입니다. (   ) 안에 앞에서 본 모양은 '앞', 옆에서 본 모양은 '옆'이라고 쓰세요.

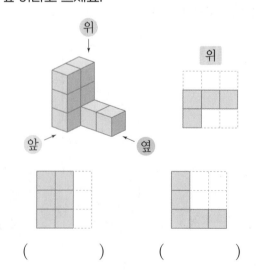

(   ) (   )

[1~2] 쌓기나무로 쌓은 모양과 위에서 본 모양입니다. 각 방향에서 본 모양에 ◯표 하세요.

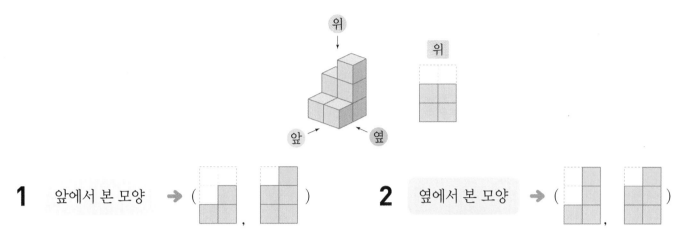

1 앞에서 본 모양 ➡ (,   )

2 옆에서 본 모양 ➡ (,   )

[3~4] 쌓기나무로 쌓은 모양과 위에서 본 모양입니다. 앞과 옆에서 본 모양을 완성해 보세요.

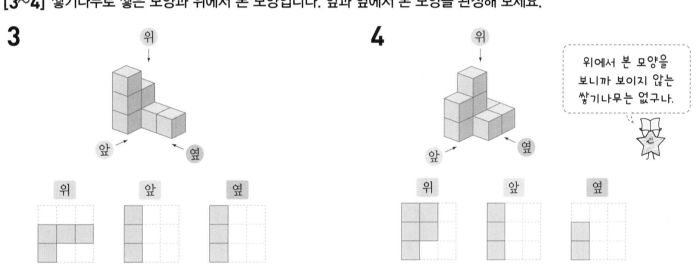

위에서 본 모양을
보니까 보이지 않는
쌓기나무는 없구나.

[5~6] 쌓기나무로 쌓은 모양과 위에서 본 모양입니다. 앞과 옆에서 본 모양을 각각 그려 보세요.

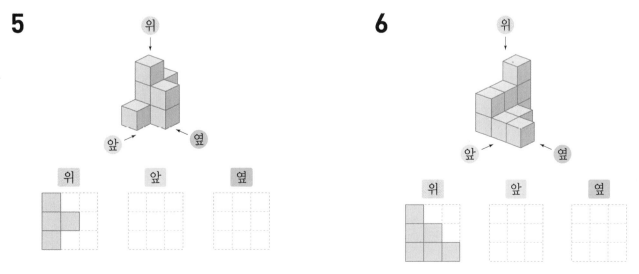

개념 빠삭

4 쌓은 모양과 쌓기나무의 개수(3)
― 위, 앞, 옆에서 본 모양을 보고 개수 구하기

▶ 개념동영상 3-④

🪴 **위, 앞, 옆에서 본 모양을 보고 쌓은 모양과 쌓기나무의 개수 구하기**

1. 쌓은 모양이 한 가지로 나오는 경우

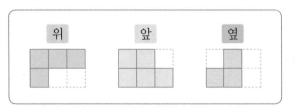

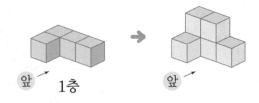

➡ 위, 앞, 옆에서 본 모양을 보면 보이지 않는 부분에 숨겨진 쌓기나무가 없다는 것을 알 수 있습니다.
따라서 똑같은 모양으로 쌓는 데 필요한 쌓기나무는 **❶** 개입니다.

2. 쌓은 모양이 여러 가지로 나오는 경우

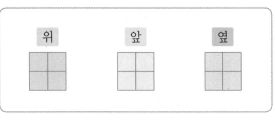

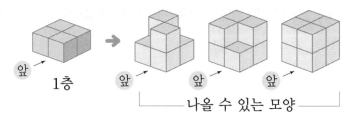

나올 수 있는 모양

➡ 똑같은 모양으로 쌓는 데 필요한 쌓기나무는 6개, 7개, **❷** 개가 모두 될 수 있습니다.
위, 앞, 옆에서 본 모양을 모두 알아도 정확하게 쌓은 모양을 항상 알 수 있는 것은 아닙니다.
└ 앞과 옆에서 본 모양을 보면 왼쪽과 오른쪽의 쌓기나무가 2개씩 쌓여 있다는 것을 알 수 있는데 그 위치가 정확하게 나타나 있지
않기 때문에 여러 가지가 나올 수 있습니다.

정답 확인 | **❶** 6 **❷** 8

3 공간과 입체

66

[1~3] 쌓기나무로 쌓은 모양을 위, 앞, 옆에서 본
모양입니다. 물음에 답하세요.

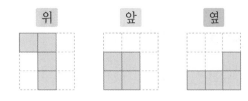

예제 문제 1

위에서 본 모양을 보면 1층에 놓인 쌓기나무는 몇 개
인가요?

( )개

> 위에서 본 모양은 바닥에 닿아 있는 면의
> 모양과 같고, 이 모양이 1층의 모양이야.

예제 문제 2

쌓은 모양으로 알맞은 것에 ○표 하세요.

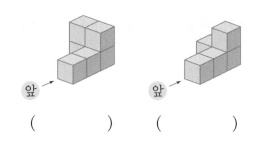

( ) ( )

예제 문제 3

똑같은 모양으로 쌓는 데 필요한 쌓기나무는 몇 개인
가요?

( )개

[1~3] 쌓기나무로 쌓은 모양을 위, 앞, 옆에서 본 모양입니다. 물음에 답하세요.

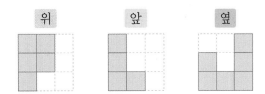

1 위에서 본 모양을 보면 1층에 놓인 쌓기나무는 몇 개인가요?

( )개

2 쌓은 모양으로 알맞은 것을 찾아 ○표 하세요.

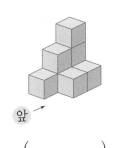

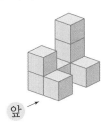

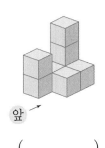

( ) ( ) ( )

> 위에서 본 모양을
> 비교한 다음
> 앞과 옆에서 본 모양과
> 쌓은 모양을 비교해.

3 똑같은 모양으로 쌓는 데 필요한 쌓기나무는 몇 개인가요?

( )개

[4~5] 쌓기나무로 쌓은 모양을 위, 앞, 옆에서 본 모양입니다. 똑같은 모양으로 쌓는 데 필요한 쌓기나무는 몇 개인
지 구하세요.

4

( )개

> 쌓은 모양을 만들어서
> 쌓기나무의 개수를 세어 봐.

5

( )개

⑤ 쌓은 모양과 쌓기나무의 개수(4)
  — 위에서 본 모양에 수를 쓰기

▶개념동영상 3-⑤

① 위에서 본 모양에 수를 쓰는 방법으로 쌓기나무의 개수 알아보기

위에서 본 모양의 각 자리에 기호를 붙인 후 각 기호에 쌓은 쌓기나무의 수를 씁니다.

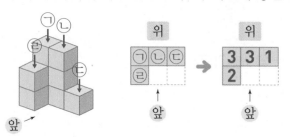

> 위에서 본 모양의 각 자리에 쌓은 쌓기나무의 개수를 수로 쓰면 쌓기나무의 전체 개수를 알 수 있어.

각 자리에 쌓은 쌓기나무의 개수는 ㉠에 3개, ㉡에 3개, ㉢에 ❶ 개, ㉣에 2개입니다.

➡ 똑같은 모양으로 쌓는 데 필요한 쌓기나무는 3+3+1+2= ❷ (개)입니다.

② 위에서 본 모양에 수를 쓰는 방법으로 나타낸 것을 보고 쌓은 모양과 쌓기나무의 개수 알아보기

위에서 본 모양에 수를 쓰는 방법으로 나타낸 것을 보고 앞과 옆에서 본 모양을 그릴 수 있습니다.

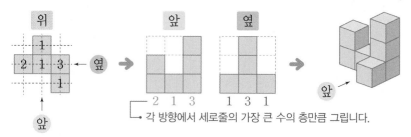

└─ 각 방향에서 세로줄의 가장 큰 수의 층만큼 그립니다.

➡ 똑같은 모양으로 쌓는 데 필요한 쌓기나무는 1+2+1+3+1= ❸ (개)입니다.

> 위에서 본 모양에 수를 쓰는 방법으로 나타내면 각 자리별 쌓기나무의 개수대로 쌓으면 되므로 쌓은 모양과 개수를 정확하게 알 수 있습니다.

정답 확인 | ❶1 ❷9 ❸8

[1~2] 쌓기나무로 쌓은 모양을 보고 위에서 본 모양의 각 자리에 기호를 붙였습니다. 물음에 답하세요.

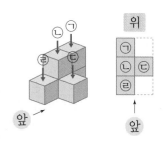

예제 문제 1

각 자리에 쌓은 쌓기나무의 개수를 구하세요.

㉠: ☐개, ㉡: ☐개, ㉢: ☐개, ㉣: ☐개

예제 문제 2

똑같은 모양으로 쌓는 데 필요한 쌓기나무는 몇 개인지 구하세요.

☐+☐+☐+☐=☐(개)

[1~2] 쌓기나무로 쌓은 모양을 보고 위에서 본 모양의 각 자리에 기호를 붙였습니다. 물음에 답하세요.

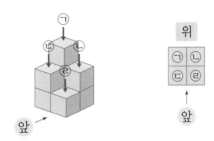

1 각 자리에 쌓은 쌓기나무의 개수를 구하여 빈칸에 알맞은 수를 써넣으세요.

자리	㉠	㉡	㉢	㉣
쌓기나무의 수(개)				

2 똑같은 모양으로 쌓는 데 필요한 쌓기나무는 몇 개인가요?

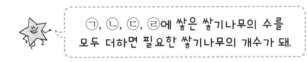

㉠, ㉡, ㉢, ㉣에 쌓은 쌓기나무의 수를
모두 더하면 필요한 쌓기나무의 개수가 돼.

( )개

[3~4] 쌓기나무로 쌓은 모양을 보고 위에서 본 모양에 수를 써넣고, 똑같은 모양으로 쌓는 데 필요한 쌓기나무의 개수를 구하세요.

3

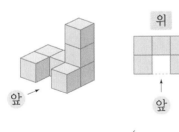

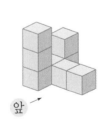

( )개

4

위에서 본 모양의
각 자리에 쌓은
쌓기나무의 개수를
세어 봐.

( )개

[5~6] 쌓기나무로 쌓은 모양을 보고 위에서 본 모양에 수를 썼습니다. 앞과 옆에서 본 모양을 그려 보세요.

5

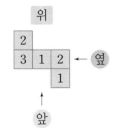

6

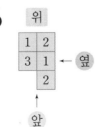

3 쌓은 모양과 쌓기나무의 개수(2)
― 위, 앞, 옆에서 본 모양 그리기

[1~2] 쌓기나무로 쌓은 모양과 위에서 본 모양입니다. 물음에 답하세요.

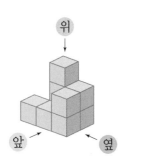 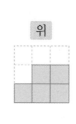

1 앞에서 본 모양에 ◯표 하세요.

(   )   (   )

2 옆에서 본 모양에 ◯표 하세요.

(   )   (   )

3 쌓기나무로 쌓은 모양과 위에서 본 모양입니다. 앞과 옆에서 본 모양을 찾아 이어 보세요.

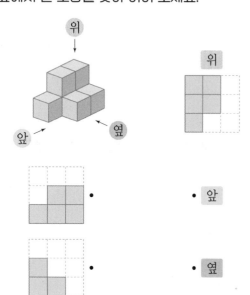

4 쌓기나무로 쌓은 모양과 위에서 본 모양입니다. 앞과 옆에서 본 모양을 완성해 보세요.

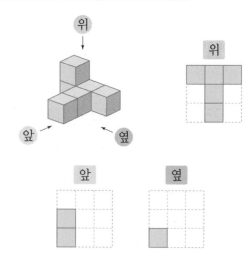

[5~6] 쌓기나무로 쌓은 모양과 위에서 본 모양입니다. 앞과 옆에서 본 모양을 각각 그려 보세요.

5

6 반복문제

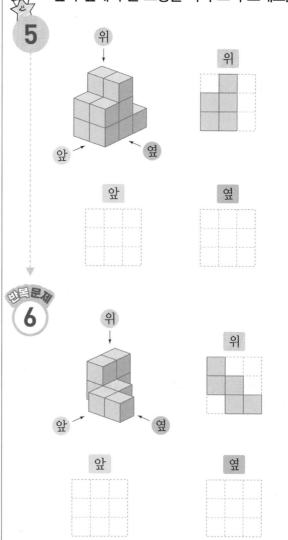

3 공간과 입체

7 쌓기나무 7개로 쌓은 모양입니다. 위, 앞, 옆에서 본 모양을 보기 에서 찾아 기호를 쓰세요.

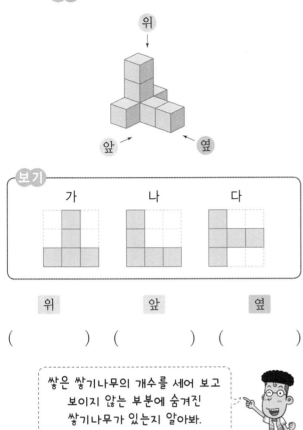

보기

가　　　나　　　다

위 (　　　) 앞 (　　　) 옆 (　　　)

쌓은 쌓기나무의 개수를 세어 보고 보이지 않는 부분에 숨겨진 쌓기나무가 있는지 알아봐.

8 쌓기나무 9개로 쌓은 모양을 보고 위, 앞, 옆에서 본 모양을 각각 그려 보세요.

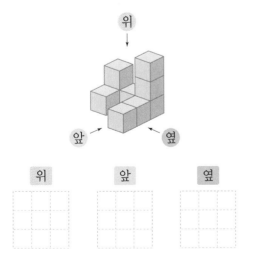

위　　　　　앞　　　　　옆

4 쌓은 모양과 쌓기나무의 개수 (3)
　　─ 위, 앞, 옆에서 본 모양을 보고 개수 구하기

9 쌓기나무로 쌓은 모양을 위, 앞, 옆에서 본 모양입니다. 쌓은 모양으로 알맞은 것에 ◯표 하세요.

위　　　앞　　　옆

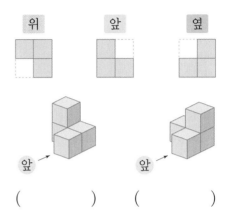

(　　　)　　(　　　)

[10~11] 쌓기나무로 쌓은 모양을 위, 앞, 옆에서 본 모양입니다. 물음에 답하세요.

위　　　앞　　　옆

10 쌓은 모양으로 알맞은 것을 찾아 ◯표 하세요.

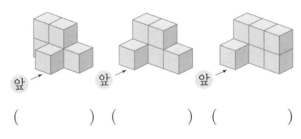

(　　) (　　) (　　)

11 똑같은 모양으로 쌓는 데 필요한 쌓기나무는 **몇 개**인가요?

꼭 단위까지 따라 쓰세요.

(　　　개　　)

[12~13] 쌓기나무로 쌓은 모양을 위, 앞, 옆에서 본 모양입니다. 똑같은 모양으로 쌓는 데 필요한 쌓기나무의 개수를 구하세요.

12

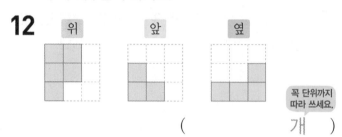

꼭 단위까지 따라 쓰세요.

(　　　　 개 　　　)

13

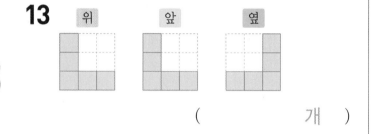

(　　　　 개 　　　)

14 쌓기나무로 쌓은 모양을 위, 앞, 옆에서 본 모양입니다. 쌓을 수 있는 모양을 모두 찾아 ○표 하세요.

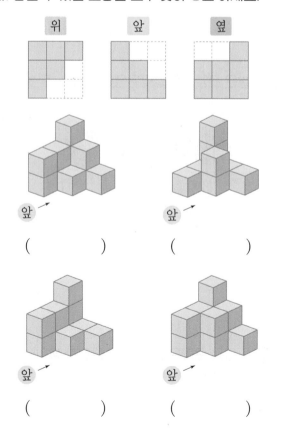

(　　　　)　　　(　　　　)

(　　　　)　　　(　　　　)

5 쌓은 모양과 쌓기나무의 개수 (4)
― 위에서 본 모양에 수를 쓰기

15 쌓기나무로 쌓은 모양을 보고 위에서 본 모양에 수를 쓴 것입니다. 잘못 쓴 곳에 ○표 하세요.

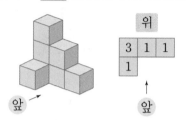

16 쌓기나무로 쌓은 모양을 보고 위에서 본 모양에 수를 써넣으세요.

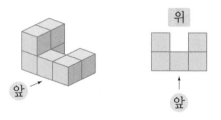

17 쌓기나무로 쌓은 모양을 보고 위에서 본 모양에 수를 썼습니다. 관계있는 것끼리 이어 보세요.

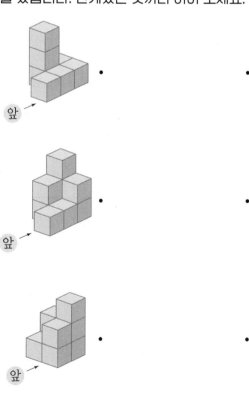

[18~19] 쌓기나무로 쌓은 모양을 보고 위에서 본 모양에 수를 써넣고, 똑같은 모양으로 쌓는 데 필요한 쌓기나무의 개수를 구하세요.

18

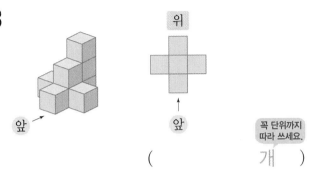

꼭 단위까지 따라 쓰세요.

(　　　　　　 개 　　)

19

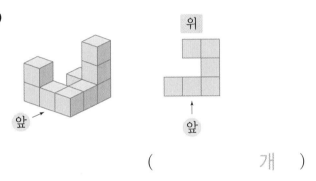

(　　　　　　 개 　　)

20 쌓기나무로 쌓은 모양을 보고 위에서 본 모양에 수를 썼습니다. 앞에서 본 모양을 그려 보세요.

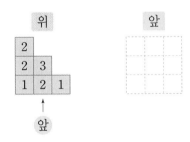

21 쌓기나무로 쌓은 모양을 보고 위에서 본 모양에 수를 썼습니다. 옆에서 본 모양을 그려 보세요.

[22~23] 쌓기나무로 쌓은 모양을 위, 앞, 옆에서 본 모양입니다. 물음에 답하세요.

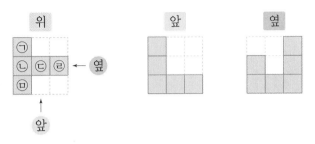

22 각 자리에 쌓은 쌓기나무의 개수를 구하세요.

㉠: ☐ 개, ㉡: ☐ 개, ㉢: ☐ 개

㉣: ☐ 개, ㉤: ☐ 개

㉢, ㉣은 앞에서 본 모양을 보면 알 수 있어.

㉠, ㉡, ㉤은 옆에서 본 모양을 보면 알 수 있지.

23 똑같은 모양으로 쌓는 데 필요한 쌓기나무는 **몇 개**인가요?

(　　　　　　 개 　　)

24 쌓기나무 12개로 쌓은 모양에서 빨간색 쌓기나무 3개를 빼냈습니다. 남은 쌓기나무 모양을 보고 위에서 본 모양에 수를 써넣으세요.

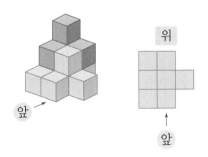

3

공간과 입체

73

개념 빠삭

6 쌓은 모양과 쌓기나무의 개수⑤
– 층별로 나타낸 모양

▶ 개념동영상 3-⑥

① 쌓기나무로 쌓은 모양을 보고 층별로 나타낸 모양 그리기

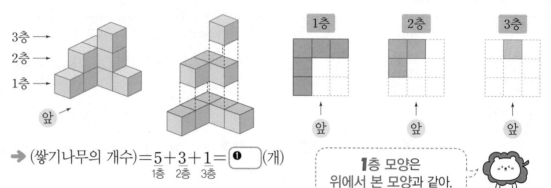

➡ (쌓기나무의 개수)＝5＋3＋1＝**❶** (개)
1층 2층 3층

> **1**층 모양은
> 위에서 본 모양과 같아.

② 층별로 나타낸 모양을 보고 쌓기나무로 쌓은 모양과 개수를 구해 위, 앞, 옆에서 본 모양 그리기

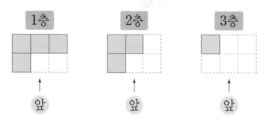

> 층별로 나타낸 모양대로
> 쌓기나무를 쌓으면 쌓은 모양을
> 정확하게 알 수 있어서 좋아.

(1) 각 층에 쌓은 쌓기나무는 1층에 4개, 2층에 **❷** 개, 3층에 1개입니다.

➡ 똑같은 모양으로 쌓는 데 필요한 쌓기나무는 **❸** 개입니다.

(2) 쌓은 모양

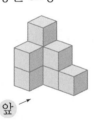

(3) 위, 앞, 옆에서 본 모양 그리기

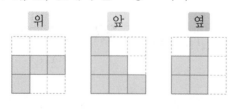

(4) 위에서 본 모양에 수를 쓰기

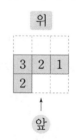

정답 확인 | ❶ 9 **❷** 3 **❸** 8

[1~2] 오른쪽과 같이 쌓기나무로 쌓은 모양을 보고 물음에 답하세요.

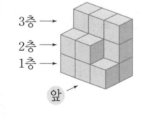

예제 문제 1

알맞은 말에 ○표 하세요.

> 1층의 모양은 (위 , 앞 , 옆)에서 본 모양과 같습니다.

예제 문제 2

각 층의 모양을 찾아 이어 보세요.

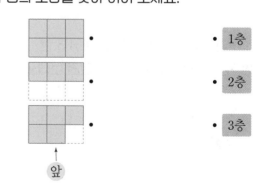

・   ・ 1층

・   ・ 2층

・   ・ 3층

74

3
공간과 입체

[1~2] 쌓기나무로 쌓은 모양과 1층의 모양을 보고 2층의 모양을 그려 보세요.

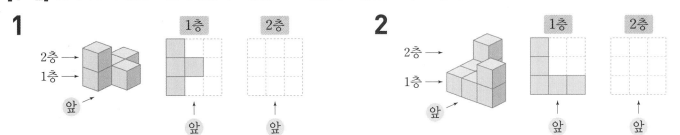

[3~4] 쌓기나무로 쌓은 모양과 1층의 모양을 보고 2층과 3층의 모양을 각각 그려 보세요.

같은 위치에 있는 쌓기
나무는 층별로 모양을
나타낼 때 위에서 본
모양의 같은 위치에
그려야 해.

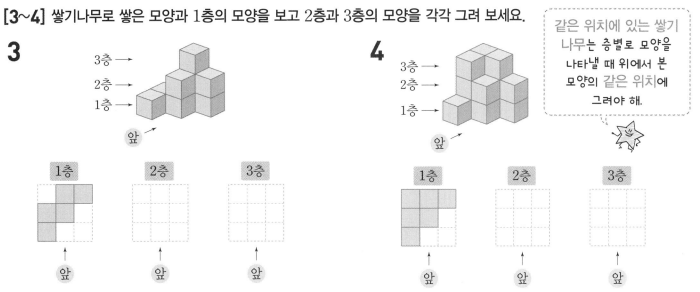

[5~6] 쌓기나무로 쌓은 모양을 층별로 나타낸 모양입니다. 물음에 답하세요.

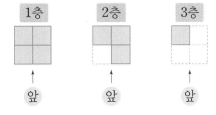

5 쌓기나무로 쌓은 모양을 찾아 기호를 쓰세요.

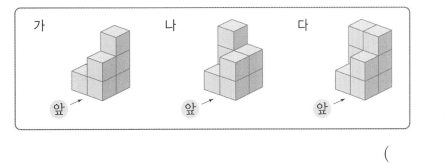

(   )

6 똑같은 모양으로 쌓는 데 필요한 쌓기나무는 몇 개인가요?

(   )개

1 만들 수 있는 서로 다른 모양 찾기

(예) 쌓기나무 4개로 만들 수 있는 서로 다른 모양 찾기

-  모양에 쌓기나무 1개를 더 붙여서 만들 수 있는 서로 다른 모양

 → ❶ ⃞ 가지

> 돌리거나 뒤집어서 모양이 같으면 같은 모양이야.
>
> 같은 모양

- 모양에 쌓기나무 1개를 더 붙여서 만들 수 있는 서로 다른 모양

      → ❷ ⃞ 가지

 와 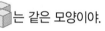 는 같은 모양이야.

➡ 쌓기나무 4개로 만들 수 있는 서로 다른 모양은 모두 ❸ ⃞ 가지입니다.

2 두 가지 모양을 사용하여 다양한 모양 만들기

(예)
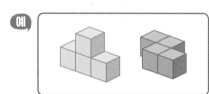 →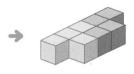

> 두 가지 모양을 뒤집거나 돌려서 쌓아 봐.

정답 확인 │ ❶ 3 ❷ 7 ❸ 8

예제 문제 1

쌓기나무 3개에 쌓기나무 1개를 더 붙여서 만들 수 있는 모양에 ○표 하세요.

(   )   (   )

예제 문제 2

오른쪽 모양에 대한 설명으로 알맞은 말에 ○표 하세요.

 과   모양을

사용하여 만들 수 (있습니다 , 없습니다).

[1~2] 뒤집거나 돌렸을 때 보기 와 같은 모양이 되는 것에 ○표 하세요.

1
   (   ) (   )

2
   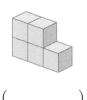   (   ) (   )

3 모양에 쌓기나무 1개를 더 붙여서 만들 수 <u>없는</u> 모양에 ✕표 하세요.

(   )   (   )   (   )   (   )

[4~7] 쌓기나무를 4개씩 붙여서 만든 두 가지 모양을 사용하여 만들 수 있는 모양에는 ○표, 만들 수 <u>없는</u> 모양에는 ✕표 하세요.

4
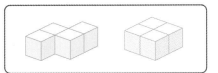

(   )   (   )

5
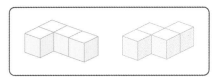

(   )   (   )

6
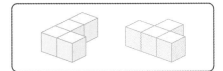

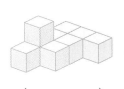

(   )   (   )

7
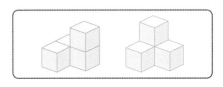

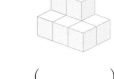

(   )   (   )

6 쌓은 모양과 쌓기나무의 개수 (5)
— 층별로 나타낸 모양

1 쌓기나무 4개로 쌓은 모양을 보고 1층과 2층의 모양을 각각 그려 보세요.

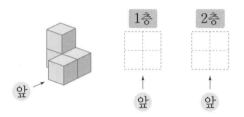

2 오른쪽 쌓기나무로 쌓은 모양과 1층의 모양을 보고 2층과 3층의 모양을 각각 그려 보세요.

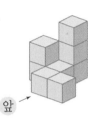

3 쌓기나무로 쌓은 모양과 위에서 본 모양입니다. 각 층의 모양을 그리고, 쌓은 모양의 규칙을 찾아 □ 안에 알맞은 수를 써넣으세요.

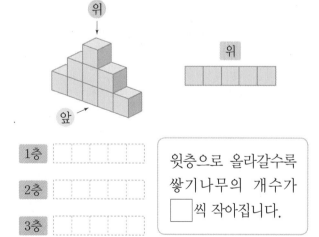

1층 □□□□
2층 □□□□
3층 □□□□

윗층으로 올라갈수록 쌓기나무의 개수가 □씩 작아집니다.

[4~5] 쌓기나무로 쌓은 모양을 층별로 나타낸 모양입니다. 물음에 답하세요.

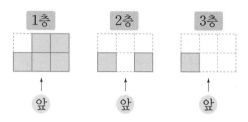

4 층별로 나타낸 모양을 보고 바르게 쌓은 것에 ○표 하세요.

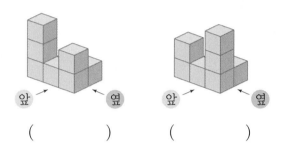

(   )   (   )

5 위, 앞, 옆에서 본 모양을 각각 그려 보세요.

[6~7] 쌓기나무로 쌓은 모양을 층별로 나타낸 모양입니다. 물음에 답하세요.

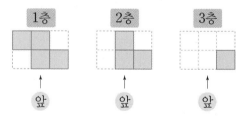

6 위에서 본 모양에 각 자리에 쌓은 쌓기나무의 수를 써넣으세요.

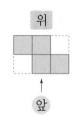

7 똑같은 모양으로 쌓는 데 필요한 쌓기나무는 **몇** 개인가요?

꼭 단위까지 따라 쓰세요.

(개   )

3
공간과 입체

7 여러 가지 모양 만들기

8  모양에 쌓기나무 1개를 더 붙여서 만들 수 <u>없는</u> 모양을 찾아 기호를 쓰세요.

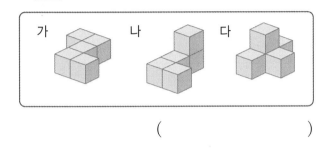

(   )

9 쌓기나무 4개로 만든 모양입니다. 돌리거나 뒤집었을 때 서로 같은 모양끼리 이어 보세요.

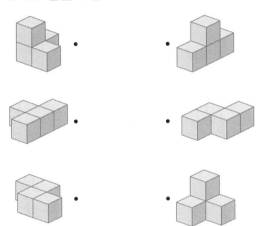

10 왼쪽 두 가지 모양을 사용하여 만들 수 있는 모양의 기호를 쓰세요.

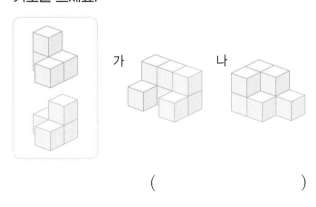

(   )

11 다음 두 가지 모양을 사용하여 만들 수 <u>없는</u> 모양을 찾아 ×표 하세요.

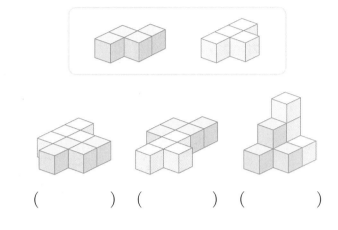

(   ) (   ) (   )

12 쌓기나무를 4개씩 붙여서 만든 두 가지 모양을 사용하여 다음과 같은 모양을 만들었습니다. 가, 나, 다 중 사용한 두 가지 모양을 찾아 기호를 쓰세요.

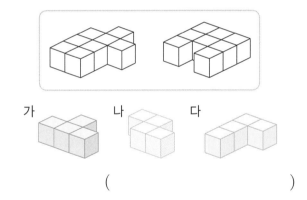

(   )

13 쌓기나무를 4개씩 붙여서 만든 두 가지 모양을 사용하여 오른쪽 모양을 만들었습니다. 분홍색과 노란색 색연필로 구분하여 색칠해 보세요.

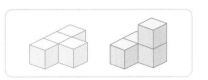

3

공간과 입체

79

[1~2] 민기는 호수 주변 건물의 사진을 여러 위치에서 찍었습니다. 각 사진은 어느 위치에서 찍은 것인지 찾아 기호를 쓰세요.

가   나   다

1

(   )

2

(   )

3 쌓기나무로 쌓은 모양과 위에서 본 모양입니다. ( ) 안에 앞에서 본 모양은 '앞', 옆에서 본 모양은 '옆'이라고 쓰세요.

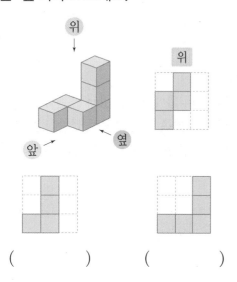

(   )   (   )

4 쌓기나무로 쌓은 모양을 보고 위에서 본 모양을 보기 에서 찾아 기호를 쓰세요.

보기
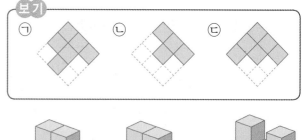
ㄱ   ㄴ   ㄷ

(   ) (   ) (   )

[5~6] 쌓기나무로 쌓은 모양과 위에서 본 모양입니다. 물음에 답하세요.

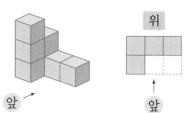

위

앞   앞

5 위에서 본 모양의 각 자리에 쌓은 쌓기나무의 수를 써넣으세요.

6 똑같은 모양으로 쌓는 데 필요한 쌓기나무는 몇 개인가요?
(   )

7 뒤집거나 돌렸을 때 같은 모양끼리 이어 보세요.

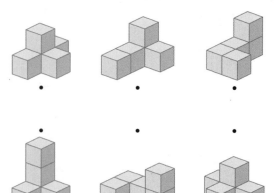

[8~9] 다은이와 친구들이 다음과 같이 컵을 놓고 각자의 위치에서 사진을 찍었습니다. 물음에 답하세요.

8 다음 사진을 찍은 사람은 누구인가요?

( )

9 다음 중 찍을 수 <u>없는</u> 사진에 ×표 하세요.

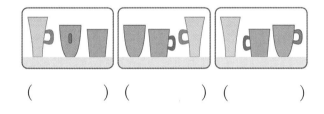

( ) ( ) ( )

10 쌓기나무로 쌓은 모양과 위에서 본 모양입니다. 앞과 옆에서 본 모양을 각각 그려 보세요.

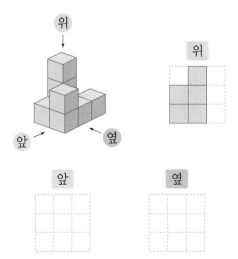

앞 옆

11 보기 의 모양에 쌓기나무 1개를 더 붙여서 만들 수 있는 모양을 모두 찾아 기호를 쓰세요.

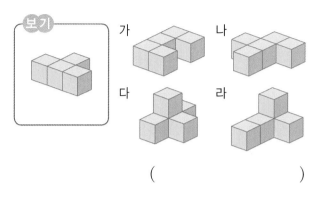

( )

12 주어진 모양과 똑같이 쌓는 데 필요한 쌓기나무는 몇 개인가요?

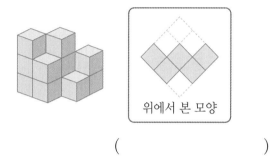

위에서 본 모양

( )

[13~14] 쌓기나무로 쌓은 모양을 층별로 나타낸 모양입니다. 물음에 답하세요.

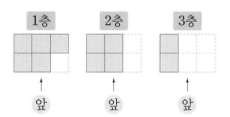

13 층별로 나타낸 모양을 보고 바르게 쌓은 모양에 ○표 하세요.

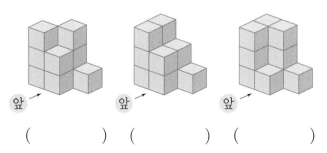

( ) ( ) ( )

14 똑같은 모양으로 쌓는 데 필요한 쌓기나무는 몇 개인가요?

( )

3

공간과 입체

81

15 쌓기나무를 4개씩 붙여서 만든 두 모양을 사용하여 만들 수 있는 모양에 ○표 하세요.

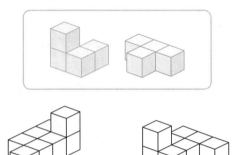

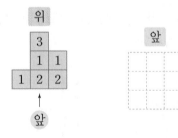

(   )   (   )

16 오른쪽 쌓기나무 9개로 쌓은 모양을 보고 위, 앞, 옆에서 본 모양을 각각 그려 보세요.

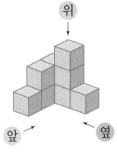

위	앞	옆

17 쌓기나무로 쌓은 모양을 보고 위에서 본 모양에 수를 썼습니다. 앞에서 본 모양을 그려 보세요.

위

3		
1	1	
1	2	2

↑
앞

앞

18 쌓기나무로 쌓은 모양을 위, 앞, 옆에서 본 모양입니다. 똑같은 모양으로 쌓는 데 필요한 쌓기나무는 몇 개인가요?

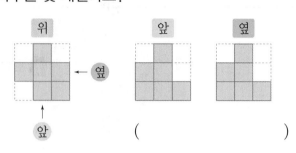

(   )

19 쌓기나무로 쌓은 모양을 위, 앞, 옆에서 본 모양입니다. 위에서 본 모양에 수를 써넣고, 똑같은 모양으로 쌓는 데 필요한 쌓기나무의 개수를 구하세요.

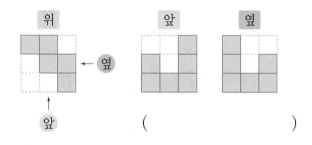

(   )

20 쌓기나무로 쌓은 모양을 층별로 나타낸 모양입니다. 앞에서 본 모양을 그리고, 똑같은 모양으로 쌓는 데 필요한 쌓기나무의 개수를 구하세요.

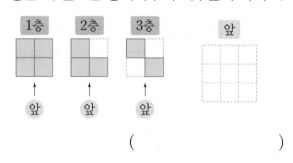

(   )

해결팁!

20. 층별로 나타낸 모양대로 쌓기나무를 쌓으면 쌓은 모양을 정확하게 알 수 있습니다.

3

공간과 입체

재미있는 학습

틀린 그림을 찾아라!

스마트폰으로 QR코드를 찍으면 정답이 보여요.

 연준이와 친구들이 쌓기나무를 이용하여 여러 가지 모양을 만들려고 합니다. 두 그림에서 서로 다른 3곳을 찾아 ○표 하고 물음에 답하세요.

연준이와 친구들이 쌓기나무를 사용하여 여러 가지 모양을 만들려고 모였어.

각자 쌓기나무 ☐ 개로 만든 모양을 하나씩 가지고 있네.

오른쪽 모양을 만들려면 어떤 친구 두 명이 가지고 있는 모양을 사용하면 될까?

☐ 와/과 ☐ 이/가 가지고 있는 모양을 사용하면 돼.

4 비례식과 비례배분

4단원 학습 계획표

✓ 이 단원의 표준 학습 일수는 5일입니다. 계획대로 공부한 후 확인란에 사인을 받으세요.

이 단원에서 배울 내용	쪽수	계획한 날	확인
1단계 개념 빠삭 ❶ 비의 성질 ❷ 간단한 자연수의 비로 나타내기(1) ❸ 간단한 자연수의 비로 나타내기(2)	86~91쪽	월 일	확인했어요! ☺
2단계 익힘책 빠삭	92~93쪽	월 일	확인했어요! ☺
1단계 개념 빠삭 ❹ 비례식 ❺ 비례식의 성질	94~97쪽	월 일	확인했어요! ☺
2단계 익힘책 빠삭	98~99쪽		
1단계 개념 빠삭 ❻ 비례식 활용하기 ❼ 비례배분	100~103쪽	월 일	확인했어요! ☺
2단계 익힘책 빠삭	104~105쪽		
TEST 4단원 평가	106~108쪽	월 일	확인했어요! ☺

스마트폰을 이용하여 QR 코드를 찍으면 개념 학습 영상을 볼 수 있어요.

🍎 다른 사람의 입장과 처지를 바꾸어 생각하라는 고사성어는?

개념 빠삭

① 비의 성질

1. 비의 성질(1)

비 4 : 3에서 기호 ' : ' **앞**에 있는 4를 **전항**, **뒤**에 있는 3을 **후항**이라고 합니다.

> 비의 전항과 후항에 **0**이 아닌 같은 수를 곱하여도 비율은 같습니다.

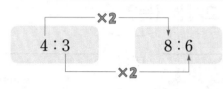

4 : 3의 비율 → $\dfrac{4}{3}$, 8 : 6의 비율 → $\dfrac{8}{6}=\dfrac{\boxed{❶}}{3}$

비율이 같습니다.

2. 비의 성질(2)

> 비의 전항과 후항을 **0**이 아닌 같은 수로 나누어도 비율은 같습니다.

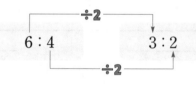

6 : 4의 비율 → $\dfrac{6}{4}=\dfrac{3}{\boxed{❷}}$, 3 : 2의 비율 → $\dfrac{3}{2}$

비율이 같습니다.

> 분모가 0인 분수는 없으므로
> 6 : 4의 전항과 후항을 0으로 나눌 수 없어.

정답 확인 | ❶ 4 ❷ 2

예제 문제 **1**

보기에서 알맞은 말을 찾아 ☐ 안에 써넣으세요.

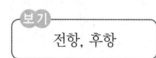

보기
전항, 후항

4 : 5

예제 문제 **2**

비의 전항에 ○표, 후항에 △표 하세요.

(1) 5 : 3

(2) 10 : 8

예제 문제 **3**

☐ 안에 알맞은 말을 써넣으세요.

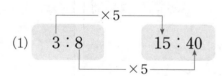

(1) 3 : 8   15 : 40

> 비의 전항과 후항에 0이 아닌 같은 수를
> ☐ 비율은 같습니다.

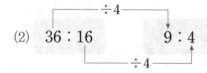

(2) 36 : 16   9 : 4

> 비의 전항과 후항을 0이 아닌 같은 수로
> ☐ 비율은 같습니다.

[1~2] 비를 보고 ☐ 안에 알맞은 수를 써넣으세요.

1 7 : 8 전항 ➔ ☐, 후항 ➔ ☐   **2** 5 : 2 전항 ➔ ☐, 후항 ➔ ☐

[3~4] 수직선을 이용하여 비의 성질을 알아보려고 합니다. ☐ 안에 알맞은 수를 써넣으세요.

3
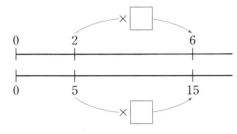

2 : 5의 전항과 후항에 ☐ 을/를 곱하여도 비율은 같습니다.

4
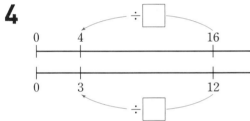

16 : 12의 전항과 후항을 ☐ (으)로 나누어도 비율은 같습니다.

[5~8] 비의 성질을 이용하여 비율이 같은 비를 만들려고 합니다. ☐ 안에 알맞은 수를 써넣으세요.

5
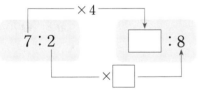

6
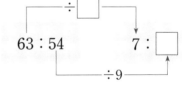

7
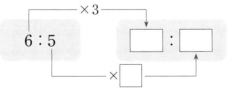

8
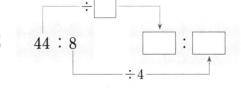

[9~10] 비의 성질을 이용하여 주어진 비와 비율이 같은 비를 찾아 ○표 하세요.

9 4 : 3   12 : 9   20 : 18   **10** 14 : 49   6 : 13   2 : 7

1. 자연수의 비를 간단한 자연수의 비로 나타내기

> 전항과 후항을 각각 두 수의 공약수로 나누어 간단한 자연수의 비로 나타냅니다.

예 32 : 28을 간단한 자연수의 비로 나타내기

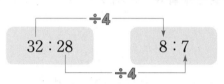

$$32 : 28 \rightarrow (32 \div 4) : (28 \div 4)$$
$$\rightarrow \boxed{❶} : 7$$

2. 소수의 비를 간단한 자연수의 비로 나타내기

> 전항과 후항에 **10**, **100**, **1000**, ...을 곱하여 간단한 자연수의 비로 나타냅니다.

예 0.21 : 0.7을 간단한 자연수의 비로 나타내기

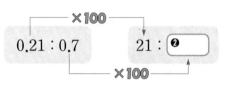

$$0.21 : 0.7 \rightarrow (0.21 \times 100) : (0.7 \times 100)$$
$$\rightarrow 21 : 70$$

> 0.21 : 0.7을 가장 간단한 자연수의 비로 나타낼 수도 있어.
> $0.21 : 0.7 \rightarrow (0.21 \times 100) : (0.7 \times 100)$
> $\rightarrow 21 : 70$
> $\rightarrow (21 \div 7) : (70 \div 7)$
> $\rightarrow 3 : 10$

정답 확인 | ❶ 8 ❷ 70

예제 문제 **1**

14 : 24를 간단한 자연수의 비로 나타내려고 합니다. □ 안에 알맞은 수를 써넣으세요.

> 전항과 후항을 각각 14와 24의 최대공약수인 □ (으)로 나눕니다.

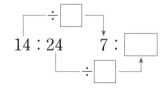

예제 문제 **2**

2.8 : 1.1을 간단한 자연수의 비로 나타내려고 합니다. □ 안에 알맞은 수를 써넣으세요.

> 2.8과 1.1은 소수 한 자리 수이므로 전항과 후항에 각각 □ 을/를 곱합니다.

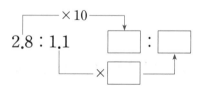

[1~4] ☐ 안에 알맞은 수를 써넣어 간단한 자연수의 비로 나타내 보세요.

1

$\overbrace{}^{\div 5}$

$45 : 110$ ☐ : ☐

$\underbrace{}_{\div \square}$

2

$\overbrace{}^{\times 10}$

$1.4 : 3.3$ ☐ : ☐

$\underbrace{}_{\times \square}$

3 $16 : 36 \rightarrow (16 \div \square) : (36 \div 4)$

$\rightarrow \square : \square$

4 $0.85 : 0.31 \rightarrow (0.85 \times \square) : (0.31 \times 100)$

$\rightarrow \square : \square$

[5~6] 자연수의 비를 간단한 자연수의 비로 나타내 보세요.

5 $16 : 24 \rightarrow ($ 　　　　　 $)$

6 $84 : 60 \rightarrow ($ 　　　　　 $)$

[7~8] 소수의 비를 간단한 자연수의 비로 나타내 보세요.

7 $0.5 : 0.8 \rightarrow ($ 　　　　　 $)$

8 $2.5 : 0.3 \rightarrow ($ 　　　　　 $)$

9 $121 : 165$를 간단한 자연수의 비로 바르게 나타낸 것의 기호를 쓰세요.

　　　　　㉠ $11 : 17$　　　　　㉡ $11 : 15$

（　　　　　　　　　）

❸ 간단한 자연수의 비로 나타내기⑵
— 분수의 비, 소수와 분수의 비

▶ 개념동영상 4 – ②

1. 분수의 비를 간단한 자연수의 비로 나타내기

전항과 후항에 두 분모의 **공배수**를 곱하여 간단한 자연수의 비로 나타냅니다.

예 $\frac{1}{3} : \frac{1}{2}$ 을 간단한 자연수의 비로 나타내기

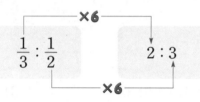

$\frac{1}{3} : \frac{1}{2}$ 의 비율 → $\left(\frac{1}{3} \times 6\right) : \left(\frac{1}{2} \times 6\right)$

→ 2 : ❶

전항과 후항에 두 분모의 최소공배수를 곱하면 가장 간단한 자연수의 비로 나타낼 수 있어.

2. 소수와 분수의 비를 간단한 자연수의 비로 나타내기

전항과 후항을 **모두 소수 또는 분수로 바꾼** 후 간단한 자연수의 비로 나타냅니다.

예 $0.7 : \frac{1}{5}$ 을 간단한 자연수의 비로 나타내기

방법 1 분수를 소수로 바꾸어 간단한 자연수의 비로 나타내기

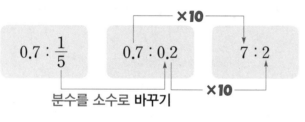

분수를 소수로 바꾸기

방법 2 소수를 분수로 바꾸어 간단한 자연수의 비로 나타내기

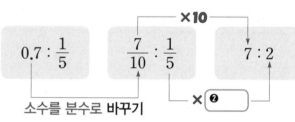

소수를 분수로 바꾸기

× ❷

정답 확인 | ❶ 3 ❷ 10

[1~2] 간단한 자연수의 비로 나타내려고 합니다. ☐ 안에 알맞은 수를 써넣으세요.

예제 문제 **1**

$$\frac{1}{2} : \frac{1}{9}$$

2와 9의 최소공배수: ☐

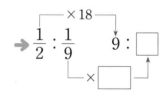

예제 문제 **2**

$$1.2 : \frac{1}{2}$$

분수를 소수로 바꾸어 나타내면 $\frac{1}{2} = \frac{5}{10} = $ ☐

입니다.

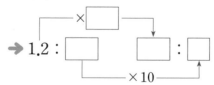

4

비례식과 비례배분

개념 집중 연습

1 $\frac{2}{5}$: 0.5를 간단한 자연수의 비로 나타내려고 합니다. □ 안에 알맞은 수를 써넣으세요.

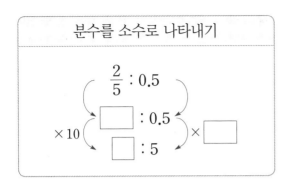

분수를 소수로 나타내기

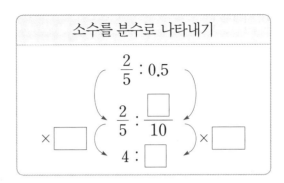

소수를 분수로 나타내기

[2~5] □ 안에 알맞은 수를 써넣어 간단한 자연수의 비로 나타내 보세요.

2 $\frac{3}{14}$: $\frac{5}{7}$

3 $2\frac{1}{4}$: $\frac{4}{5}$ → $\frac{\square}{4}$: $\frac{4}{5}$

대분수의 비는 대분수를 가분수로 바꾼 후 간단한 자연수의 비로 나타내.

4 $\frac{1}{4}$: 1.7 → $\frac{1}{4}$: $\frac{\square}{10}$

5 1.1 : $\frac{1}{2}$ → 1.1 : $\square$

[6~7] 분수의 비를 간단한 자연수의 비로 나타내 보세요.

6 $\frac{4}{5}$: $\frac{5}{6}$ → ( )

7 $2\frac{1}{3}$: $\frac{3}{5}$ → ( )

[8~9] 소수와 분수로 나타낸 비를 간단한 자연수의 비로 나타내 보세요.

8 2.3 : $\frac{1}{5}$ → ( )

9 $\frac{7}{8}$: 1.3 → ( )

1 비의 성질

1 비의 전항과 후항을 찾아 쓰세요.

	전항	후항
5 : 8		

2 전항이 5인 비를 모두 고르세요. …… (   )

① 4 : 5   ② 3 : 5   ③ 5 : 7
④ 5 : 12   ⑤ 11 : 5

3 후항이 6인 비에 ○표 하세요.

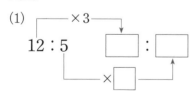

6 : 5	7 : 6

(   ) (   )

4 비례식과 비례배분

4 비의 성질을 이용하여 □ 안에 알맞은 수를 써넣으세요.

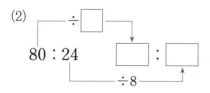

(1)

(2)

5 비의 성질을 이용하여 비율이 같은 비를 찾아 이어 보세요.

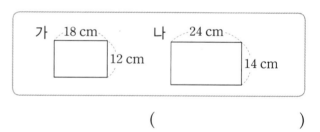

48 : 30	•	•	32 : 24
4 : 3	•	•	8 : 5

6 비의 성질을 이용하여 28 : 48과 비율이 같은 비를 찾아 쓰세요.

14 : 30   7 : 12   4 : 6

(   )

7 가로와 세로의 비가 3 : 2인 직사각형의 기호를 쓰세요.

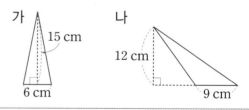

가 18 cm   나   24 cm
      12 cm   14 cm

(   )

8 두 삼각형을 보고 잘못 설명한 것의 기호를 쓰세요.

가   나
   15 cm
              12 cm
6 cm   9 cm

㉠ 가와 나의 밑변의 길이의 비는 3 : 4로 나타낼 수 있습니다.
㉡ 가와 나의 높이의 비는 5 : 4로 나타낼 수 있습니다.

(   )

2, 3 간단한 자연수의 비로 나타내기

9 ☐ 안에 알맞은 수를 써넣어 간단한 자연수의 비로 나타내 보세요.

(1) $0.9 : 0.4$ ☐ : 4

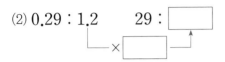

(2) $0.29 : 1.2$ 29 : ☐

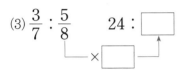

(3) $\dfrac{3}{7} : \dfrac{5}{8}$ 24 : ☐

10 간단한 자연수의 비로 나타내 보세요.

(1) $4.1 : 2.4$ ➡ ( )

(2) $\dfrac{2}{3} : \dfrac{3}{4}$ ➡ ( )

(3) $0.7 : \dfrac{2}{15}$ ➡ ( )

11 간단한 자연수의 비로 바르게 나타낸 것의 기호를 쓰세요.

ㄱ $4.7 : 0.8$ ➡ $47 : 8$
ㄴ $\dfrac{1}{6} : \dfrac{1}{25}$ ➡ $6 : 25$

( )

12 간단한 자연수의 비로 나타낼 때 $3 : 5$가 될 수 있는 것을 찾아 기호를 쓰세요.

ㄱ $18 : 45$ ㄴ $24 : 40$ ㄷ $36 : 28$

( )

13 빨간색 테이프와 파란색 테이프의 길이의 비를 간단한 자연수의 비로 나타내려고 합니다. ☐ 안에 알맞은 수를 써넣으세요.

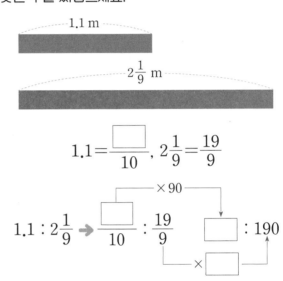

$1.1 = \dfrac{\boxed{}}{10}$, $2\dfrac{1}{9} = \dfrac{19}{9}$

$1.1 : 2\dfrac{1}{9}$ ➡ $\dfrac{\boxed{}}{10} : \dfrac{19}{9}$ ➡ $\boxed{} : 190$

14 건우와 서아가 같은 책을 각각 1시간 동안 읽었습니다. 건우가 읽은 양과 서아가 읽은 양의 비를 간단한 자연수의 비로 나타내 보세요.

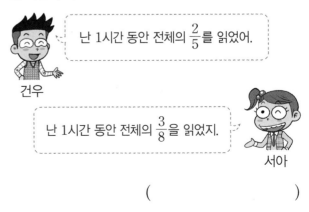

난 1시간 동안 전체의 $\dfrac{2}{5}$를 읽었어.

건우

난 1시간 동안 전체의 $\dfrac{3}{8}$을 읽었지.

서아

( )

1단계 개념 빠삭

④ 비례식

1 비례식

| 비례식 | **비율이 같은** 두 비를 기호 '**=**'를 **사용**하여 나타낸 식 |

예 3 : 4의 비율 → $\dfrac{3}{4}$

6 : 8의 비율 → $\dfrac{6}{8}\left(=\dfrac{❶}{4}\right)$

비율이 같습니다.

→ **3 : 4 = 6 : 8**
비례식

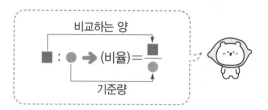

비교하는 양

■ : ● → (비율)=$\dfrac{■}{●}$

기준량

2 비례식의 외항과 내항

비례식 3 : 4 = 6 : 8에서 **바깥쪽**에 있는 3과 8을 **외항**, **안쪽**에 있는 4와 ❷ 을 **내항**이라고 합니다.

외항

3 : 4 = 6 : 8

❸

비례식에서 항의 이름은
자리에 따라 정해져.

정답 확인 | ❶ 3 ❷ 6 ❸ 내항

비례식과 비례배분

예제 문제 1

두 직사각형의 가로와 세로의 비와 비율을 구하고,
비례식을 세워 보세요.

가

2 cm
3 cm

나

4 cm
6 cm

직사각형	(가로) : (세로)	비율
가	3 : 2	$\dfrac{3}{\Box}$
나	6 : $\Box$	$\dfrac{6}{4}=\dfrac{\Box}{2}$

→ 3 : $\Box$ = 6 : $\Box$

예제 문제 2

비례식에 ○표 하세요.

$10 \div 5 = 2$ $4 : 5 = 12 : 15$

예제 문제 3

비례식에서 외항에 △표, 내항에 ○표 하세요.

(1) 2 : 3 = 6 : 9

(2) 7 : 4 = 28 : 16

[1~2] 두 비로 비례식을 세우려고 합니다. 물음에 답하세요.

1   1 : 2   3 : 6

(1) 비율을 각각 구하세요.

$\quad$ ┌ 1 : 2의 비율 ➡ $\dfrac{\square}{2}$

$\quad$ └ 3 : 6의 비율 ➡ $\dfrac{\square}{6}\left(=\dfrac{\square}{2}\right)$

(2) 두 비로 비례식을 세워 보세요.

$$1 : \square = \square : 6$$

2   1 : 5   2 : 10

(1) 비율을 각각 구하세요.

$\quad$ ┌ 1 : 5의 비율 ➡ $\dfrac{1}{\square}$

$\quad$ └ 2 : 10의 비율 ➡ $\dfrac{2}{\square}\left(=\dfrac{1}{\square}\right)$

(2) 두 비로 비례식을 세워 보세요.

$$1 : \square = 2 : \square$$

[3~4] 비례식에서 외항과 내항을 각각 찾아 쓰세요.

3   3 : 1 = 6 : 2

외항 (   ), (   )
내항 (   ), (   )

4   4 : 7 = 8 : 14

외항 (   ), (   )
내항 (   ), (   )

[5~6] 비의 성질을 이용하여 비례식을 완성하고, 비례식에서 외항과 내항을 각각 찾아 쓰세요.

5
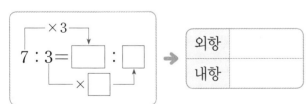

6
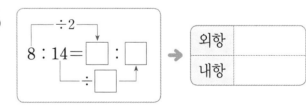

[7~8] 주어진 비와 비율이 같은 비를 에서 찾아 비례식을 세워 보세요.

7 [보기] $\quad$ 12 : 27 $\quad$ 20 : 40

$$4 : 9 = \square : \square$$

8 [보기] $\quad$ 30 : 8 $\quad$ 40 : 16

$$5 : 2 = \square : \square$$

① 비례식의 성질

> 비례식에서 **외항의 곱**과 **내항의 곱**은 **같습니다.**

예 (외항의 곱)=3×15=45

$$3 : 5 = 9 : 15$$

(내항의 곱)=5×9=**❶**

같습니다.

비례식인지 아닌지 확인하려면
외항의 곱과 내항의 곱이 같은지 확인해.

② 비례식의 성질을 이용하여 ■의 값 구하기

> 비례식에서 외항의 곱과 내항의 곱이 같다는 것을 이용하여 ■의 값을 구합니다.

예 ■ : 3 = 10 : 6에서 ■의 값 구하기

■×6

■ : 3 = 10 : 6

3×10

■×6=3×10

■×6=**❷**

■=5 ◀ ■=30÷6

참고 비의 성질을 이용하여 □의 값 구하기

×3

7 : 4 = 21 : □ ➡ 4×3=□, □=12

×3

정답 확인 | **❶** 45 **❷** 30

예제 문제 1

비례식을 보고 물음에 답하세요.

$$6 : 5 = 12 : 10$$

(1) 외항의 곱과 내항의 곱을 구하세요.

외항: 6 × □ = □

내항: □ × 12 = □

(2) 알맞은 말에 ○표 하세요.

비례식에서 외항의 곱과 내항의 곱은
(같습니다 , 다릅니다).

예제 문제 2

□ 안에 알맞은 수를 써넣고, 비례식이면 ○표, 아니면 ×표 하세요.

2×20=□

(1) 2 : 5 = 8 : 20 ➡ (   )

5×8=□

9×16=□

(2) 9 : 4 = 27 : 16 ➡ (   )

4×27=□

정답과 해설 **18**쪽

[1~2] 비례식에서 외항의 곱과 내항의 곱을 각각 구하고, ○ 안에 >, =, <를 알맞게 써넣으세요.

1 $1 : 3 = 2 : 6$

- 외항의 곱 $1 \times \boxed{} = \boxed{}$
- 내항의 곱 $3 \times \boxed{} = \boxed{}$

→ (외항의 곱) ◯ (내항의 곱)

2 $8 : 12 = 2 : 3$

- 외항의 곱 $8 \times \boxed{} = \boxed{}$
- 내항의 곱 $12 \times \boxed{} = \boxed{}$

→ (외항의 곱) ◯ (내항의 곱)

[3~4] □ 안에 알맞은 수를 써넣고, 주어진 식이 비례식이면 ○표, 아니면 ×표 하세요.

3
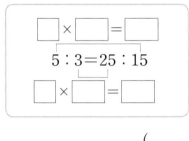

$\boxed{} \times \boxed{} = \boxed{}$

$5 : 3 = 25 : 15$

$\boxed{} \times \boxed{} = \boxed{}$

(   )

4
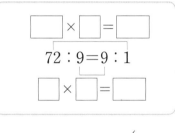

$\boxed{} \times \boxed{} = \boxed{}$

$72 : 9 = 9 : 1$

$\boxed{} \times \boxed{} = \boxed{}$

(   )

[5~6] 비례식의 성질을 이용하여 ■의 값을 구하려고 합니다. □ 안에 알맞은 수를 써넣으세요.

5
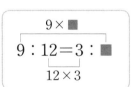

$9 \times \blacksquare$

$9 : 12 = 3 : \blacksquare$

12×3

$9 \times \blacksquare = 12 \times \boxed{}$

$9 \times \blacksquare = \boxed{}$

$\blacksquare = \boxed{}$

6
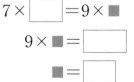

7×27

$7 : 9 = \blacksquare : 27$

$9 \times \blacksquare$

$7 \times \boxed{} = 9 \times \blacksquare$

$9 \times \blacksquare = \boxed{}$

$\blacksquare = \boxed{}$

7 비례식을 찾아 기호를 쓰세요.

㉠ $15 : 4 = 3 : 2$ ㉡ $10 : 3 = 30 : 3$ ㉢ $27 : 6 = 9 : 2$

외항의 곱과
내항의 곱을
구해서 비교해 봐.

(   )

4 비례식

1 비례식에서 외항을 모두 찾아 쓰세요.

$$3 : 2 = 24 : 16$$

( )

2 내항이 12, 16인 비례식에 ○표 하세요.

| $12 : 16 = 3 : 4$ | $8 : 12 = 16 : 24$ |

( ) ( )

3 비례식을 찾아 기호를 쓰세요.

> ㉠ $1 : 9 = 4 : 36$
> ㉡ $7 + 4 = 5 + 6$
> ㉢ $35 - 17 = 3 \times 6$

( )

4 비례식에 대해 잘못 설명한 것의 기호를 쓰세요.

> ㉠ 6 : 9와 12 : 18의 비율이 같으므로 비례식 6 : 9 = 12 : 18을 세울 수 있습니다.
> ㉡ 비례식 6 : 9 = 12 : 18에서 6과 12는 외항, 9와 18은 내항입니다.

( )

5 비례식에서 전항이면서 외항인 수를 찾아 쓰세요.

$$12 : 8 = 6 : 4$$

( )

 6 배에 쓰인 비와 비율이 같은 비를 찾아 비례식을 세워 보세요.

| 14 : 6 |
| 9 : 21 |

( )

반복문제 7 비율이 같은 두 비를 찾아 비례식을 세우려고 합니다. □ 안에 알맞은 수를 써넣으세요.

| 3 : 6 | 5 : 7 | 2 : 4 |

□ : □ = □ : □

8 보기 와 같이 두 비율을 보고 비례식을 세워 보세요.

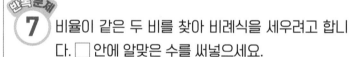

> 보기
> $$\frac{4}{7} = \frac{16}{28} \rightarrow 4 : 7 = 16 : 28$$

$$\frac{15}{20} = \frac{3}{4} \rightarrow (\qquad)$$

5 비례식의 성질

9 비례식을 만든 사람은 누구인가요?

24 : 16 = 3 : 2

0.5 : 0.3 = 20 : 15

소윤   민재

(   )

10 비례식의 성질을 이용하여 ●의 값을 구하려고 합니다. ☐ 안에 알맞은 수를 써넣으세요.

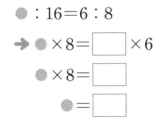

● : 16 = 6 : 8

➡ ● × 8 = ☐ × 6

● × 8 = ☐

● = ☐

11 비례식의 성질을 이용하여 ☐ 안에 알맞은 수를 찾아 이어 보세요.

☐ : 8 = 6 : 16 •

6 : ☐ = 24 : 20 •

• 2

• 3

• 5

12 비례식의 성질을 이용하여 ☐ 안에 알맞은 수를 써넣으세요.

(1) 0.9 : 1.2 = ☐ : 4

(2) $\frac{2}{5}$: $\frac{3}{7}$ = 14 : ☐

13 비례식이 <u>아닌</u> 것의 기호를 쓰세요.

㉠ $\frac{4}{9}$: $\frac{7}{9}$ = 4 : 7

㉡ 1.4 : 2.4 = 2 : 3

(   )

14 비례식에서 ㉮와 ㉯의 곱이 104일 때, ☐ 안에 알맞은 수를 구하세요.

㉮ : 8 = ☐ : ㉯

(   )

15 ☐ 안에 알맞은 수가 더 큰 비례식의 기호를 쓰세요.

㉠ $\frac{2}{3}$: $\frac{1}{5}$ = 10 : ☐

㉡ 9 : ☐ = 54 : 42

(   )

 **개념 빠삭** **❻** 비례식 활용하기

▶ 개념동영상 4-⑤

🪴 비례식의 성질을 이용하여 문제 해결하기

예 쌀과 콩을 $7:3$으로 섞어서 밥을 지으려고 합니다. 쌀을 $280\,g$ 넣으면 콩은 몇 g 넣어야 하나요?

(1) 구하려고 하는 것 ➡ 쌀을 $280\,g$ 넣을 때 넣어야 할 콩의 양

(2) 쌀을 $280\,g$ 넣을 때 넣어야 할 콩의 양을 ■ g이라 하고 비례식 세우기

➡ $7:3=$ **❶** ⬚ $: ■$

(3) 비례식의 성질을 이용하여 ■의 값 구하기

$7:3=280:■ ➡ 7×■=3×280$

$7×■=840$ ⎤ $■=840÷7$

$■=120$ ⎦

(외항의 곱)=(내항의 곱)

따라서 콩은 **❷** ⬚ g 넣어야 합니다.

참고 비의 성질을 이용하여 ■의 값 구하기

$$\overset{\times 40}{\overbrace{7:3=280:■}} ➡ ■=3×40=120$$
$$\underset{\times 40}{}$$

따라서 콩은 $120\,g$ 넣어야 합니다.

정답 확인 | ❶ 280 ❷ 120

[1~4] 쿠키를 만들 때 밀가루 $20\,g$을 사용하면 버터는 $2\,g$ 필요합니다. 밀가루 $200\,g$을 사용하면 버터는 몇 g 필요한지 구하려고 합니다. 물음에 답하세요.

예제 문제 1

구하려고 하는 것에 ○표 하세요.

• 밀가루 $20\,g$을 사용할 때 필요한 버터의 양

·····························(   )

• 밀가루 $200\,g$을 사용할 때 필요한 버터의 양

·····························(   )

예제 문제 2

밀가루 $200\,g$을 사용할 때 필요한 버터의 양을 ■ g이라 하고 비례식을 바르게 세운 것에 ○표 하세요.

$20:2=■:200$	$20:2=200:■$
( )	( )

예제 문제 3

□ 안에 알맞은 수를 써넣으세요.

$20:2=$ ⬚ $: ■$

➡ $20×■=2×$ ⬚

$20×■=$ ⬚

$■=$ ⬚

예제 문제 4

밀가루 $200\,g$을 사용하면 버터는 몇 g 필요한가요?

(   ) g

1 가게에서 달걀을 3개씩 묶어서 900원에 팔았습니다. 달걀 15개를 판 금액은 얼마인지 구하려고 합니다. 물음에 답하세요.

(1) 달걀 15개를 판 금액을 ■원이라 하고 비례식을 세워 보세요.

$$3 : 900 = \boxed{} : ■$$

(2) 비례식의 성질을 이용하여 ■의 값을 구하세요.

$$3 : 900 = \boxed{} : ■$$
$$\rightarrow 3 \times ■ = 900 \times \boxed{}$$
$$3 \times ■ = \boxed{}$$
$$■ = \boxed{}$$

(3) 달걀 15개를 판 금액은 얼마인가요?

(   )원

2 일정한 빠르기로 5분 동안 10 km를 날아가는 드론이 있습니다. 이 드론이 20분 동안 날아간 거리는 몇 km인지 구하려고 합니다. 물음에 답하세요.

(1) 20분 동안 날아간 거리를 ▲ km라 하고 비례식을 세워 보세요.

$$5 : 10 = \boxed{} : ▲$$

(2) 비례식의 성질을 이용하여 ▲의 값을 구하세요.

$$5 : 10 = \boxed{} : ▲$$
$$\rightarrow 5 \times ▲ = 10 \times \boxed{}$$
$$5 \times ▲ = \boxed{}$$
$$▲ = \boxed{}$$

(3) 20분 동안 날아간 거리는 몇 km인가요?

(   ) km

3 가로와 세로의 비가 7 : 5인 직사각형이 있습니다. 이 직사각형의 가로가 49 cm일 때 세로는 몇 cm인지 구하려고 합니다. ☐ 안에 알맞은 수를 써넣으세요.

직사각형의 가로가 49 cm일 때 세로를 ● cm라 하고

비례식을 세우면 $7 : \boxed{} = 49 : ●$ 입니다.

$$7 : \boxed{} = 49 : ● \rightarrow 7 \times ● = \boxed{} \times 49$$
$$7 \times ● = \boxed{}$$
$$● = \boxed{}$$

따라서 가로가 49 cm일 때 세로는 $\boxed{}$ cm입니다.

구하려는 것은 무엇이지?

직사각형의 세로를 구하려고 해.

4 어머니께서 고춧가루와 새우젓을 8 : 3으로 섞어서 김치 양념을 만들려고 합니다. 고춧가루를 24컵 넣었다면 새우젓은 몇 컵을 넣어야 하는지 구하려고 합니다. 물음에 답하세요.

(1) 넣어야 할 새우젓의 양을 ■컵이라 하고 비례식을 세워 보세요.

$$8 : \boxed{} = 24 : ■$$

(2) 새우젓은 몇 컵을 넣어야 하는지 구하세요.

(   )컵

 비례배분 알아보기

| 비례배분 | **전체**를 주어진 **비**로 **배분**하는 것 |

전체를 가 : 나=■ : ▲로 나누기

가: (전체)× $\dfrac{■}{■+▲}$ 나: (전체)× $\dfrac{▲}{■+▲}$

예 승연이와 성주가 구슬 10개를 2 : 3으로 나누어 가지기

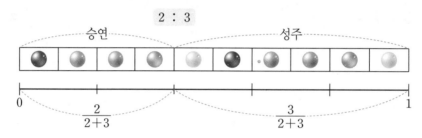

2 : 3

승연   성주

$0 \qquad \dfrac{2}{2+3} \qquad\qquad \dfrac{3}{2+3} \qquad 1$

승연: $10 \times \dfrac{2}{2+3} = 10 \times \dfrac{2}{5} = $ ❶ (개), 성주: $10 \times \dfrac{3}{2+3} = 10 \times \dfrac{❷}{5} = $ ❸ (개)

비례배분한 수를 더하면 전체와 같아.

정답 확인 | ❶ 4 ❷ 3 ❸ 6

102

예제 문제 **1**

☐ 안에 알맞은 말을 써넣으세요.

| 전체를 주어진 비로 배분하는 것을 ☐☐☐☐ (이)라고 합니다. |

예제 문제 **2**

40을 3 : 5로 나누려고 합니다. ☐ 안에 알맞은 수를 써넣으세요.

$\left[\begin{array}{l} 40 \times \dfrac{3}{3+☐} = 40 \times \dfrac{3}{☐} = ☐ \\[4mm] 40 \times \dfrac{5}{☐+5} = 40 \times \dfrac{5}{☐} = ☐ \end{array}\right.$

예제 문제 **3**

사탕 14개를 4 : 3으로 나누려고 합니다. ☐ 안에 알맞은 수를 써넣으세요.

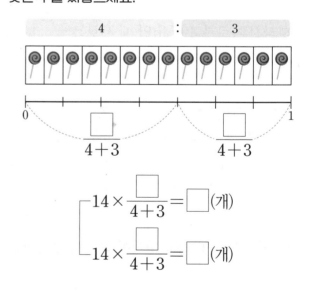

4 : 3

$0 \qquad \dfrac{☐}{4+3} \qquad\qquad \dfrac{☐}{4+3} \qquad 1$

$\left[\begin{array}{l} 14 \times \dfrac{☐}{4+3} = ☐ \text{(개)} \\[4mm] 14 \times \dfrac{☐}{4+3} = ☐ \text{(개)} \end{array}\right.$

[1~2] 비례배분하려고 합니다. ☐ 안에 알맞은 수를 써넣으세요.

1 15를 3 : 2로 나누기

$$15 \times \frac{3}{\square + \square} = 15 \times \frac{\square}{\square} = \square$$

$$15 \times \frac{2}{\square + \square} = 15 \times \frac{\square}{\square} = \square$$

2 33을 6 : 5로 나누기

$$33 \times \frac{6}{\square + \square} = 33 \times \frac{\square}{\square} = \square$$

$$33 \times \frac{5}{\square + \square} = 33 \times \frac{\square}{\square} = \square$$

3 딱지 12개를 태형이와 지민이가 2 : 1로 나누어 가지려고 합니다. 태형이와 지민이가 각각 가지게 되는 딱지의 수를 그림에 나타내고 ☐ 안에 알맞은 수를 써넣으세요.

태형 $12 \times \dfrac{\square}{3} = \square$ (개) 지민 $12 \times \dfrac{\square}{\square} = \square$ (개)

[4~5] ☐ 안의 수를 주어진 비로 나누어 [,] 안에 쓰세요.

4 36 1 : 3 ➡ [,   ]

5 24 5 : 7 ➡ [,   ]

6 찹쌀도넛을 만들려고 밀가루와 찹쌀가루를 5 : 4로 섞었더니 가루가 모두 18 kg이 되었습니다. 전체 가루 중에서 밀가루의 양은 몇 kg인지 두 가지 방법으로 구하려고 합니다. ☐ 안에 알맞은 수를 써넣으세요.

비례배분하여
문제를 풀어 봐~

방법 1 밀가루의 양은 전체 가루의 $\dfrac{5}{5+4} = \dfrac{5}{\square}$ 입니다.

$18 \times \dfrac{5}{\square} = \square$ 이므로 밀가루의 양은 ☐ kg입니다.

비례식을 세운 다음,
비의 성질을 이용하여
문제를 풀어 봐~

방법 2 밀가루의 양을 ▲ kg이라 하면

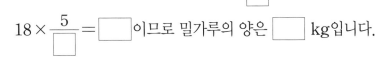

$9 : 5 = 18 : ▲ \;\Rightarrow\; ▲ = 5 \times \square, \; ▲ = \square$

이므로 밀가루의 양은 ☐ kg입니다.

6 비례식 활용하기

1 현희와 정아는 쿠키를 3 : 7로 나누어 가졌습니다. 현희가 쿠키를 36개 가졌다면 정아가 가진 쿠키는 몇 개인지 구하려고 합니다. 물음에 답하세요.

(1) 정아가 가진 쿠키의 수를 □개라 하고 비례식을 바르게 세운 것에 ○표 하세요.

$$3 : 7 = \square : 36 \qquad 3 : 7 = 36 : \square$$

(2) 정아가 가진 쿠키는 **몇 개**인가요?

꼭 단위까지 따라 쓰세요.

(　　　　개)

2 가로가 64 cm, 세로가 40 cm인 사진의 각 변을 같은 비율로 축소했습니다. 축소한 사진의 가로가 16 cm라면 세로는 몇 cm인지 구하려고 합니다. 물음에 답하세요.

40 cm → 16 cm
64 cm

(1) 원래 사진과 축소한 사진의 가로와 세로의 비로 만든 비례식을 이용하여 구하세요.

원래 사진의 가로와 세로의 비		축소한 사진의 가로와 세로의 비
64 : 40	=	16 : □

(2) 가로끼리, 세로끼리의 비로 만든 비례식을 이용하여 구하세요.

가로끼리의 비		세로끼리의 비
64 : 16	=	40 : □

(3) 축소한 사진의 세로는 **몇 cm**인가요?

(　　　　cm)

3 30분 동안 충전하면 9 km를 갈 수 있는 전기 자전거가 있습니다. 이 전기 자전거를 90분 동안 충전하면 갈 수 있는 거리는 몇 km인지 구하려고 합니다. 물음에 답하세요.

(1) 전기 자전거를 90분 동안 충전하면 갈 수 있는 거리를 ● km라 하고 비례식을 세워 보세요.

$$30 : 9 = \boxed{} : ●$$

(2) 전기 자전거를 90분 동안 충전하면 갈 수 있는 거리는 **몇 km**인가요?

(　　　　km)

반복문제
4 바닷물 5 L를 증발시키면 소금 170 g을 얻을 수 있습니다. 소금 850 g을 얻으려면 바닷물 몇 L를 증발시켜야 하는지 구하려고 합니다. 물음에 답하세요.

(1) 증발시켜야 하는 바닷물의 양을 □ L라 하고 비례식을 세워 보세요.

　비례식

(2) 소금 850 g을 얻으려면 바닷물 **몇 L**를 증발시켜야 하나요?

(　　　　L)

5 1600원으로 사과를 2개 살 수 있습니다. 8000원으로 살 수 있는 사과는 **몇 개**인지 살 수 있는 사과의 수를 □개라 하고 비례식을 세워 구하세요.

　비례식

답 　　　　개

4 비례식과 비례배분

7 비례배분

6 36을 5 : 4로 나누려고 합니다. □ 안에 알맞은 수를 써넣으세요.

$$36 \times \frac{5}{5 + \square} = 36 \times \frac{5}{\square} = \boxed{}$$

$$36 \times \frac{\square}{\square + 4} = 36 \times \frac{\square}{\square} = \boxed{}$$

7 길이가 50 cm인 종이띠를 그림과 같이 나누려고 합니다. □ 안에 알맞은 수를 써넣으세요.

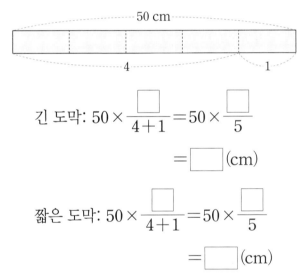

긴 도막: $50 \times \dfrac{\square}{4 + 1} = 50 \times \dfrac{\square}{5}$

$$= \boxed{} \text{(cm)}$$

짧은 도막: $50 \times \dfrac{\square}{4 + 1} = 50 \times \dfrac{\square}{5}$

$$= \boxed{} \text{(cm)}$$

8 새우 700 g을 11 : 24로 나누어 샐러드와 볶음밥을 만들려고 합니다. 샐러드와 볶음밥에 사용되는 새우는 각각 몇 g인지 구하세요.

샐러드: $700 \times \dfrac{\square}{11 + \square} = \boxed{}$ (g)

볶음밥: $700 \times \dfrac{\square}{11 + \square} = \boxed{}$ (g)

9 윤기와 동생이 18000원짜리 양념치킨을 주문하려고 합니다. 양념치킨 값을 3 : 2로 나누어 내기로 했다면 윤기와 동생이 내야 하는 돈은 각각 얼마인가요? 꼭 단위까지 따라 쓰세요.

윤기 (원   )

동생 (원   )

10 어느 날 낮과 밤의 길이의 비가 3 : 5라면 밤은 **몇 시간**인지 구하세요.

(시간   )

11 운동장에 학생이 180명 있습니다. 남학생 수와 여학생 수의 비가 5 : 4일 때 여학생은 몇 명인지 알아보기 위해 소윤이가 쓴 풀이 과정입니다. 가장 먼저 잘못 쓴 부분에 ○표 하고, 바르게 계산해 보세요.

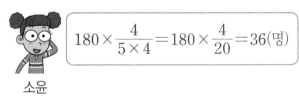

소윤

바른 계산

12 둘레가 100 cm이고 가로와 세로의 비가 7 : 3인 직사각형이 있습니다. 이 직사각형의 세로는 **몇 cm**인지 구하세요.

(cm   )

105

비례식과 비례배분

4

1 비의 전항과 후항을 찾아 쓰세요.

5 : 13

전항	후항

2 □ 안에 알맞은 수를 써넣으세요.

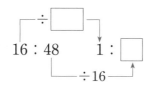

3 비례식에 ○표 하세요.

$2 : 7 = 6 : 21$ $3 \times 8 = 6 \times 4$

(   )   (   )

4 간단한 자연수의 비로 나타내 보세요.

$$\frac{3}{4} : \frac{2}{5}$$

(   )

5 비례식 $9 : 7 = 18 : 14$에 대한 설명으로 옳은 것을 찾아 기호를 쓰세요.

㉠ 외항은 7과 14입니다.
㉡ 내항은 7과 18입니다.
㉢ 비 9 : 7에서 전항은 7입니다.

(   )

6 비례식에서 외항이면서 후항인 수를 찾아 쓰세요.

$5 : 8 = 10 : 16$

(   )

7 보기와 같이 두 비율을 보고 비례식을 세우려고 합니다. □ 안에 알맞은 수를 써넣으세요.

보기
$$\frac{2}{3} = \frac{16}{24} \rightarrow 2 : 3 = 16 : 24$$

$$\frac{5}{8} = \frac{15}{24} \rightarrow 5 : 8 = \boxed{} : \boxed{}$$

8 비례식인 것의 기호를 쓰세요.

> ㉠ 18 : 15 = 9 : 5
> ㉡ 4 : 9 = 28 : 63

(   )

[9~10] 　 안의 수를 주어진 비로 나누어 [,   ] 안에 쓰세요.

9   84   5 : 9 ➡ [,   ]

10   120   3 : 7 ➡ [,   ]

11 비율이 같은 두 비를 찾아 비례식을 세우려고 합니다. □ 안에 알맞은 수를 써넣으세요.

> 4 : 7   12 : 35   16 : 28

□ : □ = □ : □

12 비례식의 성질을 이용하여 □ 안에 알맞은 수를 써넣으세요.

$$\frac{1}{4} : 9 = 2 : \boxed{}$$

13 밑변의 길이와 높이의 비가 4 : 5인 삼각형의 기호를 쓰세요.

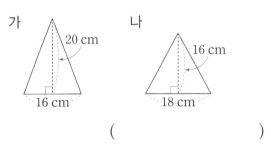

(   )

14 지효와 정국이가 구슬 75개를 8 : 7로 나누어 가지려고 합니다. 지효와 정국이는 구슬을 각각 몇 개씩 가지게 되는지 구하세요.

$$지효: 75 \times \frac{\boxed{}}{\boxed{}} = \boxed{} (개)$$

$$정국: 75 \times \frac{\boxed{}}{\boxed{}} = \boxed{} (개)$$

15 □ 안에 알맞은 수가 가장 작은 비례식을 찾아 기호를 쓰세요.

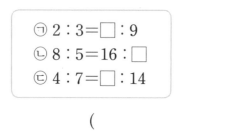

㉠ 2 : 3 = □ : 9
㉡ 8 : 5 = 16 : □
㉢ 4 : 7 = □ : 14

( )

16 어느 가게에서 고구마 3 kg을 9600원에 판매하고 있습니다. 고구마 8 kg을 사려면 얼마를 내야 하는지 알아보기 위해 고구마 8 kg의 가격을 ■원이라 하고 비례식을 세웠습니다. □ 안에 알맞은 수를 써넣고, 얼마를 내야 하는지 구하세요.

3 : 9600 = □ : ■

( )

17 건우와 서아가 일을 하고 받은 돈 42000원을 일한 시간의 비로 나누어 가지려고 합니다. 건우는 얼마를 가져야 하는지 구하세요.

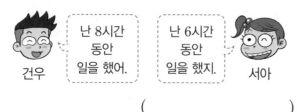

난 8시간 동안 일을 했어.
건우

난 6시간 동안 일을 했지.
서아

( )

18 직사각형과 정사각형의 넓이의 비를 간단한 자연수의 비로 나타내 보세요.

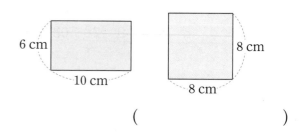

6 cm
10 cm
8 cm
8 cm

( )

19 조건 을 모두 만족하는 비례식을 세우려고 합니다. □ 안에 알맞은 수를 써넣으세요.

조건

• 비율은 $\frac{3}{5}$입니다.
• 내항의 곱은 120입니다.

□ : □ = 6 : □

20 태극기의 가로와 세로의 비는 3 : 2입니다. 태극기의 둘레가 150 cm일 때 가로는 몇 cm인가요?

( )

해결팁!

20. (직사각형의 둘레) = ((가로) + (세로)) × 2 ➡ (가로) + (세로) = (직사각형의 둘레) ÷ 2

예 직사각형의 둘레가 40 cm일 때 (가로) + (세로) 구하기
➡ (가로) + (세로) = 40 ÷ 2 = 20 (cm)

4
비례식과 비례배분

틀린 그림을 찾아라!

🔍 스마트폰으로 QR코드를 찍으면 정답이 보여요.

 지효와 소민이가 수제비를 만들려고 반죽을 만들고 있습니다. 두 그림에서 서로 다른 3곳을 찾아 ○표 하고 물음에 답하세요.

밀가루 240 g에 물 80 mL를 넣어 반죽을 하려고 해.
밀가루의 양과 물의 양의 비를 간단한 자연수의 비로 나타내 볼까?

밀가루의 양과 물의 양의 비는 ☐ : ☐ (이)야.

밀가루의 양과 물의 양의 비를 위의 비와 같은 비로 해서 반죽 400 g을
만들었어. 밀가루 300 g을 넣었다면 물은 몇 mL 넣었을까?

넣은 물의 양은 ☐ mL야.

5

원의 넓이

5단원 학습 계획표

✔ 이 단원의 표준 학습 일수는 5일입니다. 계획대로 공부한 후 확인란에 사인을 받으세요.

이 단원에서 배울 내용	쪽수	계획한 날	확인
1단계 개념 빠삭 ❶ 원주와 지름의 관계 ❷ 원주율	112~115쪽	월 일	확인했어요! ☺
2단계 익힘책 빠삭	116~117쪽		
1단계 개념 빠삭 ❸ 원주와 지름 구하기(1) ❹ 원주와 지름 구하기(2)	118~121쪽	월 일	확인했어요! ☺
2단계 익힘책 빠삭	122~123쪽		
1단계 개념 빠삭 ❺ 원의 넓이 어림하기 ❻ 원의 넓이 구하는 방법 ❼ 다양한 모양의 넓이 구하기	124~129쪽	월 일	확인했어요! ☺
2단계 익힘책 빠삭	130~133쪽	월 일	확인했어요! ☺
TEST 5단원 평가	134~136쪽	월 일	확인했어요! ☺

스마트폰을 이용하여 QR 코드를 찍으면
개념 학습 영상을 볼 수 있어요.

🍎 미리 준비가 되어 있으면 걱정할 것이 없음을 나타내는 고사성어는?

▶ 개념동영상 5-①

❶ 원주 알아보기

원주: 원의 둘레

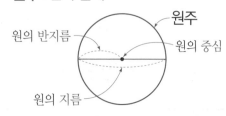

원의 지름은 원 위의 두 점을 이은 선분 중 원의 중심을 지나는 선분이야.

⑴ 원의 지름이 길어지면 원주는 길어집니다.
⑵ 원의 크기가 커지면 원주는 길어집니다.

❷ 정다각형의 둘레를 이용하여 원주와 원의 지름의 관계 알아보기

정육각형과 원

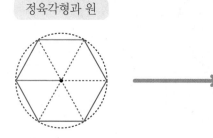

정사각형과 원

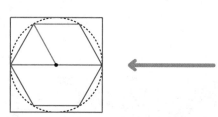

(정육각형의 둘레)
=(원의 반지름)×❶
            └ 정육각형의 한 변의 길이
=(원의 지름)×**3**

원주는 **원의 지름의 3**배보다 길고, **원의 지름의 4**배보다 짧습니다.

(정사각형의 둘레)
=(원의 지름)×**4**
            └ 정사각형의 한 변의 길이

(원의 지름)× **3** < (원주) < (원의 지름)× **4**

정답 확인 | ❶ 6

5

원의 넓이

112

예제 문제 **1**

□ 안에 알맞은 말을 써넣으세요.

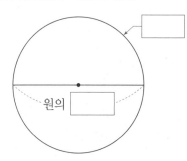

원의

예제 문제 **2**

그림을 보고 □ 안에 알맞은 수를 써넣으세요.

⑴

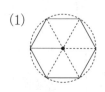

(원의 지름)× □ < (원주)

⑵

(원주) < (원의 지름)× □

1 그림을 보고 □ 안에 알맞은 기호를 찾아 써넣으세요.

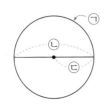

원의 반지름은 □, 원의 지름은 □, 원주는 □ 입니다.

[2~3] 그림을 보고 물음에 답하세요.

가

나

다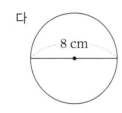

2 알맞은 말에 ○표 하세요.

원의 지름이 길어지면 원주는 (길어집니다 , 짧아집니다).

3 원주가 긴 것부터 차례대로 기호를 쓰세요.

(   )

[4~5] 오른쪽 그림은 한 변의 길이가 1 cm인 정육각형, 지름이 2 cm인 원, 한 변의 길이가 2 cm인 정사각형입니다. 물음에 답하세요.

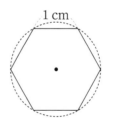
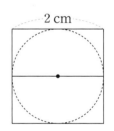

4 정육각형의 둘레와 정사각형의 둘레를 수직선에 나타내 보세요.

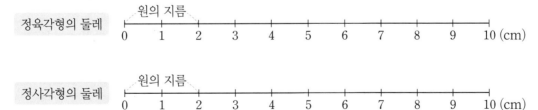

5 □ 안에 알맞은 수를 써넣으세요.

정육각형의 둘레는 원의 지름의 □배이고, 정사각형의 둘레는 원의 지름의 □배입니다.

➡ 원주는 원의 지름의 □배보다 길고, 원의 지름의 □배보다 짧습니다.

5

원의 넓이

113

개념 빠삭　❷ 원주율

▶ 개념동영상 5-②

❶ 원주율 알아보기

- **원주율**: 원의 **지름**에 대한 **원주**의 비율
- 원주율을 소수로 나타내면 3.1415926535897…과 같이 끝없이 계속됩니다.
  필요에 따라 **3**, **3.1**, **3.14** 등으로 어림하여 사용하기도 합니다.

$$(원주율) = (원주) \div (지름)$$

❷ 원주율 구하기

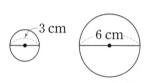

원주(cm)	지름(cm)	원주율 → (원주)÷(지름)		
		반올림하여 일의 자리까지	반올림하여 소수 첫째 자리까지	반올림하여 소수 둘째 자리까지
9.43	3	3	❶	3.14
18.85	6	3	3.1	3.14
28.27	9	3	3.1	❷

➡ 원의 크기와 상관없이 **(원주) ÷ (지름)** 은 일정합니다.

정답 확인 | ❶ 3.1　❷ 3.14

예제 문제 **1**

□ 안에 알맞은 말을 써넣으세요.

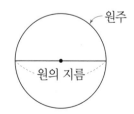

(1) 원의 지름에 대한 원주의 비율을 [　　] (이)라고 합니다.

(2) (원주율) = ([　　]) ÷ (지름)

예제 문제 **2**

설명이 맞으면 ○표, 틀리면 ×표 하세요.

(1) 원의 크기에 따라 (원주)÷(지름)의 값은 변합니다.

(　　　　)

(2) 원주는 지름의 약 3.1배입니다.

(　　　　)

[1~2] 원주율을 소수로 나타내면 다음과 같이 끝없이 계속됩니다. 원주율을 반올림하여 주어진 자리까지 나타내 보세요.

3.1415926535…

1 일의 자리까지

( )

2 소수 첫째 자리까지

( )

[3~4] 원의 지름과 원주가 다음과 같을 때 원주율을 구하세요.

원주율은 (원주)÷(지름)으로 계산해.

3 5 cm   원주: 15.7 cm

( )

4 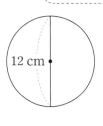 12 cm   원주: 37.2 cm

( )

[5~6] 원의 반지름과 원주가 다음과 같을 때 원주율을 구하세요.

5 3 cm   원주: 18.6 cm

( )

6 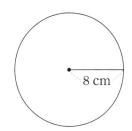 8 cm   원주: 50.24 cm

( )

7 크기가 다른 원 모양의 바퀴가 있습니다. 두 바퀴의 (원주)÷(지름)을 비교하여 알맞은 말에 ◯표 하세요.

가   나

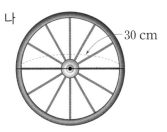

15 cm   30 cm

원주: 47.1 cm   원주: 94.2 cm

➡ 가 바퀴와 나 바퀴의 (원주)÷(지름)은 (같습니다 , 다릅니다).

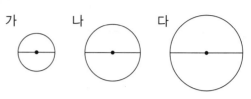

2 단계 **①~②** 익힘책 빠삭

① 원주와 지름의 관계

1 원에 원의 지름과 원주를 나타내 보세요.

2 설명이 맞으면 ○표, 틀리면 ×표 하세요.

(1) 원주와 원의 지름은 길이가 같습니다.
······················ ( )

(2) 원의 지름이 짧아지면 원주는 짧아집니다.
······················ ( )

(3) 원의 크기가 커지면 원주는 길어집니다.
······················ ( )

3 원주와 원의 지름의 관계를 나타내려고 합니다. ☐ 안에 알맞은 수를 써넣으세요.

(원의 지름) × ☐ < (원주)

(원주) < (원의 지름) × ☐

➡ 원주는 원의 지름의 ☐ 배보다 길고, 원의 지름의 ☐ 배보다 짧습니다.

4 그림을 보고 물음에 답하세요.

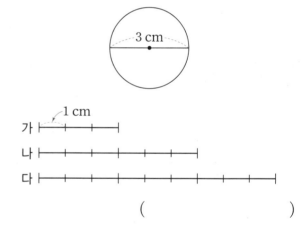

(1) 원주가 가장 긴 원을 찾아 기호를 쓰세요.
( )

(2) 원주가 가장 짧은 원을 찾아 기호를 쓰세요.
( )

5 지름이 3 cm인 원의 원주와 가장 비슷한 길이를 찾아 기호를 쓰세요.

3 cm

1 cm

가 ├──┼──┤

나 ├──┼──┼──┼──┼──┤

다 ├──┼──┼──┼──┼──┼──┼──┤

( )

6 원주를 재는 방법에 대해 옳게 말한 사람의 이름을 쓰세요.

· 세영: 원의 지름만큼 끈을 잘라 원주를 따라 몇 번 놓을 수 있는지 살펴보면 원주를 어림할 수 있어.
· 준호: 원의 반지름만큼 자른 끈은 원주를 따라 약 3번 놓을 수 있어.
· 유나: 원주는 원의 반지름의 약 3배야.

( )

2 원주율

7 원주율을 소수로 나타내면 3.141592653589…
와 같이 끝없이 이어집니다. 원주율을 반올림하여
주어진 자리까지 나타내 보세요.

(1)　　소수 둘째 자리까지

　　　　　　　　(　　　　　　　)

(2)　　소수 다섯째 자리까지

　　　　　　　　(　　　　　　　)

8 지름이 2 cm인 원 모양 조각을 만들어 자 위에서
한 바퀴 굴렸습니다. 원주가 얼마쯤 될지 자에 표시
해 보세요.

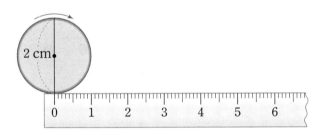

9 원 모양 접시의 원주율을 반올림하여 주어진 자리
까지 나타내 보세요.

원주: 40.84 cm
지름: 13 cm

일의 자리까지	
소수 첫째 자리까지	

10 원주율을 반올림하여 소수 첫째 자리까지 나타내
보세요.

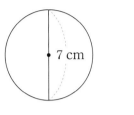

원주: 21.99 cm

　　　　　　　　(　　　　　　　)

반복문제
11 원주율을 반올림하여 소수 둘째 자리까지 나타내
보세요.

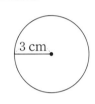

원주: 18.85 cm

　　　　　　　　(　　　　　　　)

12 잘못 설명한 것을 찾아 기호를 쓰세요.

> ㉠ 원의 크기가 작아져도 원주율은 같습니다.
> ㉡ 원주율은 3.14만 사용할 수 있습니다.

　　　　　　　　(　　　　　　　)

13 (원주)÷(지름)을 비교하여 ○ 안에 >, =, <를
알맞게 써넣으세요.

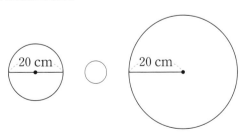

원주: 62.8 cm　　　　원주: 125.6 cm

5

원의 넓이

117

🌱 지름을 알 때 원주 구하기

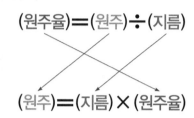

(원주율)＝(원주)÷(지름)

(원주)＝(지름)×(원주율)

> 지름을 알 때
> 원주는 (지름)×(원주율)로
> 구할 수 있어.

📘 **예** 지름이 9 cm인 원의 원주 구하기 (원주율: 3.1)

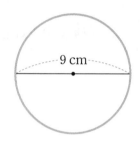

9 cm

(원주)＝(지름)×(원주율)

＝ ❶ ×3.1

＝ ❷ (cm)

> (지름)＝(반지름)×2이니까
> (원주)＝(반지름)×2×(원주율)로
> 구할 수 있어.

주의 원주율은 3, 3.1, 3.14 등으로 어림하여 상황에 따라 다르게 사용할 수 있으므로 주의해서 계산합니다.

① 원주율이 **3**일 때
(원주)＝(지름)×(원주율)
＝9×**3**
＝27 (cm)

② 원주율이 **3.1**일 때
(원주)＝(지름)×(원주율)
＝9×**3.1**
＝27.9 (cm)

③ 원주율이 **3.14**일 때
(원주)＝(지름)×(원주율)
＝9×**3.14**
＝28.26 (cm)

정답 확인 | ❶ 9　❷ 27.9

5
원의 넓이

예제 문제 1

원주를 구하려고 합니다. ☐ 안에 알맞은 수나 말을 써넣으세요. (원주율: 3.14)

 가 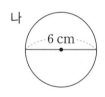 나

5 cm　6 cm

(1) (원 가의 원주)＝(지름)×(　　　)

＝5×☐

＝☐ (cm)

(2) (원 나의 원주)＝6×☐

＝☐ (cm)

예제 문제 2

원주를 구하려고 합니다. ☐ 안에 알맞은 수를 써넣으세요. (원주율: 3)

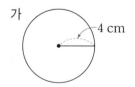 가 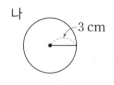 나

4 cm　3 cm

(1) (원 가의 원주)＝(반지름)×☐×(원주율)

＝4×☐×3

＝☐ (cm)

(2) (원 나의 원주)＝3×☐×3

＝☐ (cm)

[1~4] 원의 지름과 원주율을 이용하여 원주는 몇 cm인지 구하세요.

1
12 cm

원주율: 3

(   ) cm

2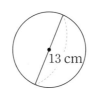
13 cm

원주율: 3

(   ) cm

원주는 원의 지름에
원주율을 곱하면 돼.

3
14 cm

원주율: 3.1

(   ) cm

4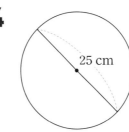
25 cm

원주율: 3.14

(   ) cm

[5~6] 원의 반지름과 원주율을 이용하여 원주는 몇 cm인지 구하세요.

5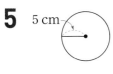
5 cm

원주율: 3.1

(   ) cm

6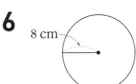
8 cm

원주율: 3.14

(   ) cm

7 표를 완성해 보세요. (원주율: 3)

가
9 cm

나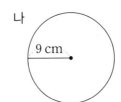
9 cm

원	지름(cm)	원주(cm)
가		
나		

개념 빠삭

④ 원주와 지름 구하기(2)

▶ 개념동영상 5-③

🌱 원주를 알 때 지름 구하기

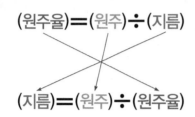

(원주율)＝(원주)÷(지름)

(지름)＝(원주)÷(원주율)

원주를 알 때 지름은
(원주)÷(원주율)로
구할 수 있어.

예 원주가 12.56 cm인 원의 지름 구하기 (원주율: 3.14)

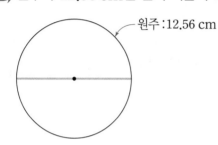
원주 : 12.56 cm

(지름)＝(원주)÷(원주율)

＝❶ [＿＿＿] ÷3.14

＝❷ [＿] (cm)

참고 원주를 알 때 반지름 구하기

예 원주가 18.84 cm인 원의 반지름 구하기 (원주율: 3.14)

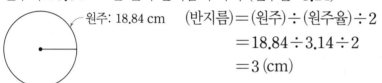
원주: 18.84 cm

(반지름)＝(원주)÷(원주율)÷2

＝18.84÷3.14÷2

＝3 (cm)

(지름)＝(반지름)×2이니까
원주를 알 때 반지름은
(원주)÷(원주율)÷2로
구할 수 있어.

정답 확인 | ❶ 12.56 ❷ 4

5
원의 넓이

120

예제 문제 ①

물음에 답하세요.

(1) 원의 지름을 구하는 식에 ○표 하세요.

(원주율)÷(원주)   (   )

(원주)÷(원주율)   (   )

(2) 원의 반지름을 구하는 식에 ○표 하세요.

(원주)÷(원주율)÷2   (   )

(원주)÷(원주율)×2   (   )

예제 문제 ②

□ 안에 알맞은 수를 써넣으세요.

(1)

□ cm

원주: 15 cm
원주율: 3

(지름)＝15÷□＝□ (cm)

(2)
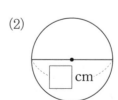
□ cm

원주: 21 cm
원주율: 3

(지름)＝21÷□＝□ (cm)

[1~2] 원주와 원주율이 다음과 같을 때 □ 안에 알맞은 수를 써넣으세요.

1

원주: 18 cm
원주율: 3

(지름)=□ cm

2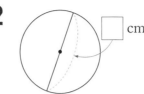

원주: 28.26 cm
원주율: 3.14

(지름)=□ cm

[3~6] 원주와 원주율을 이용하여 원의 지름은 몇 cm인지 구하세요.

3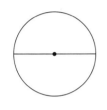

원주(cm)	원주율
40.82	3.14

( ) cm

4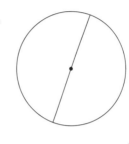

원주(cm)	원주율
65.1	3.1

( ) cm

5

원주(cm)	원주율
33	3

( ) cm

6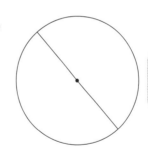

원주(cm)	원주율
78.5	3.14

( ) cm

[7~8] 원주와 원주율을 이용하여 원의 반지름은 몇 cm인지 구하세요.

7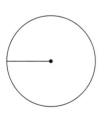

원주(cm)	원주율
42	3

( ) cm

8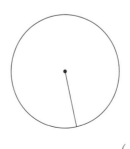

원주(cm)	원주율
62	3.1

( ) cm

3 원주와 지름 구하기(1) → 지름을 알 때 원주 구하기

1 원주를 구하려고 합니다. □ 안에 알맞은 수를 써넣으세요. (원주율: 3.1)

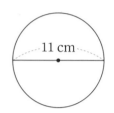

(원주) = (지름) × (원주율)

= □ × □

= □ (cm)

2 바퀴의 원주는 **몇 cm**인지 구하세요. (원주율: 3)

지름: 21 cm

꼭 단위까지 따라 쓰세요.

(cm)

반복문제

3 원 모양 접시의 둘레는 **몇 cm**인지 구하세요.
(원주율: 3.14)

24 cm

(cm)

4 지름이 19 cm인 원의 원주는 **몇 cm**인지 구하세요. (원주율: 3.14)

(cm)

5 길이가 7 m인 줄을 사용하여 그릴 수 있는 가장 큰 원을 운동장에 그렸습니다. 그린 원의 원주는 **몇 m**인지 구하세요. (원주율: 3)

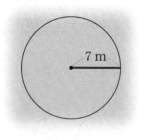

7 m

(m)

6 관계있는 것끼리 이어 보세요. (원주율: 3.1)

지름: 8 cm	•	•	원주: 24.8 cm
반지름: 10 cm	•	•	원주: 37.2 cm
지름: 12 cm	•	•	원주: 62 cm

7 원주가 47.1 cm인 원 옆에 컴퍼스를 다음과 같이 벌려 원을 그리려고 합니다. 두 원의 원주의 차는 **몇 cm**인지 구하세요. (원주율: 3.14)

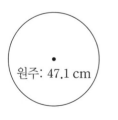 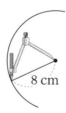

원주: 47.1 cm   8 cm

(cm)

4 원주와 지름 구하기 ⑵ → 원주를 알 때 지름 구하기

8 원주가 37.68 cm일 때 ◻ 안에 알맞은 수를 써넣으세요. (원주율: 3.14)

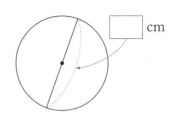

9 지안이가 말한 원의 지름은 몇 **cm**인지 구하세요.

(원주율: 3.1)

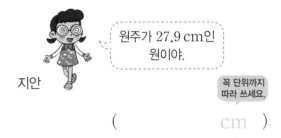

원주가 27.9 cm인 원이야.

지안

꼭 단위까지 따라 쓰세요.

(cm   )

10 길이가 78 cm인 종이띠가 있습니다. 이 종이띠를 사용하여 만들 수 있는 가장 큰 원의 지름은 몇 **cm**인지 구하세요. (원주율: 3)

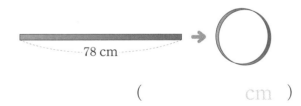

(cm   )

11 민교네 학교에 있는 나무의 단면은 원 모양입니다. 이 나무의 단면의 원주가 6.28 m일 때 지름은 몇 **m**인지 구하세요. (원주율: 3.14)

(m   )

12 원주가 48 cm인 원의 반지름은 몇 **cm**인지 구하세요. (원주율: 3)

(cm   )

13 원 모양의 고리를 그림과 같이 한 바퀴 굴렸습니다. 이 고리의 반지름은 몇 **cm**인지 구하세요.

(원주율: 3.1)

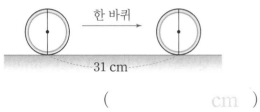

한 바퀴

31 cm

(cm   )

14 원의 크기를 비교하여 ◯ 안에 >, =, <를 알맞게 써넣으세요. (원주율: 3.14)

| 원주가 62.8 cm인 원 | ◯ | 반지름이 9 cm인 원 |

15 끈으로 만든 원의 지름이 더 긴 사람은 누구인가요?

(원주율: 3)

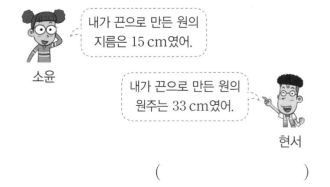

내가 끈으로 만든 원의 지름은 15 cm였어.

소윤

내가 끈으로 만든 원의 원주는 33 cm였어.

현서

(   )

1단계 개념 빠삭

5 원의 넓이 어림하기

▶개념동영상 5-④

1 사각형을 이용하여 원의 넓이 어림하기

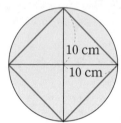

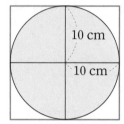

원의 넓이는 마름모의 넓이보다 크고 정사각형의 넓이보다 작아.

(원 안에 있는 빨간색 마름모의 넓이)$=20 \times 20 \div 2 = 200 \, (\text{cm}^2)$

(원 밖에 있는 파란색 정사각형의 넓이)$=20 \times 20 =$ ❶ ⬚ (cm^2)

➜ **200** $\text{cm}^2<$(원의 넓이)$<$**400** cm^2

2 모눈종이를 이용하여 원의 넓이 어림하기

$1 \, \text{cm}^2 \rightarrow$

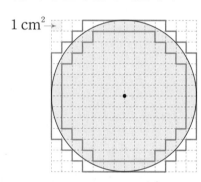

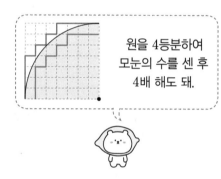

원을 4등분하여 모눈의 수를 센 후 4배 해도 돼.

(빨간색 선 안쪽 모눈의 수)$=$ ❷ ⬚ 칸 ➜ (빨간색 선 안쪽 모눈의 넓이)$=120 \, \text{cm}^2$

(파란색 선 안쪽 모눈의 수)$=172$칸 ➜ (파란색 선 안쪽 모눈의 넓이)$=$ ❸ ⬚ cm^2

➜ **120** $\text{cm}^2<$(원의 넓이)$<$**172** cm^2

정답 확인 | ❶ 400 　 ❷ 120 　 ❸ 172

[1~3] 반지름이 3 cm인 원의 넓이를 어림하려고 합니다. 물음에 답하세요.

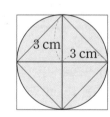

예제 문제 1

원 안의 마름모의 넓이는 몇 cm^2인가요?

(　　　　　) cm^2

예제 문제 2

원 밖의 정사각형의 넓이는 몇 cm^2인가요?

(　　　　　) cm^2

예제 문제 3

원의 넓이를 어림해 보세요.

⬚ $\text{cm}^2<$(원의 넓이)$<$ ⬚ cm^2

1 반지름이 8 cm인 원의 넓이를 어림하려고 합니다. □ 안에 알맞은 수를 써넣으세요.

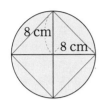 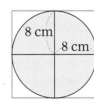

(원 안의 마름모의 넓이)$=16 \times 16 \div 2=$ □ (cm^2)

(원 밖의 정사각형의 넓이)$=16 \times 16=$ □ (cm^2)

➡ □ cm$^2 <$ (원의 넓이) $<$ □ cm^2

[2~3] 모눈의 수를 이용하여 원의 넓이를 어림하려고 합니다. □ 안에 알맞은 수를 써넣으세요.

2

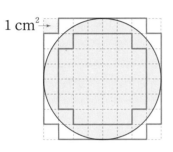

1 cm^2 →

- (파란색 선 안쪽 모눈의 수)$=$ □ 개
- (빨간색 선 안쪽 모눈의 수)$=$ □ 개

□ cm$^2 <$ (원의 넓이)

(원의 넓이) $<$ □ cm^2

3

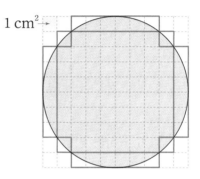

1 cm^2 →

- (파란색 선 안쪽 모눈의 수)$=$ □ 개
- (빨간색 선 안쪽 모눈의 수)$=$ □ 개

□ cm$^2 <$ (원의 넓이)

(원의 넓이) $<$ □ cm^2

[4~5] 사각형의 넓이를 이용하여 원의 넓이를 어림하려고 합니다. □ 안에 알맞은 수를 써넣으세요.

4

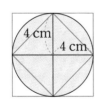

(원 안의 마름모의 넓이)$=8 \times$ □ $\div 2$

$=$ □ (cm^2)

(원 밖의 정사각형의 넓이)$=$ □ $\times 8$

$=$ □ (cm^2)

➡ □ cm$^2 <$ (원의 넓이)

(원의 넓이) $<$ □ cm^2

5

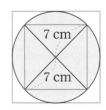

(원 안의 마름모의 넓이)$=14 \times$ □ $\div$ □

$=$ □ (cm^2)

(원 밖의 정사각형의 넓이)$=14 \times$ □

$=$ □ (cm^2)

➡ □ cm$^2 <$ (원의 넓이)

(원의 넓이) $<$ □ cm^2

6 원의 넓이 구하는 방법

▶ 개념동영상 5-⑤

1 원을 잘라 다른 도형으로 바꾸기

 →

16등분

 →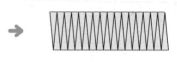

32등분

 →

64등분

원을 자를 때는 원의 중심을 지나도록 잘라야 해.

따라서 원을 자르는 횟수가 많아질수록 **❶**〔   〕에 가까워집니다.

2 원의 넓이 구하는 방법 알아보기

원을 한없이 잘라서 이어 붙이면 직사각형이 됩니다.

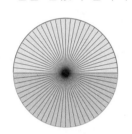 →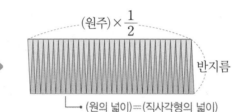

(원주) × $\frac{1}{2}$

반지름

└→ (원의 넓이)=(직사각형의 넓이)

직사각형의 가로는 원의 (원주) × $\frac{1}{2}$과 같고, 직사각형의 세로는 원의 반지름과 같아.

$$(\text{원의 넓이}) = (\text{원주}) \times \frac{1}{2} \times (\text{반지름})$$

$$= (\text{원주율}) \times (\text{지름}) \times \frac{1}{2} \times (\text{반지름})$$

$$= (\text{반지름}) \times (\text{반지름}) \times (\text{원주율})$$

정답 확인 | ❶ 직사각형

원의 넓이 (세로)

5

126

[1~2] 원을 잘게 잘라서 이어 붙여 직사각형 모양을 만들었습니다. 물음에 답하세요.

예제 문제 **1**

□ 안에 알맞은 말을 써넣으세요.

 → (〔   〕)× $\frac{1}{2}$

예제 문제 **2**

□ 안에 알맞은 말을 써넣으세요.

(원의 넓이)

$$= (\boxed{}) \times \frac{1}{2} \times (\text{반지름})$$

$$= (\text{원주율}) \times (\boxed{}) \times \frac{1}{2} \times (\text{반지름})$$

$$= (\boxed{}) \times (\boxed{}) \times (\text{원주율})$$

[1~2] 원을 한없이 잘라서 이어 붙여 직사각형을 만들었습니다. ☐ 안에 알맞은 수를 써넣고, 원의 넓이를 구하세요.

(원주율: 3.14)

1
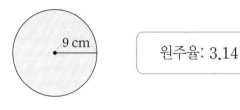

(   ) cm²

2
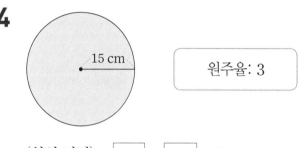

(   ) cm²

> 원의 넓이는 직사각형의 넓이와 같아.

[3~8] 원의 넓이를 구하려고 합니다. ☐ 안에 알맞은 수를 써넣으세요.

3
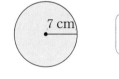

9 cm   원주율: 3.14

(원의 넓이) = ☐ × ☐ × 3.14

= ☐ (cm²)

4

15 cm   원주율: 3

(원의 넓이) = ☐ × ☐ × 3

= ☐ (cm²)

5

7 cm   원주율: 3.1

(원의 넓이) = ☐ × ☐ × 3.1

= ☐ (cm²)

6
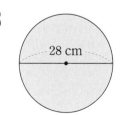

16 cm   원주율: 3

(원의 넓이) = ☐ × ☐ × 3

= ☐ (cm²)

7

10 cm   원주율: 3.14

(원의 넓이) = ☐ × ☐ × 3.14

= ☐ (cm²)

8

28 cm   원주율: 3.1

(원의 넓이) = ☐ × ☐ × 3.1

= ☐ (cm²)

1 반지름과 원의 넓이의 관계

예 반지름이 다른 원의 넓이 비교하기 (원주율: 3)

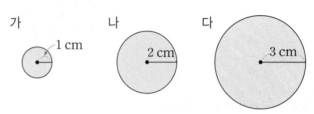

가 ○ 1 cm 나 ○ 2 cm 다 ○ 3 cm

	가	나	다
반지름(cm)	1	2	3
넓이(cm²)	1×1×3=**3**	2×2×3=**12**	3×3×3=**❶**

(가→나 2배, 나→다 3배, 나 4배, 다 9배)

➡ 원의 반지름이 **2**배, **3**배…가 되면 원의 넓이는 **4**배, **9**배…가 됩니다.

2 색칠한 부분의 넓이 구하기

예 빨간색 부분의 넓이 구하기 (원주율: 3.14)

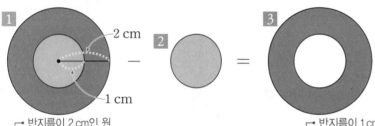

1 ─ 2 cm, 1 cm = 2 = 3

> **1**의 도형은 원의 중심이 같고 반지름이 다른 두 원으로 이루어진 도형이야.

반지름이 2 cm인 원
(**1**의 넓이)=2× **❷** ×3.14=12.56 (cm²),

반지름이 1 cm인 원
(**2**의 넓이)=1×1×3.14=3.14 (cm²)

➡ (**3**의 넓이)=(**1**의 넓이)−(**2**의 넓이)=12.56−3.14= **❸** (cm²)

정답 확인 | ❶ 27 ❷ 2 ❸ 9.42

[1~3] 반지름과 원의 넓이의 관계를 알아보려고 합니다. 물음에 답하세요. (원주율: 3)

원	반지름(cm)	넓이(cm²)
가	2	□×□×3=□
나	4	□×□×3=□

예제 문제 1

위 표의 □ 안에 알맞은 수를 써넣으세요.

예제 문제 2

원 나의 반지름은 원 가의 반지름의 몇 배인가요?

( )배

예제 문제 3

원 나의 넓이는 원 가의 넓이의 몇 배인가요?

( )배

[1~2] 반지름과 원의 넓이의 관계를 알아보려고 합니다. 물음에 답하세요. (원주율: 3.1)

1 빈칸에 알맞은 수를 써넣으세요.

반지름(cm)	1	2	3
원의 넓이(cm²)			

2 ☐ 안에 알맞은 수를 써넣으세요.

> 반지름이 2배가 되면 원의 넓이는 ☐배가 되고,
> 반지름이 3배가 되면 원의 넓이는 ☐배가 됩니다.

[3~4] 색칠한 부분의 넓이를 구하려고 합니다. ☐ 안에 알맞은 수를 써넣으세요. (원주율: 3)

3
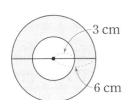

(큰 원의 넓이)=6×☐×3=☐ (cm²)

(작은 원의 넓이)=3×☐×3=☐ (cm²)

➡ (색칠한 부분의 넓이)=☐−☐=☐ (cm²)

4
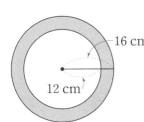

(큰 원의 넓이)=16×☐×3=☐ (cm²)

(작은 원의 넓이)=12×☐×3=☐ (cm²)

➡ (색칠한 부분의 넓이)=☐−☐=☐ (cm²)

5 각 도형의 넓이를 구하세요. (원주율: 3)

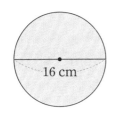

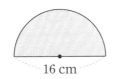

> 가운데 도형의 넓이는
> 왼쪽 도형의 넓이의 $\frac{1}{2}$이고
> 오른쪽 도형의 넓이는
> 왼쪽 도형의 넓이의 $\frac{1}{4}$이야.

 cm²　　 cm²　　 cm²

5 원의 넓이 어림하기

[1~3] 반지름이 15 cm인 원의 넓이를 어림하려고 합니다. 물음에 답하세요.

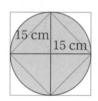

1 원 안의 마름모의 넓이는 **몇 cm²**인지 구하세요.

$$\boxed{} \times \boxed{} \div 2 = \boxed{} \ (\text{cm}^2)$$

2 원 밖의 정사각형의 넓이는 **몇 cm²**인지 구하세요.

$$\boxed{} \times \boxed{} = \boxed{} \ (\text{cm}^2)$$

3 원의 넓이를 어림하려고 합니다. ☐ 안에 알맞은 수를 써넣으세요.

> 원의 넓이는 $\boxed{}$ cm²보다 크고,
>
> $\boxed{}$ cm²보다 작습니다.

4 사각형의 넓이를 이용하여 오른쪽과 같은 지름이 10 cm인 원의 넓이를 어림하려고 합니다. ☐ 안에 알맞은 수를 써넣으세요.

> (원 안의 마름모의 넓이)= $\boxed{}$ cm²
>
> (원 밖의 정사각형의 넓이)= $\boxed{}$ cm²
>
> ➡ $\boxed{}$ cm² < (원의 넓이) < $\boxed{}$ cm²

5 모눈의 수를 이용하여 지름이 12 cm인 원의 넓이를 어림하려고 합니다. 파란색 선 안쪽 모눈의 수와 빨간색 선 안쪽 모눈의 수를 세어 ☐ 안에 알맞은 수를 써넣으세요.

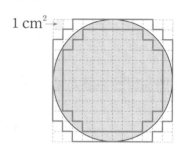

> 원의 넓이는 $\boxed{}$ cm²와 $\boxed{}$ cm² 사이의 값으로 어림할 수 있습니다.

6 정육각형의 넓이를 이용하여 원의 넓이를 어림하려고 합니다. 삼각형 ㄹㅇㅂ의 넓이가 24 cm²이고, 삼각형 ㄱㅇㄷ의 넓이가 32 cm²일 때 물음에 답하세요.

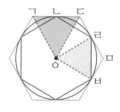

(1) 원 안과 원 밖의 정육각형의 넓이는 각각 **몇 cm²**인지 구하세요. _{꼭 단위까지 따라 쓰세요.}

원 안의 정육각형 (cm²)

원 밖의 정육각형 (cm²)

(2) 원의 넓이가 약 **몇 cm²**인지 어림해 보세요.

> 원의 넓이는 $\boxed{}$ cm²보다 크고
>
> $\boxed{}$ cm²보다 작으므로
>
> 약 $\boxed{}$ cm²로 어림할 수 있습니다.

6 **원의 넓이 구하는 방법**

7 원을 한없이 잘라서 이어 붙여 직사각형을 만들었습니다. □ 안에 알맞은 수를 써넣으세요.

(원주율: 3.14)

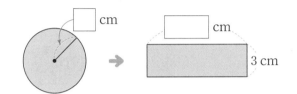

(원의 넓이)=(직사각형의 넓이)
= □ ×3= □ (cm²)

8 원의 지름을 이용하여 원의 넓이를 구하세요.

(원주율: 3.1)

지름(cm)	원의 넓이를 구하는 식	원의 넓이(cm²)
16	8×8×3.1	
20		
26		

9 컴퍼스를 그림과 같이 벌려 원을 그렸을 때 그린 원의 넓이는 몇 cm²인가요? (원주율: 3)

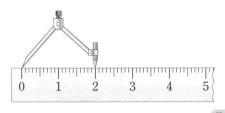

꼭 단위까지 따라 쓰세요.

(cm²)

10 원의 넓이는 몇 cm²인가요? (원주율: 3.14)

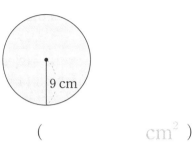

9 cm

(cm²)

반복문제 **11** 원의 넓이는 몇 cm²인가요? (원주율: 3.14)

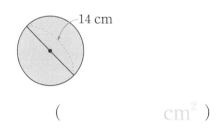

14 cm

(cm²)

12 원 모양 거울의 넓이는 몇 cm²인가요? (원주율: 3)

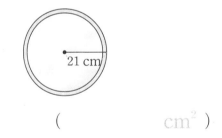

21 cm

(cm²)

13 서준이가 그린 원의 넓이는 몇 cm²인가요?

(원주율: 3.1)

길이가 11 cm인 끈을 반지름으로 하여 원을 그렸어.

서준

(cm²)

14 반지름이 20 cm인 원의 넓이를 구하려고 합니다. 바르게 구한 사람의 이름을 쓰세요. (원주율: 3.14)

원의 넓이는
$20 \times 2 \times 3.14 = 125.6$ (cm²)야.

서아

원의 넓이는
$20 \times 20 \times 3.14 = 1256$ (cm²)야.

건우

(   )

5 원의 넓이

15 지름이 24 cm인 원 모양의 피자가 있습니다. 이 피자의 넓이는 **몇 cm²**인가요? (원주율: 3)

꼭 단위까지
따라 쓰세요.

(cm²)

16 넓이가 더 큰 원의 기호를 쓰세요. (원주율: 3)

> ㉠ 지름이 10 cm인 원
> ㉡ 넓이가 147 cm²인 원

(   )

7 다양한 모양의 넓이 구하기

17 정사각형 ㄱㄴㄷㄹ에서 색칠한 부분의 넓이는 **몇 cm²**인지 구하세요. (원주율: 3.14)

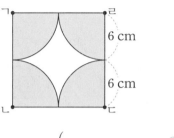

(cm²)

18 색칠한 부분의 넓이는 **몇 cm²**인지 구하세요.

(원주율: 3.14)

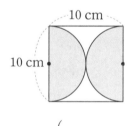

(cm²)

19 원 모양의 종이를 오려서 그림과 같은 부채를 만들었습니다. 부채의 넓이는 **몇 cm²**인지 구하세요.

(원주율: 3.1)

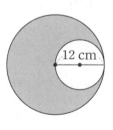

(cm²)

20 색칠한 부분의 넓이는 몇 **cm²**인지 구하세요.

(원주율: 3)

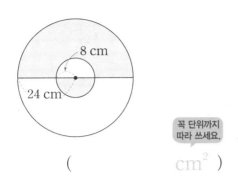

꼭 단위까지
따라 쓰세요.

(cm²)

21 색칠한 부분의 넓이는 몇 **cm²**인지 구하세요.

(원주율: 3.1)

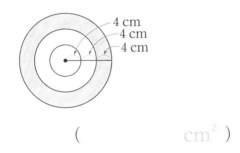

(cm²)

반복문제
22 색칠한 부분의 넓이는 몇 **cm²**인지 구하세요.

(원주율: 3.1)

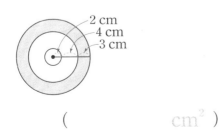

(cm²)

23 도형의 넓이는 몇 **cm²**인지 구하세요.

(원주율: 3.1)

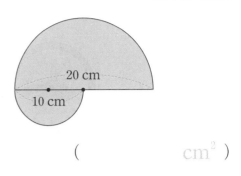

(cm²)

24 그림과 같은 꽃밭이 있습니다. 이 꽃밭의 넓이는 몇 **m²**인지 구하세요. (원주율: 3.14)

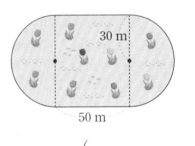

(m²)

25 색칠한 부분의 넓이는 몇 **cm²**인지 구하세요.

(원주율: 3)

![6 cm 반원 안에 원이 그려진 도형]

(cm²)

5

원의 넓이

133

[1~2] 그림을 보고 ☐ 안에 알맞은 말을 써넣으세요.

1 원 위의 두 점을 이은 선분 중에서 원의 중심을 지나는 선분 ㄱㄴ은 원의 ☐ 입니다.

2 원의 지름에 대한 원주의 비율을 ☐ (이)라고 합니다.

3 원의 지름과 원주가 다음과 같을 때 원주율을 구하세요.

원주: 9.42 cm

(   )

4 원의 지름과 원주율을 이용하여 원주는 몇 cm인지 구하세요.

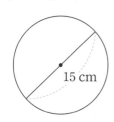

원주율: 3.14

(   )

5 원의 지름을 구하려고 합니다. ☐ 안에 알맞은 수를 써넣으세요. (원주율: 3.1)

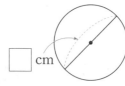

☐ cm

원주: 18.6 cm

6 원을 한없이 잘라서 이어 붙여 직사각형을 만들었습니다. ☐ 안에 알맞은 수를 써넣으세요.

(원주율: 3)

☐ cm

☐ cm

12 cm

7 사각형의 넓이를 이용하여 반지름이 5 cm인 원의 넓이를 어림하려고 합니다. ☐ 안에 알맞은 수를 써넣으세요.

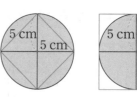

5 cm 5 cm   5 cm 5 cm

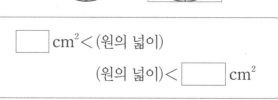

☐ cm² < (원의 넓이)

(원의 넓이) < ☐ cm²

8 오른쪽 원의 넓이를 바르게 구한
사람의 이름을 쓰세요.

(원주율: 3.1)

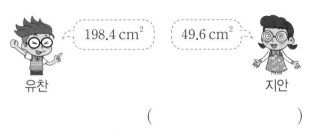

유찬   198.4 cm²   49.6 cm²   지안

(   )

9 원주율에 대해 잘못 설명한 것을 찾아 기호를 쓰
세요.

> ㉠ 어림하여 3.14로 사용하기도 합니다.
> ㉡ (원주율)=(원주)÷(지름)입니다.
> ㉢ 원의 지름이 길수록 원주율은 큽니다.

(   )

**[10~11] 길이가 55.8 cm인 끈이 있습니다. 물음에 답
하세요. (원주율: 3.1)**

55.8 cm

10 끈을 사용하여 만들 수 있는 가장 큰 원의 지름은
몇 cm인가요?

(   )

11 끈을 사용하여 만들 수 있는 가장 큰 원의 넓이는
몇 cm²인가요?

(   )

12 원의 넓이는 몇 cm²인가요? (원주율: 3.14)

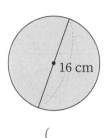

16 cm

(   )

13 정육각형의 넓이를 이용하여 원의 넓이를 어림하
려고 합니다. 삼각형 ㄱㅇㄷ의 넓이가 36 cm²,
삼각형 ㄹㅇㅂ의 넓이가 27 cm²일 때, 원의 넓
이를 어림해 보세요.

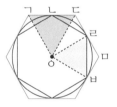

> ☐ cm²<(원의 넓이)
>
> (원의 넓이)< ☐ cm²

14 지름이 60 cm인 바퀴를 그림과 같이 한 바퀴 굴
렸습니다. ☐ 안에 알맞은 수를 써넣으세요.

(원주율: 3.14)

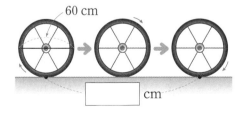

60 cm

☐ cm

15 꽃밭의 넓이는 몇 m²인지 구하세요.

(원주율: 3.14)

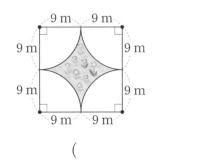

(   )

16 오른쪽 도형의 넓이는 몇 cm²인지 구하세요. (원주율: 3)

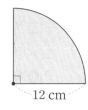

(   )

17 넓이가 넓은 원부터 차례대로 기호를 쓰세요.

(원주율: 3.1)

> ㉠ 지름이 38 cm인 원
> ㉡ 반지름이 20 cm인 원
> ㉢ 넓이가 1367.1 cm²인 원

(   )

18 길이가 2 m인 밧줄을 사용하여 그릴 수 있는 가장 큰 원을 그렸습니다. 그린 원의 원주는 몇 m인지 구하세요. (원주율: 3.14)

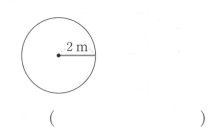

(   )

19 그림과 같은 운동장의 넓이는 몇 m²인지 구하세요. (원주율: 3)

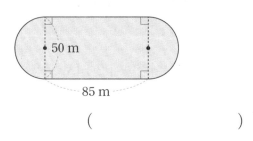

(   )

20 가장 큰 원의 지름은 24 cm이고 반지름이 4 cm씩 작아지도록 과녁을 만들었습니다. 빨간색 부분의 넓이는 몇 cm²인지 구하세요. (원주율: 3.14)

(   )

해결 팁! **19.** 도형을 직사각형과 반원 2개로 나눈 후 반원끼리 합쳐 원을 만듭니다.

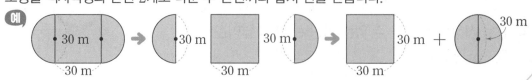

틀린 그림을 찾아라!

스마트폰으로 QR코드를
찍으면 정답이 보여요.

미나와 현수는 음식을 나누어 먹고 있습니다. 두 그림에서 서로 다른 3곳을 찾아 ○표 하세요.

원 모양 피자의 지름이 24 cm래.
원주율이 3이라면 피자의 둘레는 몇 cm일까?

피자의 둘레는 [   ] × 3 = [   ] (cm)야.

원주율이 위와 같다면 이 피자의 넓이는 몇 cm²일까?

피자의 넓이는 [   ] × [   ] × 3 = [   ] (cm²)야.

6 원기둥, 원뿔, 구

6단원 학습 계획표

✔ 이 단원의 표준 학습 일수는 4일입니다. 계획대로 공부한 후 확인란에 사인을 받으세요.

이 단원에서 배울 내용	쪽수	계획한 날	확인
1단계 개념 빠삭 ❶ 원기둥 알아보기 ❷ 원기둥의 전개도	140~143쪽	월 일	확인했어요! ☺
2단계 익힘책 빠삭	144~147쪽	월 일	확인했어요! ☺
1단계 개념 빠삭 ❸ 원뿔 알아보기 ❹ 구 알아보기	148~151쪽	월 일	확인했어요! ☺
2단계 익힘책 빠삭	152~153쪽		
TEST 6단원 평가	154~156쪽	월 일	확인했어요! ☺

스마트폰을 이용하여 QR 코드를 찍으면 개념 학습 영상을 볼 수 있어요.

양초의 코에서 나오는 우유는?

봐봐. 내 몸에는 흰 우유가 들어 있어.

난 오늘은 딸기 우유야.

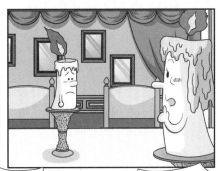

나도 코에서 우유가 나왔으면...

부럽다...

아들, 오늘 무슨 일 있었니?

엄마 미워요! 왜 내 코에서는 우유가 안 나오게 낳으신 거예요!

아들아! 넌 양초잖니!?

와! 우유! 드디어 코에서 우유가 나온다!

잠깐... 양초인 내 코에서 우유가 나온다고?

개념 빠삭

❶ 원기둥 알아보기

▶ 개념동영상 6-①

① 원기둥: 등과 같은 입체도형

② 원기둥의 구성 요소

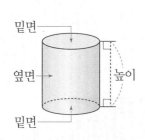 

- **밑면**: 서로 평행하고 합동인 두 면
- **옆면**: 두 밑면과 만나는 면
- **높이**: 두 밑면에 수직인 선분의 길이

③ 원기둥의 특징

- 마주 보는 두 면이 서로 **평행**하고 **합동**인 원입니다.
- 원기둥의 옆을 둘러싼 면은 **굽은 면**입니다.
  └→ 옆면
- 원기둥의 높이는 **두 밑면 사이의 거리**입니다.

④ 직사각형 모양의 종이를 돌렸을 때 만들어지는 입체도형 알아보기

한 변을 기준으로 직사각형 모양의 종이를 한 바퀴 돌리면 [❶]이 만들어집니다.

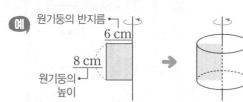

밑면의 반지름이 [❷]cm이고,
높이가 8 cm인 원기둥이 만들어집니다.

참고 ▶ 원기둥과 각기둥의 공통점과 차이점

공통점
- 두 밑면이 서로 평행하고 합동입니다.
- 앞, 옆에서 본 모양이 직사각형입니다.

차이점

원기둥	각기둥
• 밑면의 모양은 원입니다.	• 밑면의 모양이 다각형입니다.
• 옆면은 굽은 면입니다.	• 옆면은 직사각형 모양입니다.
• 꼭짓점, 모서리가 없습니다.	• 꼭짓점, 모서리가 있습니다.

정답 확인 | ❶ 원기둥 ❷ 6

예제 문제 **1**

원기둥에 ○표 하세요.

(   ) (   )

예제 문제 **2**

원기둥의 밑면에 모두 색칠해 보세요.

◇ 정답과 해설 **27**쪽

[1~2] 원기둥을 찾아 기호를 쓰세요.

1
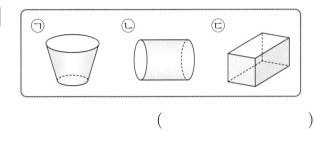

(   )

2
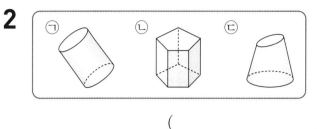

(   )

[3~4] 원기둥에서 각 부분의 이름을 ☐ 안에 써넣으세요.

3
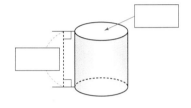

4
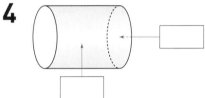

5 원기둥을 위, 앞, 옆에서 본 모양을 각각 그려 보세요.

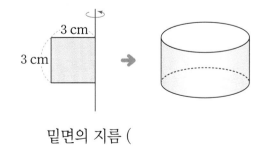

위	앞	옆

[6~7] 한 변을 기준으로 직사각형 모양의 종이를 한 바퀴 돌려 만든 입체도형의 밑면의 지름과 높이는 각각 몇 cm인지 구하세요.

6
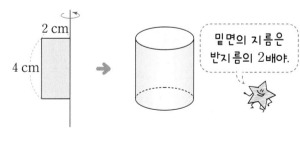

밑면의 지름 (   ) cm

높이 (   ) cm

7

밑면의 지름은 반지름의 2배야.

밑면의 지름 (   ) cm

높이 (   ) cm

개념 빠삭

② 원기둥의 전개도

▶ 개념동영상 6-②

① **원기둥의 전개도**: 원기둥을 잘라서 펼쳐 놓은 그림

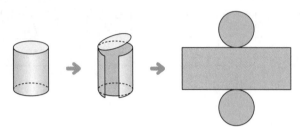

원기둥을 완전히 펼쳤을 때 밑면은 원 모양, 옆면은 ❶ [   ] 모양입니다.

② **원기둥의 전개도의 각 부분의 길이**

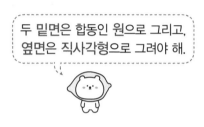
두 밑면은 합동인 원으로 그리고, 옆면은 직사각형으로 그려야 해.

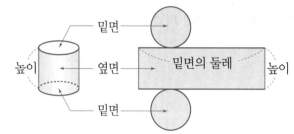

같은 색으로 표시한 부분의 길이가 같아.

- 옆면의 가로의 길이는 밑면의 둘레와 같습니다. → (옆면의 가로)=(밑면의 둘레)=(밑면의 지름)×(원주율)
- 옆면의 세로의 길이는 원기둥의 ❷ [   ]와 같습니다.

참고 ▶ 원기둥의 전개도가 아닌 경우

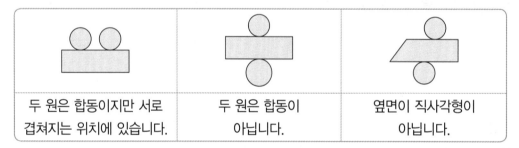

두 원은 합동이지만 서로 겹쳐지는 위치에 있습니다.	두 원은 합동이 아닙니다.	옆면이 직사각형이 아닙니다.

정답 확인 | ❶ 직사각형　❷ 높이

[1~3] 그림을 보고 □ 안에 알맞은 수나 말을 써넣으세요.

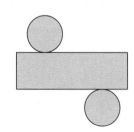

예제 문제 1

그림과 같이 원기둥을 잘라서 펼쳐 놓은 그림을 원기둥의 [   ](이)라고 합니다.

예제 문제 2

원기둥의 전개도에서 밑면은 □ 모양이고 □개입니다.

예제 문제 3

원기둥의 전개도에서 옆면은 [   ] 모양이고 □개입니다.

[1~2] 원기둥을 만들 수 있는 전개도의 기호를 쓰세요.

1 가   나

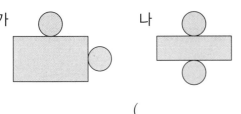

(   )

2 가   나

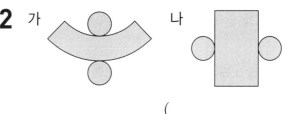

(   )

[3~4] 원기둥의 전개도를 보고 물음에 답하세요.

3

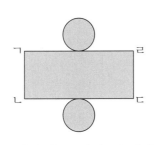

(1) 원기둥의 밑면의 둘레와 길이가 같은 선분을 전개도에서 모두 찾아 쓰세요.

(   )

(2) 원기둥의 높이와 길이가 같은 선분을 전개도에서 모두 찾아 쓰세요.

(   )

4

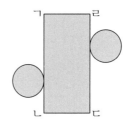

(1) 원기둥의 밑면의 둘레와 길이가 같은 선분을 전개도에서 모두 찾아 쓰세요.

(   )

(2) 원기둥의 높이와 길이가 같은 선분을 전개도에서 모두 찾아 쓰세요.

(   )

[5~7] 원기둥과 원기둥의 전개도를 보고 물음에 답하세요. (원주율: 3.14)

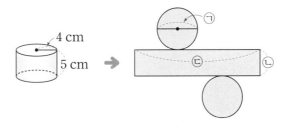

5 ㉠의 길이는 몇 cm인지 구하세요.

(   ) cm

6 ㉡의 길이는 몇 cm인지 구하세요.

(   ) cm

7 ㉢의 길이를 구하려고 합니다. ☐ 안에 알맞은 수를 써넣으세요.

㉢ = ☐ × 3.14 = ☐ (cm)

㉢의 길이는 밑면의 둘레와 같아~

❶ 원기둥 알아보기

1 원기둥 모양인 물건을 찾아 기호를 쓰세요.

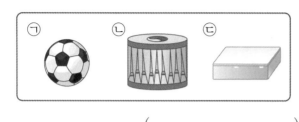

( )

2 보기에서 알맞은 말을 골라 □ 안에 써넣으세요.

보기
밑면   옆면   높이

3 원기둥을 모두 고르세요.·············( )

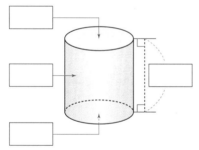

[4~5] 한 변을 기준으로 직사각형 모양의 종이를 한 바퀴 돌려 입체도형을 만들었습니다. 물음에 답하세요.

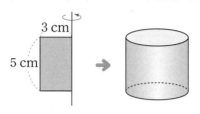

4 만든 입체도형의 이름을 쓰세요.

( )

5 만든 입체도형의 밑면의 지름과 높이는 각각 **몇 cm**인가요?

꼭 단위까지 따라 쓰세요.

밑면의 지름 (cm)

높이 (cm)

6 오른쪽 원기둥을 보고 빈칸에 알맞은 수나 말을 써넣으세요.

밑면의 모양	밑면의 수(개)

7 원기둥과 각기둥의 공통점과 차이점을 잘못 말한 사람은 누구인가요?

원기둥과 각기둥은 모두 옆에서 본 모양이 직사각형이야.

원기둥과 각기둥의 밑면은 모두 원이야.

서아   민재

( )

8 원기둥의 높이는 **몇 cm**인지 구하세요.

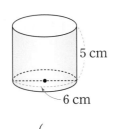

5 cm

6 cm

꼭 단위까지 따라 쓰세요.

(cm   )

11 원기둥에 대한 설명으로 옳은 것을 모두 찾아 기호를 쓰세요.

> ㉠ 원기둥의 밑면은 굽은 면입니다.
> ㉡ 원기둥을 앞에서 본 모양은 원입니다.
> ㉢ 원기둥을 위에서 본 모양은 원입니다.
> ㉣ 두 밑면과 만나는 면을 옆면이라고 합니다.

(   )

반복문제
9 원기둥의 높이는 **몇 cm**인지 구하세요.

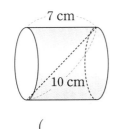

7 cm

10 cm

(cm   )

🖐 서술형 **첫 단계**

12 주어진 입체도형이 원기둥이 <u>아닌</u> 까닭을 쓰세요.

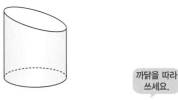

까닭을 따라 쓰세요.

까닭 위에 있는 면과 아래에 있는 면이

_____

6

원기둥, 원뿔, 구

145

10 입체도형 가와 나를 보고 수가 많은 것부터 차례대로 기호를 쓰세요.

가   나

> ㉠ 가의 밑면의 수
> ㉡ 나의 옆면의 수
> ㉢ 가의 옆면의 수

(   )

13 다음을 보고 오른쪽 원기둥의 높이는 **몇 cm**인지 구하세요.

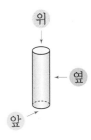

위

옆

앞

> • 위에서 본 모양은 원이고, 원의 반지름은 2 cm입니다.
> • 앞에서 본 모양은 직사각형이고, 이 직사각형의 세로는 가로의 3배입니다.

(cm   )

2 원기둥의 전개도

14 원기둥의 전개도에서 밑면과 옆면은 각각 **몇** 개인지 구하세요.

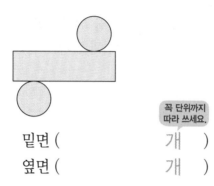

> 꼭 단위까지 따라 쓰세요.

밑면 (개   )

옆면 (개   )

15 원기둥의 전개도에 대한 설명으로 옳으면 ○표, 틀리면 ✕표 하세요.

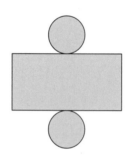

(1) 옆면은 직사각형 모양입니다.
··· (   )

(2) 옆면의 세로의 길이는 밑면의 둘레와 같습니다. ······························ (   )

16 원기둥을 만들 수 있는 전개도를 찾아 기호를 쓰세요.

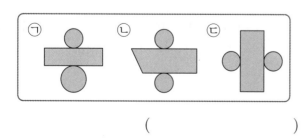

(   )

17 원기둥의 전개도를 보고 밑면을 모두 찾아 기호를 쓰세요.

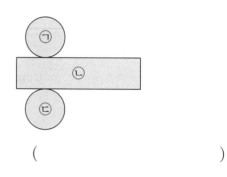

(   )

18 원기둥의 전개도에서 길이가 원기둥의 밑면의 둘레와 같은 선분은 빨간색으로, 원기둥의 높이와 같은 선분은 파란색으로 표시해 보세요.

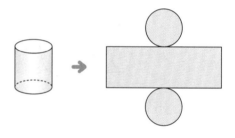

[19~20] 원기둥과 원기둥의 전개도를 보고 물음에 답하세요. (원주율: 3.1)

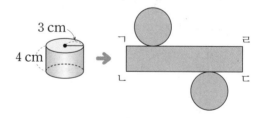

19 선분 ㄱㄴ의 길이는 몇 **cm**인가요?

(cm   )

20 선분 ㄱㄹ의 길이는 몇 **cm**인가요?

(cm   )

21 원기둥의 전개도의 일부분입니다. 전개도를 완성해 보세요.

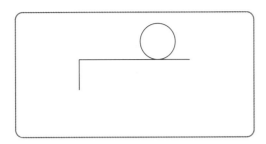

22 다음 그림이 원기둥의 전개도가 <u>아닌</u> 이유를 모두 찾아 기호를 쓰세요.

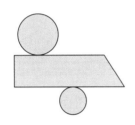

㉠ 밑면이 원이 아닙니다.
㉡ 옆면이 직사각형이 아닙니다.
㉢ 옆면이 1개입니다.
㉣ 두 밑면이 합동이 아닙니다.

( )

23 오른쪽 원기둥의 전개도를 그리고, 전개도에 밑면의 반지름, 옆면의 가로와 세로의 길이를 각각 나타내 보세요. (원주율: 3)

1 cm
1 cm

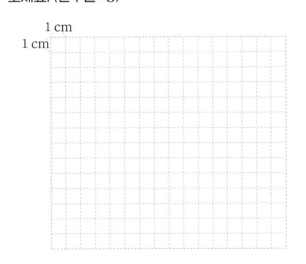

24 원기둥의 전개도에서 옆면의 가로가 30 cm, 세로가 12 cm일 때 원기둥의 밑면의 반지름은 **몇 cm**인지 구하세요. (원주율: 3)

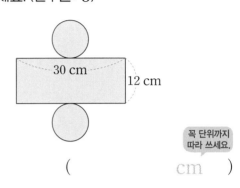

30 cm
12 cm

꼭 단위까지 따라 쓰세요.

(cm)

25 원기둥의 전개도에서 옆면의 가로가 37.68 cm, 세로가 7 cm일 때 원기둥의 밑면의 반지름은 **몇 cm**인지 구하세요. (원주율: 3.14)

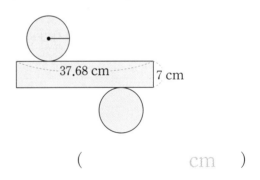

37.68 cm
7 cm

(cm)

🔴 융합형

26 효빈이는 원기둥 모양의 선물 상자를 만들기 위해 원기둥의 전개도를 그렸습니다. 그린 전개도에서 옆면의 둘레는 **몇 cm**인지 구하세요. (원주율: 3)

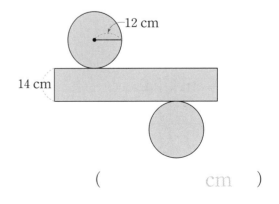

12 cm
14 cm

(cm)

6

원기둥, 원뿔, 구

147

개념 빠삭

③ 원뿔 알아보기

▶ 개념동영상 6-③

① 원뿔: 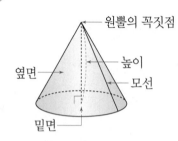 등과 같은 입체도형

② **원뿔의 구성 요소**

- **밑면**: 평평한 면 → 밑면의 모양은 원이고 1개입니다.
- **옆면**: 옆을 둘러싼 굽은 면
- **원뿔의 꼭짓점**: 뾰족한 부분의 점
- **모선**: 원뿔의 꼭짓점과 밑면인 원의 둘레의 한 점을 이은 선분
- **높이**: 원뿔의 꼭짓점에서 밑면에 수직으로 내린 선분의 길이

③ **원뿔의 높이, 모선의 길이, 밑면의 지름을 재는 방법**

높이: **①** ⬚ cm

모선의 길이: 10 cm

밑면의 지름: 6 cm

④ **직각삼각형 모양의 종이를 돌렸을 때 만들어지는 입체도형 알아보기**

한 변을 기준으로 직각삼각형 모양의 종이를 한 바퀴 돌리면 **②** ⬚ 이 만들어집니다.

예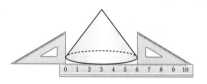

밑면의 반지름이 3 cm이고, 높이가 **③** ⬚ cm인 원뿔이 만들어집니다.

참고 **원뿔과 각뿔의 공통점과 차이점**

공통점
- 밑면이 1개입니다.
- 앞, 옆에서 본 모양이 삼각형입니다.

차이점

원뿔	각뿔
• 밑면의 모양은 원입니다.	• 밑면의 모양이 다각형입니다.
• 꼭짓점은 있고 모서리는 없습니다.	• 꼭짓점과 모서리가 모두 있습니다.

정답 확인 | **①** 8 **②** 원뿔 **③** 4

예제 문제 ①

원뿔에 ○표 하세요.

(   ) (   )

예제 문제 ②

원뿔의 밑면에 색칠해 보세요.

[1~2] 원뿔에 ○표 하세요.

1

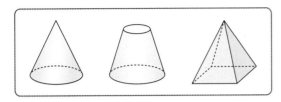

2

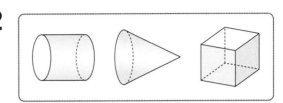

[3~4] 원뿔에서 각 부분의 이름을 □ 안에 써넣으세요.

3

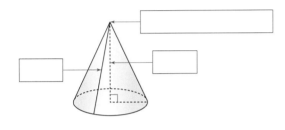

4

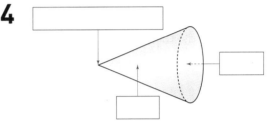

[5~6] 한 변을 기준으로 직각삼각형 모양의 종이를 한 바퀴 돌려 만든 입체도형의 이름을 쓰고, 겨냥도를 완성해 보세요.

5

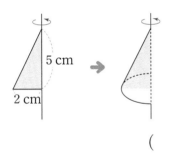

( )

6

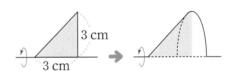

( )

7 그림은 원뿔을 이루고 있는 부분의 길이를 재는 방법입니다. 관계있는 것끼리 이어 보세요.

높이   밑면의 지름   모선의 길이

① 구: ⚽, 🔵, ⚾ 등과 같은 입체도형

② **구의 구성 요소**

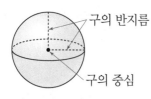

구의 반지름
구의 중심

- **구의 중심**: 구에서 가장 안쪽에 있는 점
- **구의 지름**: 구의 겉면의 두 점을 이은 선분이 구의 중심을 지날 때의 선분
- **구의 ❶ [　　　]**: 구의 중심에서 구의 겉면의 한 점을 이은 선분

③ **구의 특징**

- 구는 **굽은 면**으로 둘러싸여 있습니다.
- 구는 어느 방향에서 보아도 **모양이 같습니다.**
- 구의 **반지름**은 무수히 많고, 그 길이가 모두 같습니다.

④ **반원 모양의 종이를 돌렸을 때 만들어지는 입체도형 알아보기**

지름을 기준으로 반원 모양의 종이를 한 바퀴 돌리면 ❷ [　]가 만들어집니다.

예

10 cm
구의 지름

구의 반지름
5 cm

➡ 반지름이 ❸ [　]cm인 구가 만들어집니다.

참고 **원기둥, 원뿔, 구의 공통점과 차이점**

공통점
- 굽은 면이 있습니다.
- 위에서 본 모양은 모두 원입니다.
- 평면도형을 돌려서 만들 수 있습니다.

차이점

입체도형	앞, 옆에서 본 모양	밑면의 모양	꼭짓점
원기둥	직사각형	원	없음.
원뿔	삼각형	원	있음.
구	원	없음.	없음.

정답 확인 | ❶ 반지름　❷ 구　❸ 5

150

6
원기둥, 원뿔, 구

예제 문제 ①

그림과 같은 모양의 입체도형을 무엇이라고 하나요?

(　　　　　　　　)

예제 문제 ②

구의 중심을 찾아 기호를 쓰세요.

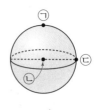

(　　　　　　　　)

[1~2] 구 모양인 물건을 찾아 기호를 쓰세요.

1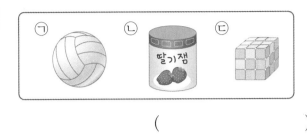

(   )

2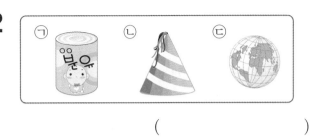

(   )

[3~5] 구의 중심을 찾아 기호를 쓰고, 구의 반지름을 1개 그어 보세요.

3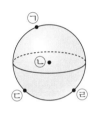

(   )

4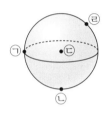

(   )

5

(   )

[6~7] 구의 반지름은 몇 cm인지 구하세요.

6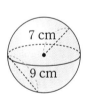

(   ) cm

7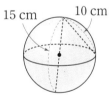

(   ) cm

8 구를 위, 앞, 옆에서 본 모양을 그려 보세요.

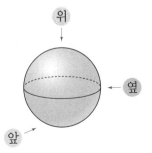

위	앞	옆

3 원뿔 알아보기

1 원뿔은 모두 **몇** 개인가요?

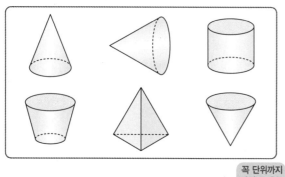

꼭 단위까지
따라 쓰세요.

(개)

2 원뿔 모양의 안전 고깔을 그림과 같이 돌렸습니다. 보기에서 알맞은 말을 골라 □ 안에 써넣으세요.

보기
모선
원뿔의 꼭짓점
밑면

안전 고깔을 굴리면 [   ] 을/를 중심으로 돌아서 제자리로 돌아옵니다.

3 오른쪽 원뿔의 높이와 모선의 길이는 각각 **몇 cm**인지 구하세요.

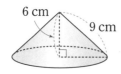

높이 (cm)
모선의 길이 (cm)

4 오른쪽 원뿔에서 길이가 8 cm인 선분을 모두 찾아 쓰세요.

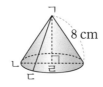

( )

5 모양과 크기가 같은 원뿔을 보고 **잘못** 말한 사람은 누구인가요?

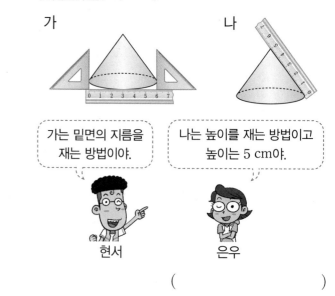

가는 밑면의 지름을
재는 방법이야.

나는 높이를 재는 방법이고
높이는 5 cm야.

현서   은우

( )

6 오른쪽 직각삼각형 모양의 종이를 한 변을 기준으로 돌렸을 때 만들어지는 입체도형의 높이는 **몇 cm**인지 구하세요.

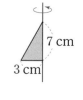

7 cm
3 cm

(cm)

7 오른쪽 원뿔에 대한 설명으로 옳은 것을 모두 찾아 기호를 쓰세요.

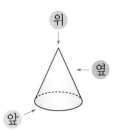

위
옆
앞

⊙ 원뿔을 앞에서 본 모양은 사각형입니다.
ⓒ 원뿔을 위에서 본 모양은 원입니다.
ⓒ 원뿔의 꼭짓점은 1개입니다.
ⓔ 원뿔의 밑면은 굽은 면입니다.

( )

4 구 알아보기

8 구 모양인 물건을 모두 찾아 기호를 쓰세요.

가 나 다 라

( )

9 구의 반지름은 몇 **cm**인가요?

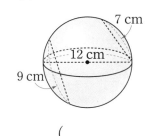

7 cm
12 cm
9 cm

꼭 단위까지 따라 쓰세요.

(cm)

10 구에 대해 옳게 말한 사람은 누구인가요?

 구에는 중심이 2개 있어. 건우

구의 반지름은 무수히 많이 그을 수 있어. 서아

( )

11 오른쪽 모양을 만드는 데 사용한 여러 가지 입체도형의 수를 각각 세어 빈칸에 써넣으세요.

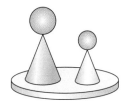

입체도형	원기둥	원뿔	구
도형의 수(개)			

12 입체도형을 위, 앞, 옆에서 본 모양을 보기 에서 골라 그려 보세요.

보기

 ○ □ △

입체도형	위에서 본 모양	앞에서 본 모양	옆에서 본 모양
위→  ←옆 앞↓			
위→ ←옆 앞↓			
위→ 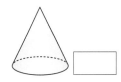 ←옆 앞↓			

1 서술형 첫 단계

13 □ 안에 입체도형의 이름을 각각 써넣고, 공통점과 차이점을 1개씩 쓰세요.

□ □

공통점 _____

차이점 _____

1 원기둥과 원뿔을 모두 찾아 기호를 쓰세요.

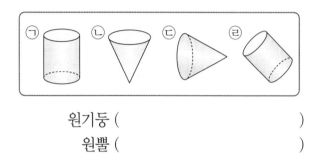

원기둥 (   )

원뿔 (   )

2 원뿔의 모선의 길이를 바르게 잰 것에 ○표 하세요.

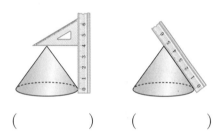

(   )   (   )

3 구의 반지름은 몇 cm인가요?

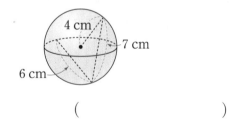

(   )

4 원뿔에서 모선은 모두 몇 개인가요? ·· (   )

① 없습니다.   ② 1개

③ 3개   ④ 5개

⑤ 무수히 많습니다.

5 원기둥의 전개도를 바르게 그린 사람은 누구인가요?

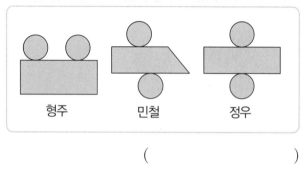

형주   민철   정우

(   )

6 다음 입체도형 중 어느 방향에서 보아도 항상 같은 모양으로 보이는 것을 찾아 ○표 하세요.

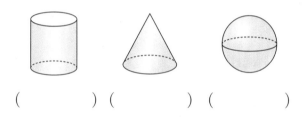

(   ) (   ) (   )

7 원뿔의 높이와 밑면의 지름은 각각 몇 cm인지 구하세요.

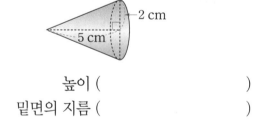

높이 (   )

밑면의 지름 (   )

8 한 변을 기준으로 직사각형 모양의 종이를 한 바퀴 돌려 입체도형을 만들었습니다. □ 안에 알맞은 수를 써넣으세요.

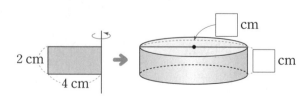

9 오른쪽 반원 모양의 종이를 지름을 기준으로 한 바퀴 돌렸을 때 만들어지는 입체도형의 지름은 몇 cm인가요?

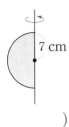

( )

10 조건 을 모두 만족하는 입체도형의 이름을 쓰세요.

조건
• 위에서 본 모양은 원입니다.
• 앞에서 본 모양은 삼각형입니다.
• 밑면이 1개이고, 옆을 둘러싼 면이 굽은 면입니다.

( )

11 원기둥과 원뿔의 높이의 차는 몇 cm인가요?

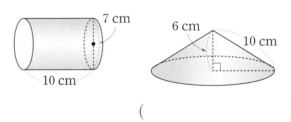

( )

12 원기둥과 원기둥의 전개도를 보고 □ 안에 알맞은 수를 써넣으세요. (원주율: 3.1)

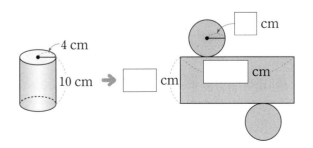

13 가, 나와 같이 각 변을 기준으로 직각삼각형을 돌렸을 때 만들어지는 입체도형 중 밑면의 지름이 더 긴 것의 기호를 쓰세요.

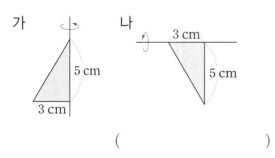

( )

14 원기둥과 원뿔의 공통점에 대해 잘못 설명한 것을 찾아 기호를 쓰세요.

㉠ 옆면은 굽은 면입니다.
㉡ 앞에서 본 모양은 직사각형입니다.
㉢ 밑면의 수는 다르지만 밑면의 모양은 모두 원입니다.

( )

15 다음을 모두 만족하는 원기둥의 높이는 몇 cm인지 구하세요.

• 위에서 본 모양은 반지름이 6 cm인 원입니다.
• 앞에서 본 모양은 정사각형입니다.

( )

16 원기둥의 전개도를 보고 잘못 설명한 것을 찾아 기호를 쓰세요.

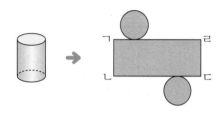

> ㉠ 선분 ㄷㄹ의 길이는 원기둥의 높이와 같습니다.
>
> ㉡ 직사각형 ㄱㄴㄷㄹ의 둘레는 원기둥의 밑면의 둘레와 같습니다.
>
> ㉢ 직사각형 ㄱㄴㄷㄹ은 원기둥의 옆면입니다.

( )

17 원기둥의 전개도에서 밑면의 반지름은 몇 cm인지 구하세요. (원주율: 3)

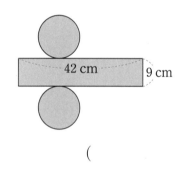

( )

18 원기둥, 원뿔, 구 중에서 모양을 만드는 데 가장 많이 사용한 도형을 찾아 쓰세요.

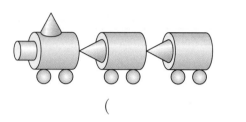

( )

19 원기둥과 원기둥의 전개도입니다. 전개도의 둘레는 몇 cm인가요? (원주율: 3)

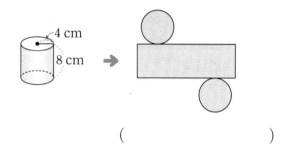

( )

20 원기둥 모양 나무토막의 옆면에 페인트를 묻혀 종이 위에 5바퀴 굴렸습니다. 종이에 페인트가 묻은 부분의 넓이는 몇 cm²인가요? (원주율: 3.14)

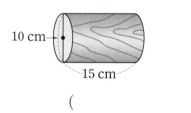

( )

해결팁!

20. 원기둥의 옆면에 페인트를 묻혀 종이 위에 한 바퀴 굴렸을 때 페인트가 묻은 부분의 넓이는 원기둥의 옆면의 넓이와 같습니다.

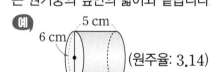

예
(원주율: 3.14)

→ (한 바퀴 굴렸을 때 페인트가 묻은 부분의 넓이)
= (원기둥의 옆면의 넓이)
= 6 × 3.14 × 5 = 94.2 (cm²)
└ 밑면의 둘레

배움으로 행복한 내일을 꿈꾸는
천재교육 커뮤니티 안내 · · ·

 교재 안내부터 구매까지 한 번에!
천재교육 홈페이지

자사가 발행하는 참고서, 교과서에 대한 소개는 물론
도서 구매도 할 수 있습니다. 회원에게 지급되는 별을 모아
다양한 상품 응모에도 도전해 보세요!

 다양한 교육 꿀팁에 깜짝 이벤트는 덤!
천재교육 인스타그램

천재교육의 새롭고 중요한 소식을 가장 먼저 접하고 싶다면?
천재교육 인스타그램 팔로우가 필수!
깜짝 이벤트도 수시로 진행되니 놓치지 마세요!

 수업이 편리해지는
천재교육 ACA 사이트

오직 선생님만을 위한, 천재교육 모든 교재에 대한 정보가 담긴
아카 사이트에서는 다양한 수업자료 및 부가 자료는 물론
시험 출제에 필요한 문제도 다운로드하실 수 있습니다.

https://aca.chunjae.co.kr

 천재교육을 사랑하는 샘들의 모임
천사샘

학원 강사, 공부방 선생님이시라면 누구나 가입할 수 있는 천사샘!
교재 개발 및 평가를 통해 교재 검토진으로 참여할 수 있는 기회는 물론
다양한 교사용 교재 증정 이벤트가 선생님을 기다립니다.

 아이와 함께 성장하는 학부모들의 모임공간
튠맘 학습연구소

튠맘 학습연구소는 초·중등 학부모를 대상으로 다양한 이벤트와 함께
교재 리뷰 및 학습 정보를 제공하는 네이버 카페입니다.
초등학생, 중학생 자녀를 둔 학부모님이라면 튠맘 학습연구소로 오세요!

#차원이_다른_클라쓰
#강의전문교재
#초등교재

수학교재

●수학리더 시리즈
- 수학리더 [연산]   예비초~6학년/A·B단계
- 수학리더 [개념]   1~6학년/학기별
- 수학리더 [기본]   1~6학년/학기별
- 수학리더 [유형]   1~6학년/학기별
- 수학리더 [기본+응용]   1~6학년/학기별
- 수학리더 [응용·심화]   1~6학년/학기별
- (신간) 수학리더 [최상위]   3~6학년/학기별

●독해가 힘이다 시리즈 *문제해결력
- 수학도 독해가 힘이다   1~6학년/학기별
- (신간) 초등 문해력 독해가 힘이다 문장제 수학편   1~6학년/단계별

●수학의 힘 시리즈
- (신간) 수학의 힘   1~2학년/학기별
- 수학의 힘 알파[실력]   3~6학년/학기별
- 수학의 힘 베타[유형]   3~6학년/학기별

●Go! 매쓰 시리즈
- Go! 매쓰(Start) *교과서 개념   1~6학년/학기별
- Go! 매쓰(Run A/B/C) *교과서+사고력   1~6학년/학기별
- Go! 매쓰(Jump) *유형 사고력   1~6학년/학기별

●계산박사   1~12단계

●수학 더 익힘   1~6학년/학기별

월간교재

●NEW 해법수학   1~6학년

●해법수학 단원평가 마스터   1~6학년/학기별

●월간 무등생평가   1~6학년

전과목교재

●리더 시리즈
- 국어   1~6학년/학기별
- 사회   3~6학년/학기별
- 과학   3~6학년/학기별

수학리더 개념

보충 문제집

BOOK 2

6-2

리더가 되기 위한
공부 비법

연산 → 문장제 학습
연산·기초 드릴
+ 문장 읽고 식 세우기

성취도 평가
단원별 실력 체크

천재교육

보충 문제집 포인트 ③가지

▶ 문장으로 이어지는 연산 학습

▶ 기초력 집중 연습을 통해 기초를 튼튼하게

▶ 성취도 평가 문제를 풀면서 실력 체크

● 분모가 같은 (분수)÷(분수)(1), (2), (3)

[1~6] ☐ 안에 알맞은 수를 써넣으세요.

1 $\dfrac{5}{9} \div \dfrac{1}{9} = 5 \div \square = \square$

2 $\dfrac{15}{19} \div \dfrac{1}{19} = \square \div 1 = \square$

3 $\dfrac{8}{11} \div \dfrac{2}{11} = 8 \div \square = \square$

4 $\dfrac{12}{13} \div \dfrac{6}{13} = \square \div 6 = \square$

5 $\dfrac{5}{12} \div \dfrac{7}{12} = 5 \div \square = \dfrac{5}{\square}$

6 $\dfrac{22}{25} \div \dfrac{17}{25} = \square \div 17 = \dfrac{\square}{17} = \square\dfrac{\square}{17}$

[7~10] 계산해 보세요.

7 $\dfrac{14}{15} \div \dfrac{1}{15}$

8 $\dfrac{21}{22} \div \dfrac{7}{22}$

9 $\dfrac{9}{20} \div \dfrac{3}{20}$

10 $\dfrac{11}{18} \div \dfrac{13}{18}$

연산 → 문장제

두부 한 모를 만드는 데 콩 $\dfrac{3}{20}$ kg이 필요합니다.

콩 $\dfrac{9}{20}$ kg으로 만들 수 있는 두부는 몇 모인가요?

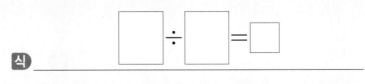

식 _____ 답 _____

◉ 분모가 다른 (분수)÷(분수)

[1~6] □ 안에 알맞은 수를 써넣으세요.

1 $\dfrac{2}{3} \div \dfrac{1}{9} = \dfrac{\square}{9} \div \dfrac{1}{9} = \square \div 1 = \square$

2 $\dfrac{1}{5} \div \dfrac{3}{10} = \dfrac{\square}{10} \div \dfrac{3}{10} = \square \div 3 = \dfrac{\square}{\square}$

3 $\dfrac{6}{7} \div \dfrac{2}{21} = \dfrac{\square}{21} \div \dfrac{2}{21} = \square \div 2 = \square$

4 $\dfrac{1}{4} \div \dfrac{3}{10} = \dfrac{5}{\square} \div \dfrac{\square}{20} = 5 \div \square = \dfrac{\square}{\square}$

5 $\dfrac{11}{12} \div \dfrac{3}{4} = \dfrac{11}{12} \div \dfrac{\square}{12} = 11 \div \square = \square\dfrac{2}{\square}$

6 $\dfrac{4}{17} \div \dfrac{1}{2} = \dfrac{8}{\square} \div \dfrac{\square}{34} = 8 \div \square = \dfrac{\square}{\square}$

[7~10] 계산해 보세요.

7 $\dfrac{5}{8} \div \dfrac{3}{16}$

8 $\dfrac{17}{18} \div \dfrac{5}{6}$

9 $\dfrac{9}{10} \div \dfrac{3}{20}$

10 $\dfrac{3}{4} \div \dfrac{4}{11}$

◈ 연산 → 문장제

길이가 $\dfrac{9}{10}$ m인 통나무를 $\dfrac{3}{20}$ m씩 나누어 잘랐습니다.
자른 통나무는 모두 몇 도막인가요?

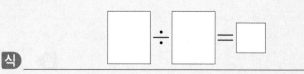

식 _____ **답** _____

◉ (자연수)÷(분수)

[1~15] 계산해 보세요.

1 $2 \div \dfrac{1}{3}$

2 $5 \div \dfrac{1}{4}$

3 $6 \div \dfrac{3}{5}$

4 $7 \div \dfrac{7}{10}$

5 $8 \div \dfrac{2}{9}$

6 $10 \div \dfrac{5}{8}$

7 $12 \div \dfrac{4}{13}$

8 $15 \div \dfrac{5}{11}$

9 $18 \div \dfrac{9}{14}$

10 $19 \div \dfrac{1}{7}$

11 $26 \div \dfrac{13}{24}$

12 $27 \div \dfrac{3}{8}$

13 $30 \div \dfrac{5}{6}$

14 $34 \div \dfrac{2}{5}$

15 $44 \div \dfrac{11}{16}$

연산 → 문장제

로봇 청소기의 빈 배터리를 전체의 30 %만큼 충전하는 데 $\dfrac{5}{6}$시간이 걸렸습니다.

일정한 빠르기로 충전된다면 1시간 동안 충전할 수 있는 배터리 양은 전체의 몇 %인가요?

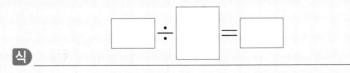

식 _____   답 _____

◉ (분수)÷(분수) 계산하기

[1~4] □ 안에 알맞은 수를 써넣으세요.

1 $\dfrac{6}{5} \div \dfrac{1}{3} = \dfrac{6}{5} \times \boxed{} = \dfrac{\boxed{}}{5} = \boxed{}\dfrac{\boxed{}}{5}$

2 $1\dfrac{1}{2} \div \dfrac{2}{9} = \dfrac{\boxed{}}{2} \div \dfrac{2}{9} = \dfrac{\boxed{}}{2} \times \dfrac{\boxed{}}{2}$

$= \dfrac{\boxed{}}{4} = \boxed{}\dfrac{\boxed{}}{4}$

3 $\dfrac{7}{6} \div \dfrac{3}{5} = \dfrac{7}{6} \times \dfrac{\boxed{}}{3} = \dfrac{\boxed{}}{18} = \boxed{}\dfrac{\boxed{}}{18}$

4 $2\dfrac{2}{3} \div \dfrac{5}{7} = \dfrac{\boxed{}}{3} \div \dfrac{5}{7} = \dfrac{\boxed{}}{3} \times \dfrac{7}{\boxed{}}$

$= \dfrac{\boxed{}}{15} = \boxed{}\dfrac{\boxed{}}{15}$

[5~10] 계산해 보세요.

5 $\dfrac{11}{7} \div \dfrac{3}{4}$

6 $\dfrac{20}{13} \div \dfrac{1}{2}$

7 $1\dfrac{2}{5} \div \dfrac{2}{7}$

8 $1\dfrac{3}{4} \div \dfrac{3}{8}$

9 $\dfrac{10}{3} \div \dfrac{2}{5}$

10 $2\dfrac{7}{10} \div \dfrac{9}{14}$

연산 → 문장제

넓이가 $\dfrac{10}{3}$ m²인 직사각형이 있습니다.

이 직사각형의 가로가 $\dfrac{2}{5}$ m일 때 세로는 몇 m인가요?

식 $\boxed{} \div \boxed{} = \boxed{}$

답 _____

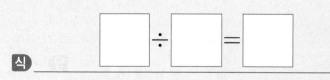

4

분수의 나눗셈

1 □ 안에 알맞은 수를 써넣으세요.

$$\frac{5}{9} \div \frac{2}{9} = \boxed{} \div \boxed{} = \frac{\boxed{}}{\boxed{}} = \boxed{}\frac{\boxed{}}{\boxed{}}$$

2 나눗셈을 곱셈으로 나타내 보세요.

$$\frac{9}{10} \div \frac{4}{9}$$

(　　　　　　　)

3 $40 \div \frac{5}{8}$ 의 계산 과정으로 옳은 것에 ◯표 하세요.

$$(40 \div 8) \times 5$$ 　　　 $$(40 \div 5) \times 8$$

(　　　) 　　　 (　　　)

4 빈칸에 알맞은 수를 써넣으세요.

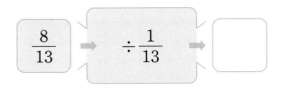

5 가분수를 진분수로 나눈 몫을 빈 곳에 써넣으세요.

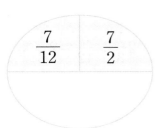

$$\frac{7}{12} \quad \Big| \quad \frac{7}{2}$$

6 현서가 말한 방법으로 $\frac{2}{3} \div \frac{7}{8}$ 을 계산해 보세요.

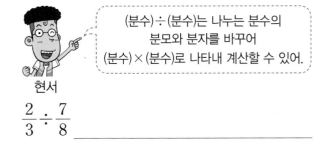

(분수)÷(분수)는 나누는 분수의
분모와 분자를 바꾸어
(분수)×(분수)로 나타내 계산할 수 있어.

현서

$$\frac{2}{3} \div \frac{7}{8} \rule{6cm}{0.4pt}$$

7 나눗셈의 몫이 <u>다른</u> 하나에 색칠해 보세요.

$$\frac{6}{7} \div \frac{2}{7}$$ 　　　 $$\frac{12}{19} \div \frac{4}{19}$$ 　　　 $$\frac{10}{21} \div \frac{5}{21}$$

8 계산 결과를 비교하여 ◯ 안에 >, =, <를 알맞게 써넣으세요.

$$\frac{6}{7} \div \frac{2}{5} \quad \bigcirc \quad \frac{3}{8} \div \frac{1}{8}$$

9 계산에서 <u>잘못된</u> 부분을 찾아 바르게 계산해 보세요.

$$2\frac{1}{3} \div \frac{5}{12} = 2\frac{1}{3} \times \frac{\overset{4}{\cancel{12}}}{5} = 2\frac{4}{5}$$

$2\frac{1}{3} \div \frac{5}{12}$ _____

10 계산 결과가 1보다 큰 것의 기호를 쓰세요.

$$㉠ \ \frac{3}{4} \div \frac{2}{7} \qquad ㉡ \ \frac{4}{9} \div \frac{8}{11}$$

( )

1 서술형 첫 단계

11 예서는 어머니께서 만드신 토마토 주스 6 L를 한 병에 $\frac{3}{4}$ L씩 담아 친구에게 한 병씩 선물하려고 합니다. 모두 몇 명에게 선물할 수 있나요?

식 _____

답 _____

12 ☐ 안에 알맞은 수를 구하세요.

$$1\frac{11}{25} \div \frac{\boxed{}}{25} = 4$$

( )

13 빈칸에 알맞은 수를 써넣으세요.

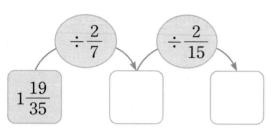

14 학교에서 우재네 집까지의 거리는 학교에서 도서관까지의 거리의 몇 배인가요?

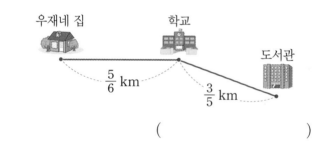

( )

15 ☐ 안에 들어갈 수 있는 자연수를 모두 구하세요.

$$\frac{14}{5} \div \frac{4}{7} > \boxed{}$$

( )

2단원· 문장으로 이어지는 연산 학습

◉ (소수 한 자리 수)÷(소수 한 자리 수) / (소수 두 자리 수)÷(소수 두 자리 수)

[1~2] □ 안에 알맞은 수를 써넣으세요.

1 $8.4 \div 0.4 = \dfrac{\boxed{}}{10} \div \dfrac{4}{10}$

$\qquad = \boxed{} \div 4 = \boxed{}$

2 $4.25 \div 0.25 = \dfrac{425}{100} \div \dfrac{\boxed{}}{100}$

$\qquad = 425 \div \boxed{} = \boxed{}$

[3~10] 계산해 보세요.

3 $0.6\overline{)1\,2.6}$

4 $3.7\overline{)5\,9.2}$

5 $4.6\overline{)6\,4.4}$

6 $0.0\,5\overline{)2.4\,5}$

7 $0.1\,8\overline{)3.2\,4}$

8 $1.2\,2\overline{)2\,8.0\,6}$

9 $41.6 \div 1.3$

10 $20.88 \div 0.09$

연산 → 문장제

포도 41.6 kg을 상자 한 개에 1.3 kg씩 나누어 담으려고 합니다.
필요한 상자는 몇 개인가요?

식 _____ $\boxed{} \div \boxed{} = \boxed{}$ 답 _____

◉ 자릿수가 다른 (소수)÷(소수)

[1~2] □ 안에 알맞은 수를 써넣으세요.

1

100배

$5.12 \div 3.2 = \boxed{}$ $512 \div \boxed{} = \boxed{}$

100배

2

10배

$2.34 \div 1.8 = \boxed{}$ $\boxed{} \div 18 = \boxed{}$

10배

[3~10] 계산해 보세요.

3

$0.9\overline{)2.1\,6}$

4

$1.5\overline{)4.6\,5}$

5

$6.3\overline{)7.5\,6}$

6

$12.8\overline{)2\,4.3\,2}$

7

$1.3\overline{)3\,0.4\,2}$

8

$5.2\overline{)2\,4.4\,4}$

9 $39.12 \div 4.8$

10 $45.75 \div 2.5$

🔶 **연산 → 문장제**

넓이가 **39.12** cm²인 평행사변형이 있습니다.
이 평행사변형의 높이가 **4.8** cm라면 밑변의 길이는 몇 cm인가요?

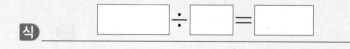 식 _____  답 _____

◉ (자연수)÷(소수)

[1~4] □ 안에 알맞은 수를 써넣으세요.

1 $8 \div 0.5 = \dfrac{80}{10} \div \dfrac{\square}{10}$

$= 80 \div \square = \square$

2 $5 \div 0.25 = \dfrac{500}{100} \div \dfrac{\square}{100}$

$= 500 \div \square = \square$

3 $24 \div 1.6 = \dfrac{\square}{10} \div \dfrac{16}{10}$

$= \square \div 16 = \square$

4 $40 \div 0.32 = \dfrac{\square}{100} \div \dfrac{32}{100}$

$= \square \div 32 = \square$

[5~11] 계산해 보세요.

5 $0.3)\overline{1\,5}$

6 $1.2)\overline{3\,6}$

7 $2.5\,6)\overline{6\,4}$

8 $36 \div 1.5$

9 $33 \div 0.11$

10 $85 \div 4.25$

11 $126 \div 25.2$

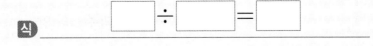

경유 4.25 L로 85 km를 가는 자동차가 있습니다.
이 자동차가 경유 1 L로 갈 수 있는 거리는 몇 km인가요?

식 $\square \div \square = \square$

답 _____

◑ 몫을 반올림하여 나타내기 / 나누어 주고 남는 양 알아보기

[1~3] 나눗셈의 몫을 반올림하여 소수 첫째 자리까지 나타내 보세요.

1 $11\overline{)6}$

2 $1.3\overline{)2.8}$

3 $1.9\overline{)5.1}$

(   )   (   )   (   )

[4~6] 나눗셈의 몫을 반올림하여 소수 둘째 자리까지 나타내 보세요.

4 $7\overline{)5}$

5 $13\overline{)24.6}$

6 $2.1\overline{)6.9}$

(   )   (   )   (   )

[7~8] 사과주스 8.5 L를 병 한 개에 2 L씩 나누어 담으려고 합니다. ☐ 안에 알맞은 수를 써넣으세요.

7

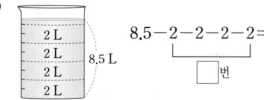

$8.5-2-2-2-2=\boxed{}$

$\boxed{}$ 번

➜ 담을 수 있는 병의 수: ☐ 개

남는 사과주스의 양: ☐ L

8

$$2\overline{)8.5}$$
$$\underline{8}$$

➜ 담을 수 있는 병의 수: ☐ 개

남는 사과주스의 양: ☐ L

1 자연수의 나눗셈을 이용하여 계산하려고 합니다. □ 안에 알맞은 수를 써넣으세요.

$$264 \div 12 = 22 \;\Rightarrow\; 26.4 \div 1.2 = \boxed{}$$

2 빈칸에 알맞은 수를 써넣으세요.

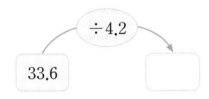

3 자연수를 소수로 나눈 몫을 구하세요.

0.8	36

(   )

4 보기 와 같은 방법으로 계산해 보세요.

보기

$$2.53 \div 0.23 = \frac{253}{100} \div \frac{23}{100}$$
$$= 253 \div 23 = 11$$

$1.82 \div 0.13$ _____

5 나눗셈의 몫을 반올림하여 소수 둘째 자리까지 나타내 보세요.

$16.3 \div 7$

(   )

6 잘못 계산한 곳을 찾아 바르게 계산해 보세요.

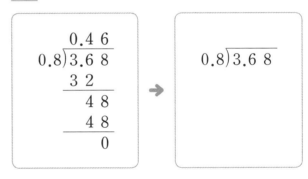

7 계산 결과를 찾아 이어 보세요.

$40.8 \div 2.4$ •

$72 \div 4.5$ •

• 17

• 16

• 15

8 계산 결과를 비교하여 ○ 안에 >, =, <를 알맞게 써넣으세요.

$$9.8 \div 0.7 \bigcirc 6.05 \div 0.5$$

9 □ 안에 알맞은 수를 써넣으세요.

$$1.12 \div 0.8 = \boxed{}$$
$$11.2 \div 0.8 = \boxed{}$$
$$112 \div 0.8 = \boxed{}$$

10 계산 결과가 더 큰 것의 기호를 쓰세요.

ㄱ $16.8 \div 6$
ㄴ $8.6 \div 3$의 몫을 반올림하여 소수 첫째 자리까지 나타낸 수

( )

11 쌀 15.2 kg을 봉지 한 개에 2 kg씩 나누어 담으려고 합니다. 나누어 담을 수 있는 봉지 수와 남는 쌀의 양을 구하세요.

```
        7
  2)1 5.2    ➡ 담을 수 있는 봉지 수: □ 개
    1 4
    ___         남는 쌀의 양: □ kg
    □
```

12 가장 큰 수를 가장 작은 수로 나눈 몫을 구하세요.

| 11.48 | 4.1 | 10.9 |

( )

13 넓이가 28.8 cm²인 직사각형이 있습니다. 이 직사각형의 가로가 3.6 cm일 때 세로는 몇 cm인가요?

( )

14 해은이의 몸무게는 38.4 kg이고 아버지의 몸무게는 69.12 kg입니다. 아버지의 몸무게는 해은이의 몸무게의 몇 배인가요?

서술형 **첫 단계**

식 _____

답 _____

15 상자 한 개를 묶는 데 노끈 2 m가 필요합니다. 길이가 23.5 m인 노끈으로 상자를 몇 개까지 묶을 수 있고, 남는 노끈의 길이는 몇 m인지 차례로 쓰세요.

( ), ( )

◉ 어느 방향에서 보았는지 알아보기 / 쌓은 모양과 쌓기나무의 개수⑴

[1~3] 건물의 사진을 여러 방향에서 찍었습니다. 어느 방향에서 찍은 것인지 찾아 기호를 쓰세요.

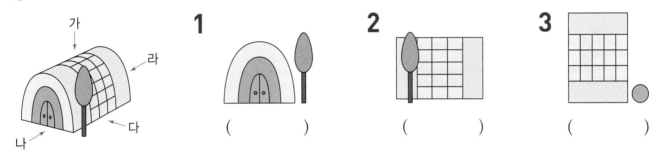

1 ( )

2 ( )

3 ( )

[4~6] 쌓기나무로 쌓은 모양을 보고 위에서 본 모양을 보기 에서 찾아 기호를 쓰세요.

(단, 보이지 않는 부분에 숨겨진 쌓기나무는 없습니다.)

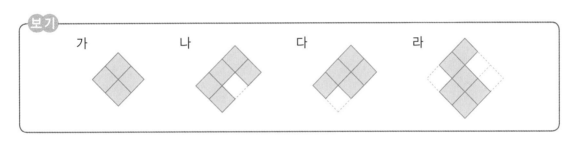

보기   가   나   다   라

4

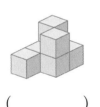

( )

5

( )

6

( )

[7~8] 주어진 모양과 똑같이 쌓는 데 필요한 쌓기나무의 개수를 구하세요.

7

위에서 본 모양

( )

8

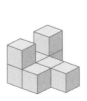 

위에서 본 모양

( )

◉ 쌓은 모양과 쌓기나무의 개수(2), (3)

[1~4] 쌓기나무로 쌓은 모양과 위에서 본 모양입니다. 앞과 옆에서 본 모양을 각각 그려 보세요.

1

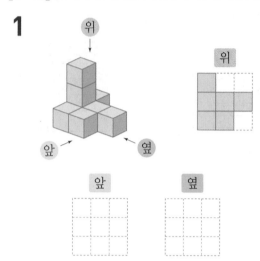

2

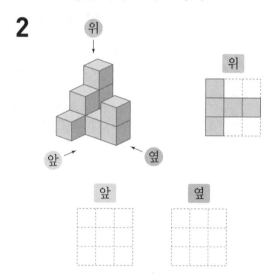

3

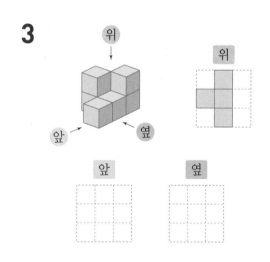

4

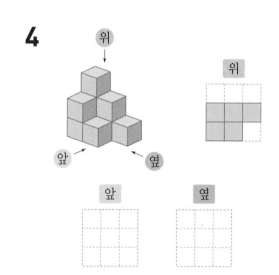

[5~6] 쌓기나무로 쌓은 모양을 위, 앞, 옆에서 본 모양입니다. 똑같은 모양으로 쌓는 데 필요한 쌓기나무의 개수를 구하세요.

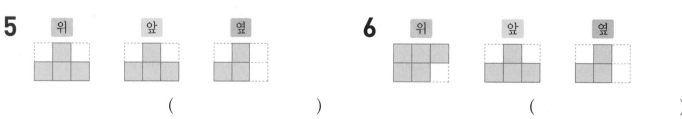

(   )   (   )

● 쌓은 모양과 쌓기나무의 개수 ⑷

[1~4] 쌓기나무로 쌓은 모양을 보고 위에서 본 모양에 수를 써넣으세요.

1
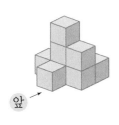 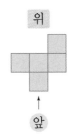

2
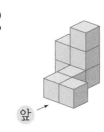 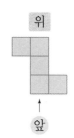

3
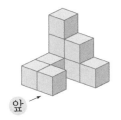 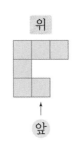

4
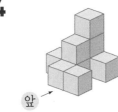 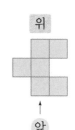

[5~8] 쌓기나무로 쌓은 모양을 보고 위에서 본 모양에 수를 써넣고, 똑같은 모양으로 쌓는 데 필요한 쌓기나무의 개수를 구하세요.

5
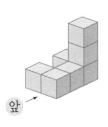

( )

6
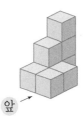

( )

7
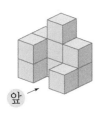

( )

8
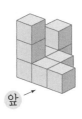 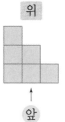

( )

3

공간과 입체

◐ 쌓은 모양과 쌓기나무의 개수⑸ / 여러 가지 모양 만들기

[1~2] 쌓기나무로 쌓은 모양과 1층의 모양을 보고 2층과 3층의 모양을 각각 그려 보세요.

1

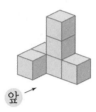

1층	2층	3층

↑앞   ↑앞   ↑앞

2

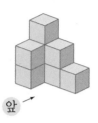

1층	2층	3층
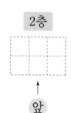		

↑앞   ↑앞   ↑앞

[3~4] 쌓기나무로 쌓은 모양을 층별로 나타낸 모양입니다. 둘 중 바르게 쌓은 모양에 ○표 하세요.

3

1층	2층	3층
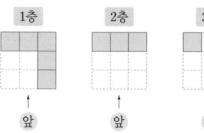		

↑앞   ↑앞   ↑앞

( )   ( )

4

1층	2층	3층
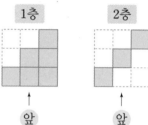		

↑앞   ↑앞   ↑앞

( )   ( )

[5~7] 오른쪽 두 가지 모양을 사용하여 만들 수 있는 모양이면 ○표, 아니면 ×표 하세요.

5

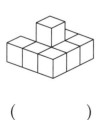

( )

6

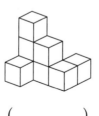

( )

7

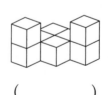

( )

1 주어진 모양과 똑같이 쌓는 데 필요한 쌓기나무의 개수를 찾아 ○표 하세요.

위에서 본 모양

(5개 , 6개 , 7개)

2 보기와 같이 컵을 놓았을 때 찍을 수 없는 사진을 찾아 ×표 하세요.

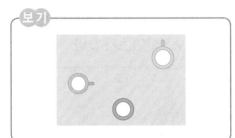

보기

( ) ( ) ( )

3 오른쪽 쌓기나무로 쌓은 모양과 1층의 모양을 보고 2층과 3층의 모양을 각각 그려 보세요.

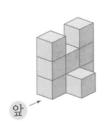

앞

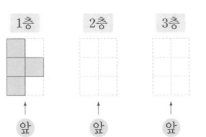

1층   2층   3층

앞   앞   앞

[4~5] 쌓기나무로 쌓은 모양과 위에서 본 모양입니다. 앞과 옆에서 본 모양을 각각 그려 보세요.

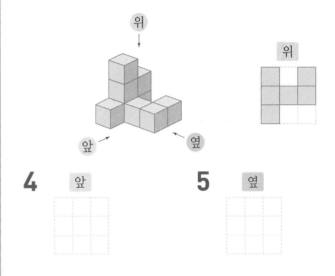

위

앞   옆

위

4 앞

5 옆

[6~8] 쌓기나무로 쌓은 모양입니다. 물음에 답하세요.

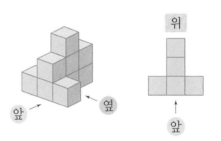

위

앞   옆

앞

6 쌓기나무로 쌓은 모양을 보고 위에서 본 모양에 수를 써넣으세요.

7 똑같은 모양으로 쌓는 데 필요한 쌓기나무는 몇 개인가요?

( )

8 옆에서 본 모양을 그려 보세요.

옆

9 쌓기나무로 쌓은 모양을 위, 앞, 옆에서 본 모양입니다. 쌓은 모양의 기호를 쓰세요.

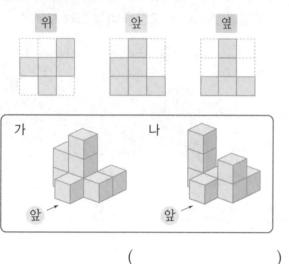

( )

10 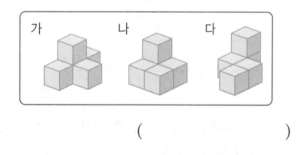 모양에 쌓기나무 1개를 더 붙여서 만들 수 있는 모양을 찾아 기호를 쓰세요.

( )

[11~12] 쌓기나무로 쌓은 모양을 보고 위에서 본 모양에 수를 썼습니다. 2층에 쌓은 쌓기나무는 몇 개인지 쓰세요.

11
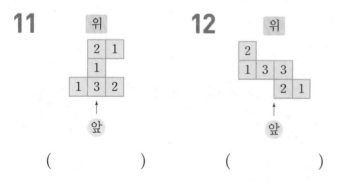

( )

12
위

	2		
	1	3	3
		2	1

↑
앞

( )

13 쌓기나무로 쌓은 모양을 층별로 나타낸 모양입니다. 똑같은 모양으로 쌓는 데 필요한 쌓기나무의 개수를 구하세요.

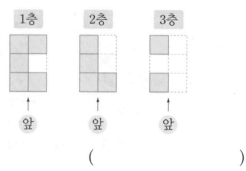

( )

14 가, 나, 다는 쌓기나무 4개로 만든 모양입니다. 왼쪽 모양에 가, 나, 다 중 어떤 모양을 붙여서 오른쪽 모양을 만들었는지 찾아 기호를 쓰세요.

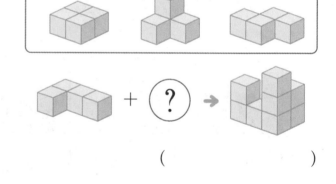

( )

15 주어진 모양과 똑같은 모양으로 쌓으려고 합니다. 쌓기나무가 5개 있다면 더 필요한 쌓기나무는 몇 개인가요?

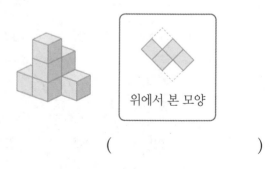

위에서 본 모양

( )

◐ 비의 성질

[1~2] 비의 전항과 후항을 찾아 쓰세요.

1 5 : 2

전항	후항

2 11 : 23

전항	후항

[3~6] 비의 성질을 이용하여 비율이 같은 비를 만들려고 합니다. ☐ 안에 알맞은 수를 써넣으세요.

3 42 : 14 → ☐ : 7

4 5 : 8 → 30 : ☐

5 72 : 32 → ☐ : 4

6 7 : 6 → 84 : ☐

[7~10] 비의 성질을 이용하여 주어진 비와 비율이 같은 비를 찾아 ◯표 하세요.

7 7 : 2
↓
8 : 3   14 : 4   2 : 7

8 18 : 6
↓
3 : 1   1 : 3   6 : 3

9 6 : 8
↓

2 : 3   24 : 30   12 : 16

10 36 : 21
↓

18 : 7   5 : 7   12 : 7

◉ 간단한 자연수의 비로 나타내기

[1~2] ☐ 안에 알맞은 수를 써넣어 간단한 자연수의 비로 나타내 보세요.

1 ×☐ ($3.5 : 1.2$ → $35 : ☐$) ×☐

2 ×☐ ($\frac{1}{9} : \frac{1}{7}$ → $7 : ☐$) ×☐

[3~10] 간단한 자연수의 비로 나타내 보세요.

3 $51 : 24$ → (   )

4 $42 : 66$ → (   )

5 $1.2 : 0.8$ → (   )

6 $0.25 : 0.3$ → (   )

7 $\frac{2}{5} : \frac{5}{6}$ → (   )

8 $\frac{3}{4} : \frac{3}{8}$ → (   )

9 $0.7 : \frac{2}{3}$ → (   )

10 $1\frac{1}{2} : 1.2$ → (   )

⬥ 기초 → 문장제

우유를 혜수는 0.7 L, 지민이는 $\frac{2}{3}$ L 마셨습니다.

혜수와 지민이가 마신 우유의 양을 간단한 자연수의 비로 나타내 보세요.

답 _____

◉ 비례식 / 비례식의 성질

[1~2] 비례식에서 외항과 내항을 각각 찾아 모두 쓰세요.

1 $3 : 7 = 9 : 21$

외항 (   )

내항 (   )

2 $24 : 32 = 3 : 4$

외항 (   )

내항 (   )

[3~4] 주어진 비와 비율이 같은 비를 보기 에서 찾아 비례식을 세워 보세요.

3 $2 : 5$

보기

$10 : 30$ $8 : 20$

(   )

4 $3 : 4$

보기

$21 : 24$ $12 : 16$

(   )

[5~10] 비례식의 성질을 이용하여 ☐ 안에 알맞은 수를 써넣으세요.

5 $9 : 2 = 54 : \boxed{}$

6 $\boxed{} : 42 = 3 : 7$

7 $4 : 11 = \boxed{} : 22$

8 $\boxed{} : 8 = 63 : 72$

9 $3 : 2 = 45 : \boxed{}$

10 $5 : \boxed{} = 20 : 36$

기초 → 문장제

평행사변형의 밑변의 길이와 높이의 비는 3 : 2입니다.
밑변의 길이가 45 cm일 때 높이는 몇 cm인가요?

답 _____

4 단원 · 문장으로 이어지는 기초 학습

● 비례식 활용하기 / 비례배분

[1~2] 우유 200 mL에 딸기청 30 g을 넣어 딸기우유 한 병을 만들었습니다. 물음에 답하세요.

1 딸기우유 3병을 만드는 데 필요한 우유는 몇 mL인지 구하세요.

　(1) 필요한 우유의 양을 ■ mL라 하여 비례식을 세우면 1 : 3 = ☐ : ■입니다.

　(2) 필요한 우유의 양은 ☐ mL입니다.

2 딸기우유 3병을 만드는 데 필요한 딸기청은 몇 g인지 구하세요.

　(1) 필요한 딸기청의 양을 ● g이라 하여 비례식을 세우면 1 : 3 = ☐ : ●입니다.

　(2) 필요한 딸기청의 양은 ☐ g입니다.

[3~4] 비례배분하려고 합니다. ☐ 안에 알맞은 수를 써넣으세요.

3 | 45를 7 : 2로 나누기 |

　• $45 \times \dfrac{7}{\square + \square} = 45 \times \dfrac{\square}{\square} = \square$

　• $45 \times \dfrac{2}{\square + \square} = 45 \times \dfrac{\square}{\square} = \square$

4 | 100을 2 : 3으로 나누기 |

　• $100 \times \dfrac{2}{\square + \square} = 100 \times \dfrac{\square}{\square} = \square$

　• $100 \times \dfrac{3}{\square + \square} = 100 \times \dfrac{\square}{\square} = \square$

4 비례식과 비례배분

[5~8] 비례배분해 보세요.

5 | 28을 4 : 3으로 나누기 | ➡ [　　, 　　]

6 | 39를 6 : 7로 나누기 | ➡ [　　, 　　]

7 | 12를 5 : 1로 나누기 | ➡ [　　, 　　]

8 | 54를 4 : 5로 나누기 | ➡ [　　, 　　]

기초 → 문장제

사탕 12개를 석진이와 동생이 5 : 1로 나누어 가지려고 합니다.
석진이와 동생이 각각 몇 개씩 가지면 되는지 구하세요.

답 석진: ＿＿＿＿＿＿＿＿＿ , 동생: ＿＿＿＿＿＿＿＿＿

1 □ 안에 알맞은 수를 써넣으세요.

2 : 3 = 6 : 9에서 외항은 □, □이고,
내항은 □, □입니다.

2 비례식을 찾아 기호를 쓰세요.

⊙ 72 ÷ 8 = 63 ÷ 7
ⓒ 5 : 3 = 20 : 12
ⓒ 16 + 4 = 20

(　　　　　　　)

3 간단한 자연수의 비로 나타내려고 합니다. □ 안에 알맞은 수를 써넣으세요.

(1) $\frac{2}{5} : \frac{1}{3}$ □ : 5

└─×□─┘

(2) 200 : 500　　2 : □

└─÷□─┘

4 63을 4 : 5로 비례배분하려고 합니다. □ 안에 알맞은 수를 써넣으세요.

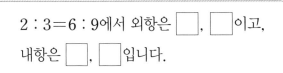

$63 \times \dfrac{4}{4+\square} = 63 \times \dfrac{\square}{9} = \square$

$63 \times \dfrac{\square}{\square+5} = 63 \times \dfrac{\square}{9} = \square$

5 비율이 같은 비를 찾아 이어 보세요.

3 : 4　　•

2 : 5　　•

4 : 7　　•

•　6 : 15

•　12 : 16

•　12 : 21

6 간단한 자연수의 비로 나타내 보세요.

$0.7 : \dfrac{3}{5}$

(　　　　　　　)

7 간단한 자연수의 비로 나타내었을 때 4 : 3이 <u>아닌</u> 비를 찾아 기호를 쓰세요.

⊙ 2 : 1.5　　ⓒ $\frac{1}{3} : \frac{1}{4}$　　ⓒ 20 : 30

(　　　　　　　)

8 비례식의 성질을 이용하여 □ 안에 알맞은 수를 써넣으세요.

(1) 4 : 3 = □ : 27

(2) 7 : 9 = 35 : □

9 비율이 같은 두 비를 찾아 비례식을 세워 보세요.

$$3 : 4 \quad 5 : 7 \quad 12 : 20 \quad 35 : 49$$

☐ : ☐ = ☐ : ☐

10 비례식 3 : 5 = 9 : 15에 대해 <u>잘못</u> 설명한 사람의 이름을 쓰세요.

외항은 3, 9이고 내항은 5, 15야.
건우

비례식으로 나타낸 두 비의 비율은 $\dfrac{3}{5}$으로 같아.
서아

( )

11 주아네 집에서 경찰서까지의 거리와 주아네 집에서 병원까지의 거리의 비를 간단한 자연수의 비로 나타내 보세요.

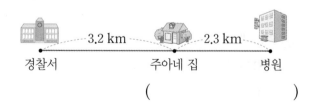

경찰서 ─ 3.2 km ─ 주아네 집 ─ 2.3 km ─ 병원

( )

12 500을 비례배분하려고 합니다. 주어진 비로 나누어 보세요.

$$0.3 : 0.2$$

[,]

13 비례식의 성질을 이용하여 ㉠ : ㉡을 구하세요.

$$㉠ \times 8 = ㉡ \times 5$$

( )

14 다음 비례식에서 ★의 값이 서로 같을 때 ☐ 안에 알맞은 수를 구하세요.

$$4 : 7 = 16 : ★$$
$$70 : ★ = 5 : ☐$$

( )

15 소금과 물의 양의 비가 4 : 11인 소금물이 있습니다. 물의 양이 44 g이면 소금의 양은 몇 g인가요?

( )

◉ 원주와 지름의 관계 / 원주율

[1~2] 그림을 보고 알맞은 말에 ◯표 하세요.

 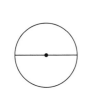 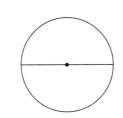

1 원의 크기가 커지면 원주는 (길어집니다 , 짧아집니다).

2 원의 지름이 길어지면 원주는 (길어집니다 , 짧아집니다).

[3~6] 그림을 보고 원주율을 반올림하여 소수 첫째 자리까지 나타내 보세요.

3 원주: 37.7 cm

( )

4 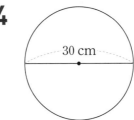 원주: 94.25 cm

( )

5 원주: 56.54 cm

( )

6 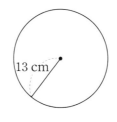 원주: 81.68 cm

( )

7 원주가 94.25 cm이고 지름이 30 cm인 원 모양의 시계가 있습니다. 이 시계의 (원주)÷(지름)을 반올림하여 주어진 자리까지 나타내 보세요.

일의 자리까지	소수 첫째 자리까지	소수 둘째 자리까지

● 지름을 알 때 원주 구하기 / 원주를 알 때 지름 구하기

[1~2] □ 안에 알맞은 수를 써넣으세요. (원주율: 3)

1

(원주)＝(지름)×(원주율)
＝□×3＝□(cm)

2

원주: 27 cm

(지름)＝(원주)÷(원주율)
＝□÷□
＝□(cm)

[3~4] 원주는 몇 cm인지 구하세요. (원주율: 3)

3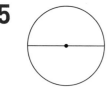

10 cm

(　　　　　　)

4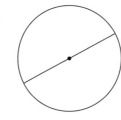

7 cm

(　　　　　　)

[5~6] 지름은 몇 cm인지 구하세요. (원주율: 3.1)

5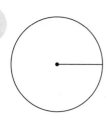

원주: 46.5 cm

(　　　　　　)

6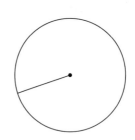

원주: 74.4 cm

(　　　　　　)

[7~8] 반지름은 몇 cm인지 구하세요. (원주율: 3.14)

7

원주: 62.8 cm

(　　　　　　)

8

원주: 87.92 cm

(　　　　　　)

기초 → 문장제

원주가 62.8 cm인 원이 있습니다.
이 원의 반지름은 몇 cm인가요? (원주율: 3.14)

식 　□÷□÷□＝□　　　　답

◉ 원의 넓이 어림하기 / 원의 넓이 구하는 방법

1 반지름이 8 cm인 원의 넓이를 어림하려고 합니다. ☐ 안에 알맞은 수를 써넣으세요.

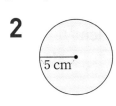

(원 안에 있는 마름모의 넓이)$=16\times\boxed{}\div2=\boxed{}$ (cm²)

(원 밖에 있는 정사각형의 넓이)$=16\times\boxed{}=\boxed{}$ (cm²)

➡ $\boxed{}$ cm²<(원의 넓이)<$\boxed{}$ cm²

[2~7] 원의 넓이는 몇 cm²인지 구하세요. (원주율: 3)

2

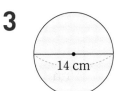
5 cm

(   )

3

14 cm

(   )

4

9 cm

(   )

5

30 cm

(   )

6

12 cm

(   )

7

26 cm

(   )

🔷 기초 → 문장제 ▸

반지름이 12 cm인 원 모양의 접시가 있습니다.
이 접시의 넓이는 몇 cm²인가요? (원주율: 3)

식 $\boxed{}\times\boxed{}\times\boxed{}=\boxed{}$ 답 _____

◉ 다양한 모양의 넓이 구하기

[1~4] 색칠한 부분의 넓이는 몇 cm²인지 구하려고 합니다. □ 안에 알맞은 수를 써넣으세요. (원주율: 3.1)

1

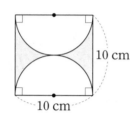

10 cm
10 cm

(정사각형의 넓이)=10×10=□ (cm²)

(반지름이 5 cm인 원의 넓이)

=5×□×3.1=□ (cm²)

➡ (색칠한 부분의 넓이)=□−□

=□ (cm²)

2

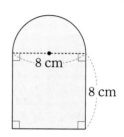

8 cm
8 cm

(정사각형의 넓이)=8×8=□ (cm²)

(반지름이 4 cm인 반원의 넓이)

=4×4×□÷2=□ (cm²)

➡ (색칠한 부분의 넓이)=□+□

=□ (cm²)

3

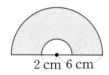

2 cm 6 cm

(반지름이 6 cm인 반원의 넓이)

=6×□×3.1÷2=□ (cm²)

(반지름이 2 cm인 반원의 넓이)

=2×□×3.1÷2=□ (cm²)

➡ (색칠한 부분의 넓이)=□−□

=□ (cm²)

4

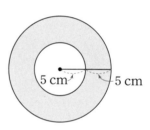

5 cm 5 cm

(반지름이 10 cm인 원의 넓이)

=10×10×□=□ (cm²)

(반지름이 5 cm인 원의 넓이)

=5×5×□=□ (cm²)

➡ (색칠한 부분의 넓이)=□−□

=□ (cm²)

[5~6] 색칠한 부분의 넓이는 몇 cm²인지 구하세요. (원주율: 3)

5

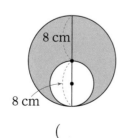

8 cm
8 cm

(   )

6

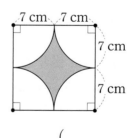

7 cm 7 cm
7 cm
7 cm

(   )

1 원에 원의 지름과 원주를 표시해 보세요.

2 (원주)÷(지름)을 반올림하여 소수 둘째 자리까지 나타내 보세요.

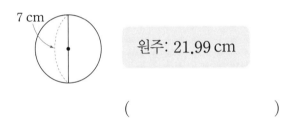

7 cm

원주: 21.99 cm

( )

3 원주는 몇 cm인지 구하세요. (원주율: 3.1)

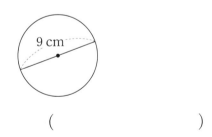

9 cm

( )

4 원주가 31 cm인 원입니다. ☐ 안에 알맞은 수를 써넣으세요. (원주율: 3.1)

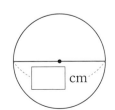

cm

5 반지름이 4 cm인 원의 넓이를 어림하려고 합니다. ☐ 안에 알맞은 수를 써넣으세요. (원주율: 3.1)

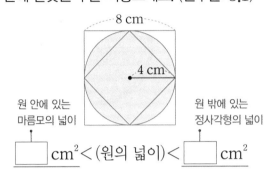

8 cm

4 cm

원 안에 있는 마름모의 넓이

원 밖에 있는 정사각형의 넓이

☐ cm² < (원의 넓이) < ☐ cm²

[6~7] 원의 넓이는 몇 cm²인지 구하세요.

6

6 cm

원주율: 3.14

( )

7

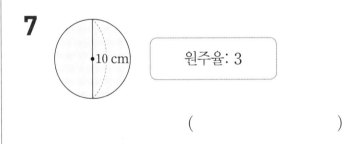

10 cm

원주율: 3

( )

8 반지름이 9 cm인 원을 한없이 잘라서 이어 붙이면 직사각형이 됩니다. ☐ 안에 알맞은 수를 써넣고, 직사각형의 넓이를 이용하여 원의 넓이는 몇 cm²인지 구하세요. (원주율: 3)

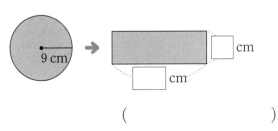

9 cm

cm

cm

( )

▶ 정답과 해설 **39**쪽

9 지름이 40 cm인 원 모양의 거울이 있습니다. 이 거울의 넓이는 몇 cm²인가요? (원주율: 3.1)

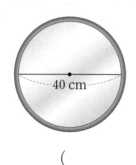

40 cm

(   )

10 500원짜리 동전을 저금통에 넣으려고 합니다. 저금통 구멍의 길이는 몇 cm 이상이어야 하는지 구하세요. (원주율: 3.14)

500원짜리 동전의 둘레: 8.321 cm

→ 저금통 구멍의 길이는 [   ] cm 이상이어야 합니다.

11 한 변의 길이가 42 cm인 정사각형 안에 그릴 수 있는 가장 큰 원의 넓이는 몇 cm²인지 구하세요. (원주율: 3)

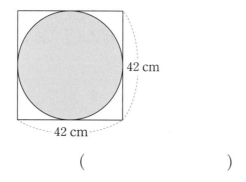

42 cm

42 cm

(   )

12 민서네 집에는 넓이가 서로 다른 원 모양의 접시가 있습니다. 넓이가 가장 큰 접시를 찾아 기호를 쓰세요. (원주율: 3.1)

ㄱ 반지름이 7 cm인 접시
ㄴ 넓이가 111.6 cm²인 접시
ㄷ 지름이 10 cm인 접시

(   )

13 반지름이 15 cm인 원 모양의 바퀴를 10바퀴 굴렸을 때 굴러간 거리는 몇 cm인가요? (원주율: 3.14)

(   )

14 색칠한 부분의 넓이는 몇 cm²인지 구하세요. (원주율: 3.14)

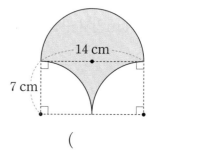

14 cm

7 cm

(   )

15 그림과 같은 잔디밭의 넓이는 몇 m²인가요? (원주율: 3.1)

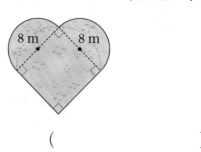

8 m   8 m

(   )

● 원기둥 알아보기

[1~2] 원기둥이면 ○표, 아니면 ✕표 하세요.

1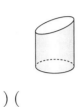

(   ) (   ) (   )

2

(   ) (   ) (   )

[3~5] 원기둥의 밑면에 모두 색칠해 보세요.

3

4

5

[6~8] 원기둥의 높이는 몇 cm인지 구하세요.

6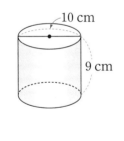

10 cm
9 cm

(   )

7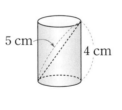

5 cm
4 cm

(   )

8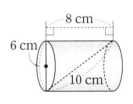

8 cm
6 cm
10 cm

(   )

[9~10] 한 변을 기준으로 직사각형 모양의 종이를 한 바퀴 돌려 원기둥을 만들었습니다. 만든 원기둥의 높이와 밑면의 지름은 각각 몇 cm인지 구하세요.

9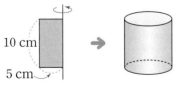

10 cm
5 cm

높이 (   )
밑면의 지름 (   )

10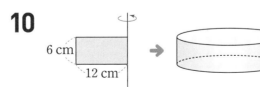

6 cm
12 cm

높이 (   )
밑면의 지름 (   )

◐ 원기둥의 전개도

[1~2] 원기둥을 만들 수 있는 전개도의 기호를 쓰세요.

1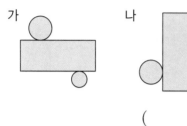

(   )

2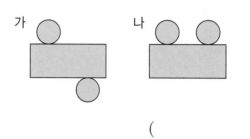

(   )

[3~4] 원기둥의 전개도를 완성해 보세요.

3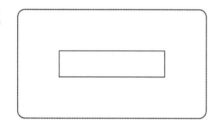

4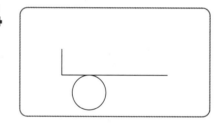

[5~6] 원기둥의 전개도를 보고 원기둥의 높이와 밑면의 둘레는 각각 몇 cm인지 구하세요.

5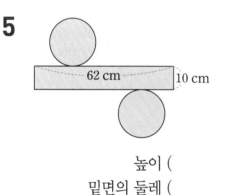

높이 (   )

밑면의 둘레 (   )

6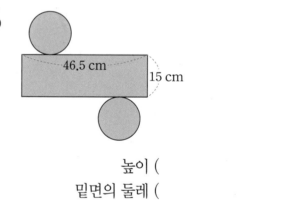

높이 (   )

밑면의 둘레 (   )

[7~8] 원기둥과 원기둥의 전개도입니다. ☐ 안에 알맞은 수를 써넣으세요. (원주율: 3.1)

7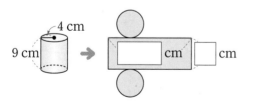

8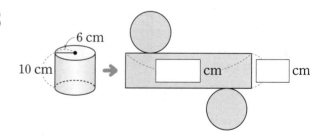

⊙ 원뿔 알아보기

[1~2] 원뿔이면 ◯표, 아니면 ✕표 하세요.

1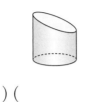

(   ) (   ) (   )

2

(   ) (   ) (   )

[3~5] 원뿔의 어느 부분의 길이를 재는 그림인지 보기 에서 찾아 쓰세요.

> **보기**
>
> 높이   밑면의 지름   모선의 길이

3

(   )

4

(   )

5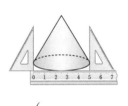

(   )

[6~7] 원뿔의 높이와 모선의 길이는 각각 몇 cm인지 구하세요.

6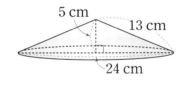

5 cm   13 cm   24 cm

높이 (   )

모선의 길이 (   )

7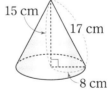

15 cm   17 cm   8 cm

높이 (   )

모선의 길이 (   )

[8~9] 한 변을 기준으로 직각삼각형 모양의 종이를 한 바퀴 돌려 원뿔을 만들었습니다. 원뿔의 높이와 밑면의 지름은 각각 몇 cm인지 구하세요.

8

6 cm   4 cm

높이 (   )

밑면의 지름 (   )

9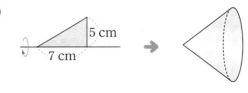

5 cm   7 cm

높이 (   )

밑면의 지름 (   )

구 알아보기

[1~2] 구이면 ○표, 아니면 ×표 하세요.

1

(   ) (   ) (   )

2

(   ) (   ) (   )

3 구의 구성 요소의 이름을 보기 에서 골라 □ 안에 써넣으세요.

보기
> 구의 중심
> 구의 반지름

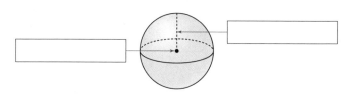

[4~6] 구의 반지름은 몇 cm인지 구하세요.

4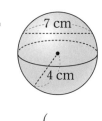

(   )

5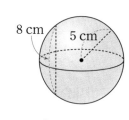

(   )

6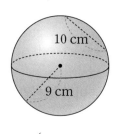

(   )

[7~9] 구의 지름은 몇 cm인지 구하세요.

7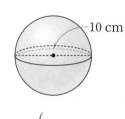

(   )

8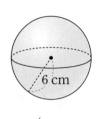

(   )

9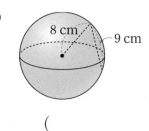

(   )

[10~11] 지름을 기준으로 반원 모양의 종이를 한 바퀴 돌려 구를 만들었습니다. □ 안에 알맞은 수를 써넣으세요.

10 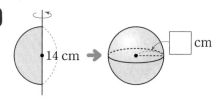 cm

11 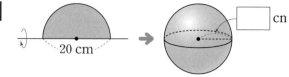 cn

6
원기둥, 원뿔, 구

1 원기둥과 원뿔을 각각 모두 찾아 기호를 쓰세요.

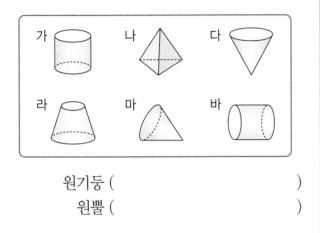

원기둥 (   )

원뿔 (   )

2 구의 반지름은 몇 cm인가요?

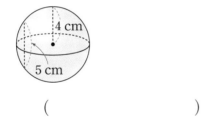

(   )

3 원기둥의 밑면의 지름과 높이는 각각 몇 cm인가요?

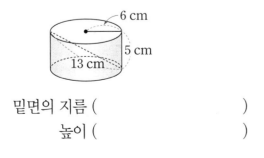

밑면의 지름 (   )

높이 (   )

4 원뿔의 각 부분의 이름을 ☐ 안에 써넣으세요.

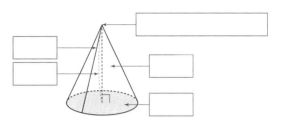

5 원기둥을 만들 수 있는 전개도를 찾아 기호를 쓰세요.

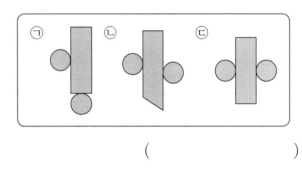

(   )

6 모양을 만드는 데 사용한 도형을 모두 찾아 ○표 하세요.

원기둥
원뿔
구

7 한 변을 기준으로 직사각형 모양의 종이를 한 바퀴 돌려 만든 입체도형의 높이는 몇 cm인가요?

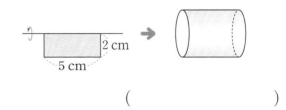

(   )

8 원뿔의 높이, 모선의 길이, 밑면의 지름은 각각 몇 cm인지 구하세요.

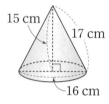

높이 (   )

모선의 길이 (   )

밑면의 지름 (   )

9 지름을 기준으로 반원 모양의 종이를 한 바퀴 돌려 만든 입체도형의 반지름은 몇 cm인가요?

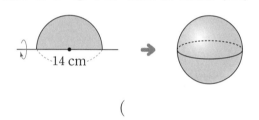

(   )

10 원뿔을 위, 앞, 옆에서 본 모양을 보기 에서 골라 그려 보세요.

입체도형	위	앞	옆

11 원기둥과 원기둥의 전개도를 보고 □ 안에 알맞은 수를 써넣으세요. (원주율: 3)

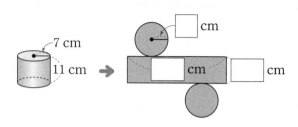

12 원기둥과 각기둥의 공통점과 차이점에 대해 바르게 말한 사람의 이름을 모두 쓰세요.

> • 서은: 원기둥과 각기둥은 모두 밑면이 2개야.
> • 예서: 원기둥의 밑면은 원이고, 각기둥의 밑면은 다각형이야.
> • 진호: 원기둥과 각기둥은 모두 꼭짓점과 모서리가 있어.

(   )

13 원기둥의 전개도에서 밑면의 반지름은 몇 cm인가요? (원주율: 3.14)

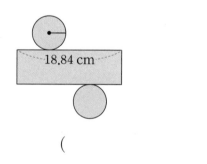

(   )

14 오른쪽 원기둥 모양의 롤러에 페인트를 묻힌 후 한 바퀴 굴렸습니다. 페인트가 칠해진 부분의 넓이는 몇 cm²인가요? (원주율: 3.1)

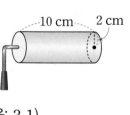

(   )

빈틈없는
수준별 학습으로
빠져나갈 구멍 없이
완전봉쇄!

사고력

서술형

독해력

이제 긴 문제도
어렵지 않아요!

기본기와 서술형을 한 번에, 확실하게
수학 자신감은 덤으로!

수학리더 시리즈 (초1~6 / 학기용)

[연산]
(*예비초~초6/총14단계)

[개념]

[기본]

[유형]

[기본 + 응용]

[응용 · 심화]

[최상위]
(*초3~6)

book.chunjae.co.kr

교재 내용 문의 .... 교재 홈페이지 ▶ 초등 ▶ 교재상담
교재 내용 외 문의 .... 교재 홈페이지 ▶ 고객센터 ▶ 1:1문의
발간 후 발견되는 오류 .... 교재 홈페이지 ▶ 초등 ▶ 학습지원 ▶ 학습자료실

수학의 자신감을 키워 주는 **초등 수학 교재**

난이도 한눈에 보기!

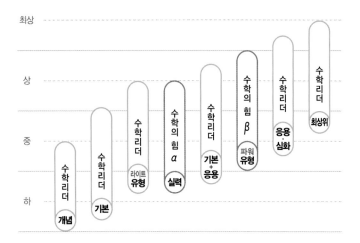

● **수학리더 연산** [계산 연습]
연산 드릴과 문장 읽고 식 세우기 연습이 필요할 때

● **수학리더 유형** [라이트 유형서]
응용·심화 단계로 가기 전
다양한 유형 문제로 실력을 탄탄히 다지고 싶을 때

● **수학리더 기본+응용** [실력서]
기본 단계를 끝낸 후
기본부터 응용까지 한 권으로 끝내고 싶을 때

● **수학리더 최상위** [고난도]
응용·심화 단계를 끝낸 후
고난도 문제로 최상위권으로 도약하고 싶을 때

차세대 리더

시험 대비교재

- **올백 전과목 단원평가**   1~6학년/학기별
  (1학기는 2~6학년)
- **HME 수학 학력평가**   1~6학년/상·하반기용
- **HME 국어 학력평가**   1~6학년

논술·한자교재

- **YES 논술**   1~6학년/총 24권
- **천재 NEW 한자능력검정시험 자격증 한번에 따기**   8~5급(총 7권)/4급~3급(총 2권)

영어교재

- **READ ME**
  - Yellow 1~3   2~4학년(총 3권)
  - Red 1~3   4~6학년(총 3권)
- **Listening Pop**   Level 1~3
- **Grammar, ZAP!**
  - 입문   1, 2단계
  - 기본   1~4단계
  - 심화   1~4단계
- **Grammar Tab**   총 2권
- **Let's Go to the English World!**
  - Conversation   1~5단계, 단계별 3권
  - Phonics   총 4권

예비중 대비교재

- **천재 신입생 시리즈**   수학/영어
- **천재 반편성 배치고사 기출 & 모의고사**

言 말씀
언

行 다닐
행

一 하나
일

致 이를
치

'언행일치'는 '말과 행동이 같아야 한다'는 뜻을 가진 단어에요.
이것은 곧 말한 대로 지키는 것이
중요하다는 걸 의미하기도 해요.
오늘부터 부모님, 선생님, 친구와의 약속과
내가 세운 공부 계획부터 꼭 지켜보는 건 어떨까요?

해당 콘텐츠는 천재교육 '똑똑한 하루 독해'를 참고하여 제작되었습니다.
모든 공부의 기초가 되는 어휘력+독해력을 키우고 싶을 땐,
똑똑한 하루 독해&어휘를 풀어보세요!

앞선 생각으로
더 큰 미래를 제시하는 기업

서책형 교과서에서 디지털 교과서,
참고서를 넘어 빅데이터와 AI학습에 이르기까지
끝없는 변화와 혁신으로
대한민국 교육을 선도해 나갑니다.

milkⓣ

닥터매쓰

geniA.

천재교육

수학리더 개념

해법챔피언

BOOK 3
6-2

리더가 되기 위한
공부 비법

1
BOOK
개념 기본서
개념 + 연산 드릴을
한 권에!

2
BOOK
보충 문제집
연산 → 문장제 학습
+ 성취도 평가

천재교육

해법전략
포인트 **3**가지

▶ 혼자서도 이해할 수 있는 친절한 문제 풀이

▶ 참고, 주의 등 자세한 풀이 제시

▶ 다른 풀이를 제시하여 다양한 방법으로 문제 풀이 가능

1 분수의 나눗셈

예제 문제 **1** (1) 3, 3 (2) 6, 6

2 (1) 7, 1 (2) 7, 7 **3** 9, 1, 9

개념 집중 연습

1 2 / 2 **2** 5 / 5

3 3, 1, 3 **4** 7, 1, 7

5 6, 1, 6 **6** 4, 1, 4

7 5 **8** 11 **9** 13

10 8 **11** 9 **12** 10

개념 집중 연습

7 $\dfrac{5}{8} \div \dfrac{1}{8} = 5 \div 1 = 5$

8 $\dfrac{11}{14} \div \dfrac{1}{14} = 11 \div 1 = 11$

9 $\dfrac{13}{15} \div \dfrac{1}{15} = 13 \div 1 = 13$

10 $\dfrac{8}{13} \div \dfrac{1}{13} = 8 \div 1 = 8$

11 $\dfrac{9}{16} \div \dfrac{1}{16} = 9 \div 1 = 9$

12 $\dfrac{10}{17} \div \dfrac{1}{17} = 10 \div 1 = 10$

예제 문제 **1** (1) 2 (2) 2

2 10, 5, 10, 2

개념 집중 연습

1 4 / 4 **2** 3 / 3

3 6, 2 / 6, 3 **4** 8, 4 / 4, 2

5 12, 4, 3 **6** 18, 3, 6

7 2 **8** 5 **9** 7

10 4 **11** 2 **12** 6

7 $\dfrac{4}{9} \div \dfrac{2}{9} = 4 \div 2 = 2$

8 $\dfrac{15}{16} \div \dfrac{3}{16} = 15 \div 3 = 5$

9 $\dfrac{21}{22} \div \dfrac{3}{22} = 21 \div 3 = 7$

10 $\dfrac{16}{17} \div \dfrac{4}{17} = 16 \div 4 = 4$

11 $\dfrac{14}{23} \div \dfrac{7}{23} = 14 \div 7 = 2$

12 $\dfrac{24}{25} \div \dfrac{4}{25} = 24 \div 4 = 6$

예제 문제 **1** 3, 1 / 3, 1

2 4, 3, 3, 3, 1, 3

개념 집중 연습

1 예 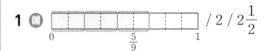 / 2 / $2\dfrac{1}{2}$

2 예 / $\dfrac{1}{3}$ / $2\dfrac{1}{3}$

3 5, 3 / 5, 5, 1, 2 **4** 7, 11 / 7, $\dfrac{7}{11}$

5 $\dfrac{10}{13} \div \dfrac{3}{13} = 10 \div 3 = \dfrac{10}{3} = 3\dfrac{1}{3}$

6 $\dfrac{3}{17} \div \dfrac{8}{17} = 3 \div 8 = \dfrac{3}{8}$

7 $1\dfrac{4}{5}\left(=\dfrac{9}{5}\right)$ **8** $3\dfrac{1}{4}\left(=\dfrac{13}{4}\right)$

9 $1\dfrac{8}{9}\left(=\dfrac{17}{9}\right)$ **10** $\dfrac{7}{17}$

11 $\dfrac{9}{10}$ **12** $\dfrac{11}{13}$

예제 문제

2 $\dfrac{4}{5} \div \dfrac{3}{5} = 4 \div 3 = \dfrac{4}{3} = 1\dfrac{1}{3}$

개념 집중 연습

7 $\dfrac{9}{14} \div \dfrac{5}{14} = 9 \div 5 = \dfrac{9}{5} = 1\dfrac{4}{5}$

8 $\dfrac{13}{15} \div \dfrac{4}{15} = 13 \div 4 = \dfrac{13}{4} = 3\dfrac{1}{4}$

9 $\dfrac{17}{22} \div \dfrac{9}{22} = 17 \div 9 = \dfrac{17}{9} = 1\dfrac{8}{9}$

10 $\dfrac{7}{18} \div \dfrac{17}{18} = 7 \div 17 = \dfrac{7}{17}$

11 $\dfrac{9}{19} \div \dfrac{10}{19} = 9 \div 10 = \dfrac{9}{10}$

12 $\dfrac{11}{20} \div \dfrac{13}{20} = 11 \div 13 = \dfrac{11}{13}$

12~13쪽 **2단계 익힘책 빠삭**

1 0 / 3   **2** 14

3 5   **4** 7도막

5 3   **6** (   ) (○)

7 <   **8** 건우

9 5, 6, 5, 6, $\dfrac{5}{6}$

10 (1) $\dfrac{8}{13} \div \dfrac{7}{13} = 8 \div 7 = \dfrac{8}{7} = 1\dfrac{1}{7}$

     (2) $\dfrac{9}{23} \div \dfrac{20}{23} = 9 \div 20 = \dfrac{9}{20}$

11 (1) $1\dfrac{2}{3}\left(=\dfrac{5}{3}\right)$

     (2) $\dfrac{4}{9}$

12 (   ) (○) (   )

13

14 ㉠

15 $\dfrac{4}{25} \div \dfrac{3}{25} = 1\dfrac{1}{3}\left(=\dfrac{4}{3}\right)$, $1\dfrac{1}{3}\left(=\dfrac{4}{3}\right)$배

---

1 $\dfrac{3}{8}$에서 $\dfrac{1}{8}$을 3번 덜어 낼 수 있으므로 $\dfrac{3}{8} \div \dfrac{1}{8}$의 몫은 3입니다.

2 $\dfrac{14}{17} \div \dfrac{1}{17} = 14 \div 1 = 14$

3 $\dfrac{1}{9} < \dfrac{5}{9}$ ➡ $\dfrac{5}{9} \div \dfrac{1}{9} = 5 \div 1 = 5$

4 (도막 수) = (전체 끈의 길이) ÷ (한 도막의 길이)

     $= \dfrac{7}{10} \div \dfrac{1}{10} = 7 \div 1 = 7$(도막)

5 $\dfrac{6}{7}$에서 $\dfrac{2}{7}$를 3번 덜어 낼 수 있습니다.

     ➡ $\dfrac{6}{7} \div \dfrac{2}{7} = 3$

6 $\dfrac{10}{11} \div \dfrac{2}{11} = 10 \div 2 = 5$

7 $\dfrac{18}{19} \div \dfrac{6}{19} = 18 \div 6 = 3$
$\dfrac{12}{13} \div \dfrac{3}{13} = 12 \div 3 = 4$ ➡ 3 < 4

8 건우: $\dfrac{16}{21} \div \dfrac{4}{21} = 16 \div 4 = 4$
은우: $\dfrac{10}{17} \div \dfrac{5}{17} = 10 \div 5 = 2$ ➡ 4 > 2

11 (1) $\dfrac{5}{6} \div \dfrac{3}{6} = 5 \div 3 = \dfrac{5}{3} = 1\dfrac{2}{3}$

     (2) $\dfrac{4}{11} \div \dfrac{9}{11} = 4 \div 9 = \dfrac{4}{9}$

12 $\dfrac{23}{26} \div \dfrac{5}{26} = 23 \div 5 = \dfrac{23}{5} = 4\dfrac{3}{5}$

13 $\dfrac{2}{7} \div \dfrac{5}{7} = 2 \div 5 = \dfrac{2}{5}$, $\dfrac{7}{9} \div \dfrac{8}{9} = 7 \div 8 = \dfrac{7}{8}$,

     $\dfrac{11}{16} \div \dfrac{3}{16} = 11 \div 3 = \dfrac{11}{3} = 3\dfrac{2}{3}$

14 ㉠ $\dfrac{14}{17} \div \dfrac{3}{17} = 14 \div 3 = \dfrac{14}{3} = 4\dfrac{2}{3}$

     ㉡ $\dfrac{15}{19} \div \dfrac{2}{19} = 15 \div 2 = \dfrac{15}{2} = 7\dfrac{1}{2}$

     ➡ $4\dfrac{2}{3} < 7\dfrac{1}{2}$이므로 몫이 더 작은 것은 ㉠입니다.

15 (밀가루 양) ÷ (설탕 양)

     $= \dfrac{4}{25} \div \dfrac{3}{25} = 4 \div 3 = \dfrac{4}{3} = 1\dfrac{1}{3}$(배)

14~15쪽　1단계　개념 빠삭

예제 문제　**1** (1) 4　(2) 4, 4

2 (1) 9　(2) 9, $\dfrac{9}{16}$

개념 집중 연습

1 3　　　　　　　　　**2** 8

3 예 $\dfrac{3}{5}\div\dfrac{2}{15}=\dfrac{9}{15}\div\dfrac{2}{15}=9\div2=\dfrac{9}{2}=4\dfrac{1}{2}$

4 예 $\dfrac{1}{6}\div\dfrac{5}{12}=\dfrac{2}{12}\div\dfrac{5}{12}=2\div5=\dfrac{2}{5}$

5 예 $\dfrac{7}{10}\div\dfrac{4}{5}=\dfrac{7}{10}\div\dfrac{8}{10}=7\div8=\dfrac{7}{8}$

6 예 $\dfrac{8}{9}\div\dfrac{5}{6}=\dfrac{16}{18}\div\dfrac{15}{18}=16\div15=\dfrac{16}{15}=1\dfrac{1}{15}$

7 3　　　　　　　　　**8** 4

9 4　　　　　　　　　**10** $1\dfrac{3}{10}\left(=\dfrac{13}{10}\right)$

11 $\dfrac{32}{39}$　　　　　　　**12** $1\dfrac{17}{18}\left(=\dfrac{35}{18}\right)$

예제 문제

2 분모를 36으로 같게 통분한 다음 분자끼리 나누어 계산합니다.

개념 집중 연습

1 $\dfrac{1}{3}$에서 $\dfrac{1}{9}$을 3번 덜어 낼 수 있습니다.

2 $\dfrac{4}{5}$에서 $\dfrac{1}{10}$을 8번 덜어 낼 수 있습니다.

7 $\dfrac{5}{6}\div\dfrac{5}{18}=\dfrac{15}{18}\div\dfrac{5}{18}=15\div5=3$

8 $\dfrac{10}{11}\div\dfrac{5}{22}=\dfrac{20}{22}\div\dfrac{5}{22}=20\div5=4$

9 $\dfrac{6}{7}\div\dfrac{3}{14}=\dfrac{12}{14}\div\dfrac{3}{14}=12\div3=4$

10 $\dfrac{13}{15}\div\dfrac{2}{3}=\dfrac{13}{15}\div\dfrac{10}{15}=13\div10=\dfrac{13}{10}=1\dfrac{3}{10}$

11 $\dfrac{8}{13}\div\dfrac{3}{4}=\dfrac{32}{52}\div\dfrac{39}{52}=32\div39=\dfrac{32}{39}$

12 $\dfrac{7}{8}\div\dfrac{9}{20}=\dfrac{35}{40}\div\dfrac{18}{40}=35\div18=\dfrac{35}{18}=1\dfrac{17}{18}$

16~17쪽　1단계　개념 빠삭

예제 문제　**1** 6, 6　　**2** (1) 2, 28　(2) 5, 15

개념 집중 연습

1 24, 24 / 24, 24　　**2** 6, 6, 24 / 6, 24

3 (1) 2 / 4, 2　(2) 2, 10 / 2, 10

4 56　　　　**5** 22　　　　**6** 12

7 18　　　　**8** 55　　　　**9** 42

예제 문제

2 $\bullet\div\dfrac{\blacktriangle}{\blacksquare}=(\bullet\div\blacktriangle)\times\blacksquare$

개념 집중 연습

4 $7\div\dfrac{1}{8}=7\times8=56$

5 $11\div\dfrac{1}{2}=11\times2=22$

6 $10\div\dfrac{5}{6}=(10\div5)\times6=12$

7 $14\div\dfrac{7}{9}=(14\div7)\times9=18$

8 $20\div\dfrac{4}{11}=(20\div4)\times11=55$

9 $36\div\dfrac{6}{7}=(36\div6)\times7=42$

18~19쪽　2단계　익힘책 빠삭

1 9　　　　　　**2** (1) 4　(2) $2\dfrac{2}{5}\left(=\dfrac{12}{5}\right)$

3 $\dfrac{20}{21}$

4 예 $\dfrac{13}{20}\div\dfrac{3}{5}=\dfrac{13}{20}\div\dfrac{12}{20}=13\div12=\dfrac{13}{12}=1\dfrac{1}{12}$

5 　　　　**6** ㉡

7 $\dfrac{8}{9}\div\dfrac{7}{10}=1\dfrac{17}{63}\left(=\dfrac{80}{63}\right)$, $1\dfrac{17}{63}\left(=\dfrac{80}{63}\right)$ m

8 50　　　　　　**9** (　) (○)

10 36, 5　　　　**11** 12, 84

12 <　　　　　　**13** ㉡, 64

14 15　　　　　　**15** 20개

3

2 (1) $\dfrac{3}{4} \div \dfrac{3}{16} = \dfrac{12}{16} \div \dfrac{3}{16} = 12 \div 3 = 4$

(2) $\dfrac{6}{13} \div \dfrac{5}{26} = \dfrac{12}{26} \div \dfrac{5}{26} = 12 \div 5 = \dfrac{12}{5} = 2\dfrac{2}{5}$

3 $\dfrac{5}{7} \div \dfrac{3}{4} = \dfrac{20}{28} \div \dfrac{21}{28} = 20 \div 21 = \dfrac{20}{21}$

5 · $\dfrac{9}{11} \div \dfrac{9}{22} = \dfrac{18}{22} \div \dfrac{9}{22} = 18 \div 9 = 2$

· $\dfrac{3}{10} \div \dfrac{11}{15} = \dfrac{9}{30} \div \dfrac{22}{30} = 9 \div 22 = \dfrac{9}{22}$

6 ㉠ $\dfrac{17}{18} \div \dfrac{1}{3} = \dfrac{17}{18} \div \dfrac{6}{18} = 17 \div 6 = \dfrac{17}{6} = 2\dfrac{5}{6}$

㉡ $\dfrac{4}{9} \div \dfrac{2}{27} = \dfrac{12}{27} \div \dfrac{2}{27} = 12 \div 2 = 6$

7 (가로)=(직사각형의 넓이)÷(세로)

$= \dfrac{8}{9} \div \dfrac{7}{10} = \dfrac{80}{90} \div \dfrac{63}{90} = \dfrac{80}{63} = 1\dfrac{17}{63}$ (m)

8 자연수: 10, 분수: $\dfrac{1}{5}$ ➡ $10 \div \dfrac{1}{5} = 10 \times 5 = 50$

10 $36 \div \underset{㉠}{\underline{\dfrac{3}{5}}} = (36 \div 3) \times \underset{㉡}{\underline{5}}$

11 $4 \div \dfrac{1}{3} = 4 \times 3 = 12$, $12 \div \dfrac{1}{7} = 12 \times 7 = 84$

12 $21 \div \dfrac{7}{9} = (21 \div 7) \times 9 = 27$

$24 \div \dfrac{8}{11} = (24 \div 8) \times 11 = 33$ ⎫➡ $27 < 33$

13 ㉠ $20 \div \dfrac{5}{13} = (20 \div 5) \times 13 = 52$

㉡ $16 \div \dfrac{1}{4} = 16 \times 4 = 64$

14 $12 \div \dfrac{3}{4} = (12 \div 3) \times 4 = 16$이므로 $12 \div \dfrac{3}{4} > \square$는

$16 > \square$와 같습니다.

➡ $\square$는 16보다 작아야 하므로 $\square$ 안에 들어갈 수 있는 자연수는 1, 2, ..., 14, 15이고 이 중 가장 큰 자연수는 15입니다.

15 (접시의 수)

=(전체 체리의 양)÷(접시 한 개에 담은 체리의 양)

$= 2 \div \dfrac{1}{10} = 2 \times 10 = 20$(개)

20~21쪽 1 단계 **개념** 빠삭

예제 문제

1 (위에서부터) 1 / 2 / 2, 2, 1 / 5, 15, 2, 1

개념 집중 연습

1 $\dfrac{2}{7} \div \dfrac{8}{9} = \dfrac{2}{7} \times \dfrac{9}{8}$ **2** $\dfrac{3}{14} \div \dfrac{5}{6} = \dfrac{3}{14} \times \dfrac{6}{5}$

3 $\dfrac{5}{3}$, $\dfrac{5}{6}$ **4** $\dfrac{8}{5}$, $\dfrac{48}{35}$, $1\dfrac{13}{35}$

5 $\dfrac{11}{3}$, $\dfrac{22}{27}$ **6** $\dfrac{13}{4}$, $\dfrac{39}{64}$

7 $\dfrac{1}{18} \div \dfrac{4}{9} = \dfrac{1}{\underset{2}{18}} \times \dfrac{\overset{1}{9}}{4} = \dfrac{1}{8}$

8 $\dfrac{4}{7} \div \dfrac{20}{23} = \dfrac{4}{7} \times \dfrac{23}{\underset{5}{20}}^{1} = \dfrac{23}{35}$

9 $\dfrac{8}{9}$ **10** $1\dfrac{1}{80}\left(= \dfrac{81}{80}\right)$

11 $1\dfrac{5}{9}\left(= \dfrac{14}{9}\right)$ **12** $\dfrac{6}{11}$

개념 집중 연습

12 $\dfrac{2}{5} \div \dfrac{11}{15} = \dfrac{2}{\underset{1}{5}} \times \dfrac{\overset{3}{15}}{11} = \dfrac{6}{11}$

22~23쪽 1 단계 **개념** 빠삭

예제 문제

1 56, 56, 56, 11

2 7, 77, 5 **3** (1) 5 (2) 5, 5, 3, 15, 3

개념 집중 연습

1 25, 25, 25, 25 **2** 16, 32, 32, 32, 2

3 3, $\dfrac{27}{14}$, $\dfrac{13}{14}$ **4** 19, 19, 4, 95, 11

5 $4\dfrac{1}{6} \div \dfrac{5}{7} = \dfrac{25}{6} \div \dfrac{5}{7} = \dfrac{\overset{5}{25}}{6} \times \dfrac{7}{\underset{1}{5}} = \dfrac{35}{6} = 5\dfrac{5}{6}$

6 $7\dfrac{1}{2} \div \dfrac{3}{5} = \dfrac{15}{2} \div \dfrac{3}{5} = \dfrac{\overset{5}{15}}{2} \times \dfrac{5}{\underset{1}{3}} = \dfrac{25}{2} = 12\dfrac{1}{2}$

7 $1\dfrac{25}{27}\left(= \dfrac{52}{27}\right)$ **8** $12\dfrac{2}{3}\left(= \dfrac{38}{3}\right)$

9 $9\dfrac{9}{10}\left(= \dfrac{99}{10}\right)$ **10** $3\dfrac{3}{8}\left(= \dfrac{27}{8}\right)$

개념 집중 연습

7 $\dfrac{13}{9} \div \dfrac{3}{4} = \dfrac{13}{9} \times \dfrac{4}{3} = \dfrac{52}{27} = 1\dfrac{25}{27}$

8 $\dfrac{16}{3} \div \dfrac{8}{19} = \dfrac{16}{3} \times \dfrac{19}{8} = \dfrac{38}{3} = 12\dfrac{2}{3}$

9 $1\dfrac{4}{5} \div \dfrac{2}{11} = \dfrac{9}{5} \div \dfrac{2}{11} = \dfrac{9}{5} \times \dfrac{11}{2} = \dfrac{99}{10} = 9\dfrac{9}{10}$

10 $3\dfrac{3}{4} \div 1\dfrac{1}{9} = \dfrac{15}{4} \div \dfrac{10}{9} = \dfrac{15}{4} \times \dfrac{9}{10} = \dfrac{27}{8} = 3\dfrac{3}{8}$

24~25쪽 2단계 익힘책 빠삭

1 $\dfrac{11}{4}$

2 $\dfrac{19}{36} \div \dfrac{11}{12} = \dfrac{19}{36} \times \dfrac{12}{11} = \dfrac{19}{33}$

3 (1) $\dfrac{4}{21} \div \dfrac{3}{13} = \dfrac{4}{21} \times \dfrac{13}{3} = \dfrac{52}{63}$

(2) $\dfrac{7}{10} \div \dfrac{2}{9} = \dfrac{7}{10} \times \dfrac{9}{2} = \dfrac{63}{20} = 3\dfrac{3}{20}$

4 $\dfrac{77}{80}$ **5** ㉠

6 (○) (   ) (   )

7 $\dfrac{29}{30} \div \dfrac{13}{15} = 1\dfrac{3}{26}\left(=\dfrac{29}{26}\right)$, $1\dfrac{3}{26}\left(=\dfrac{29}{26}\right)$ kg

8 예 $\dfrac{11}{8} \div \dfrac{3}{5} = \dfrac{55}{40} \div \dfrac{24}{40} = 55 \div 24 = \dfrac{55}{24} = 2\dfrac{7}{24}$

9 $2\dfrac{29}{45}\left(=\dfrac{119}{45}\right)$ **10** $6\dfrac{7}{8}\left(=\dfrac{55}{8}\right)$

11 예 $1\dfrac{2}{9} \div \dfrac{5}{8} = \dfrac{11}{9} \div \dfrac{5}{8} = \dfrac{11}{9} \times \dfrac{8}{5} = \dfrac{88}{45} = 1\dfrac{43}{45}$

12 방법 1 예 통분하여 계산하기

$4\dfrac{1}{8} \div \dfrac{2}{3} = \dfrac{33}{8} \div \dfrac{2}{3} = \dfrac{99}{24} \div \dfrac{16}{24}$

$= 99 \div 16 = \dfrac{99}{16} = 6\dfrac{3}{16}$

방법 2 예 곱셈으로 나타내 계산하기

$4\dfrac{1}{8} \div \dfrac{2}{3} = \dfrac{33}{8} \div \dfrac{2}{3} = \dfrac{33}{8} \times \dfrac{3}{2} = \dfrac{99}{16} = 6\dfrac{3}{16}$

13 <   **14** $\dfrac{54}{55}$ **15** 8개

---

4 $\dfrac{11}{16} \div \dfrac{5}{7} = \dfrac{11}{16} \times \dfrac{7}{5} = \dfrac{77}{80}$

5 ㉠ $\dfrac{2}{3} \div \dfrac{9}{11} = \dfrac{2}{3} \times \dfrac{11}{9} = \dfrac{22}{27}$ ⎤
㉡ $\dfrac{5}{9} \div \dfrac{3}{4} = \dfrac{5}{9} \times \dfrac{4}{3} = \dfrac{20}{27}$ ⎦ ➡ $\dfrac{22}{27} > \dfrac{20}{27}$

6 • $\dfrac{4}{7} \div \dfrac{2}{3} = \dfrac{4}{7} \times \dfrac{3}{2} = \dfrac{6}{7}$

• $\dfrac{3}{8} \div \dfrac{2}{5} = \dfrac{3}{8} \times \dfrac{5}{2} = \dfrac{15}{16}$

• $\dfrac{5}{6} \div \dfrac{8}{9} = \dfrac{5}{6} \times \dfrac{9}{8} = \dfrac{15}{16}$

7 (배수관 1 m의 무게)
   =(배수관의 무게)÷(배수관의 길이)

$= \dfrac{29}{30} \div \dfrac{13}{15} = \dfrac{29}{30} \times \dfrac{15}{13} = \dfrac{29}{26} = 1\dfrac{3}{26}$ (kg)

8 통분하기 ➡ $\dfrac{11}{8} = \dfrac{11 \times 5}{8 \times 5} = \dfrac{55}{40}$, $\dfrac{3}{5} = \dfrac{3 \times 8}{5 \times 8} = \dfrac{24}{40}$

9 진분수: $\dfrac{3}{7}$, 가분수: $\dfrac{17}{15}$

➡ $\dfrac{17}{15} \div \dfrac{3}{7} = \dfrac{17}{15} \times \dfrac{7}{3} = \dfrac{119}{45} = 2\dfrac{29}{45}$

10 $2\dfrac{3}{4} > 2 > \dfrac{2}{5}$

➡ $2\dfrac{3}{4} \div \dfrac{2}{5} = \dfrac{11}{4} \div \dfrac{2}{5} = \dfrac{11}{4} \times \dfrac{5}{2} = \dfrac{55}{8} = 6\dfrac{7}{8}$

13 $\dfrac{17}{4} \div \dfrac{2}{3} = \dfrac{17}{4} \times \dfrac{3}{2} = \dfrac{51}{8} = 6\dfrac{3}{8}$ ⎤

$\dfrac{13}{2} \div \dfrac{5}{8} = \dfrac{13}{2} \times \dfrac{8}{5} = \dfrac{52}{5} = 10\dfrac{2}{5}$ ⎦ ➡ $6\dfrac{3}{8} < 10\dfrac{2}{5}$

14 $\square \times 1\dfrac{5}{6} = 1\dfrac{4}{5}$

➡ $\square = 1\dfrac{4}{5} \div 1\dfrac{5}{6} = \dfrac{9}{5} \div \dfrac{11}{6} = \dfrac{9}{5} \times \dfrac{6}{11} = \dfrac{54}{55}$

15 (만들 수 있는 빵의 수)
   =(전체 우유의 양)÷(빵 한 개를 만드는 데 필요한
    우유의 양)

$= 3\dfrac{3}{5} \div \dfrac{9}{20} = \dfrac{18}{5} \div \dfrac{9}{20} = \dfrac{18}{5} \times \dfrac{20}{9} = 8$(개)

TEST 1단원 평가 26~28쪽

1 5

2 3, 15 / 3, 15

3 $\dfrac{10}{7} \times \dfrac{15}{11}$

4 (1) 14, 2, 7 (2) 13, $\dfrac{12}{13}$

5 (위에서부터) $\dfrac{20}{33}$, $\dfrac{36}{55}$

6 ( ) (×)
( ) (×)

7 $2\dfrac{1}{22}\left(=\dfrac{45}{22}\right)$ **8** <

9 16, 52

10 예 $\dfrac{4}{5} \div \dfrac{3}{8} = \dfrac{32}{40} \div \dfrac{15}{40} = 32 \div 15 = \dfrac{32}{15} = 2\dfrac{2}{15}$

11 민재 **12**

13 예 $3\dfrac{1}{8} \div \dfrac{2}{3} = \dfrac{25}{8} \div \dfrac{2}{3} = \dfrac{25}{8} \times \dfrac{3}{2} = \dfrac{75}{16} = 4\dfrac{11}{16}$

14 3배

15 방법 1 예 통분하여 계산하기

$1\dfrac{4}{9} \div 1\dfrac{3}{4} = \dfrac{13}{9} \div \dfrac{7}{4} = \dfrac{52}{36} \div \dfrac{63}{36}$

$= 52 \div 63 = \dfrac{52}{63}$

방법 2 예 곱셈으로 나타내 계산하기

$1\dfrac{4}{9} \div 1\dfrac{3}{4} = \dfrac{13}{9} \div \dfrac{7}{4} = \dfrac{13}{9} \times \dfrac{4}{7} = \dfrac{52}{63}$

16 $3\dfrac{3}{4}\left(=\dfrac{15}{4}\right)$ m **17** $1\dfrac{13}{35}\left(=\dfrac{48}{35}\right)$ km

18 ㉢, ㉠, ㉡ **19** 1, 2, 3, 4

20 5

6 $15 \div \dfrac{3}{5} = (15 \div 3) \times 5 = 25$

7 $\dfrac{15}{11} \div \dfrac{2}{3} = \dfrac{15}{11} \times \dfrac{3}{2} = \dfrac{45}{22} = 2\dfrac{1}{22}$

8 $\dfrac{11}{16} \div \dfrac{1}{16} = 11 \div 1 = 11$
$\dfrac{12}{13} \div \dfrac{1}{13} = 12 \div 1 = 12$ ⟫ 11 < 12

9 $2 \div \dfrac{1}{8} = 2 \times 8 = 16$, $16 \div \dfrac{4}{13} = (16 \div 4) \times 13 = 52$

11 지안: $\dfrac{4}{5} \div \dfrac{7}{10} = \dfrac{4}{5} \times \dfrac{10}{7} = \dfrac{8}{7} = 1\dfrac{1}{7}$

12 • $\dfrac{11}{15} \div \dfrac{3}{5} = \dfrac{11}{15} \div \dfrac{9}{15} = 11 \div 9 = \dfrac{11}{9} = 1\dfrac{2}{9}$

• $\dfrac{7}{10} \div \dfrac{8}{15} = \dfrac{21}{30} \div \dfrac{16}{30} = 21 \div 16 = \dfrac{21}{16} = 1\dfrac{5}{16}$

13 대분수를 가분수로 바꾼 다음 분수의 곱셈으로 나타내 계산합니다.

14 (준희가 마신 레몬 아이스티의 양)÷(채연이가 마신 레몬 아이스티의 양)

$= \dfrac{21}{25} \div \dfrac{7}{25} = 21 \div 7 = 3(배)$

15 참고

(대분수)÷(분수)의 계산 방법
• 대분수를 가분수로 바꾼 다음 통분하여 분자끼리 나누기
• 대분수를 가분수로 바꾼 다음 분수의 곱셈으로 구하기

16 (밑변의 길이)=(평행사변형의 넓이)÷(높이)

$= 3 \div \dfrac{4}{5} = 3 \times \dfrac{5}{4} = \dfrac{15}{4} = 3\dfrac{3}{4}$ (m)

17 (1시간 동안 걸을 수 있는 거리)
=(걸은 거리)÷(걸은 시간)

$= \dfrac{8}{7} \div \dfrac{5}{6} = \dfrac{8}{7} \times \dfrac{6}{5} = \dfrac{48}{35} = 1\dfrac{13}{35}$ (km)

18 ㉠ $\dfrac{20}{23} \div \dfrac{3}{23} = 20 \div 3 = \dfrac{20}{3} = 6\dfrac{2}{3}$

㉡ $\dfrac{7}{9} \div \dfrac{7}{45} = \dfrac{7}{9} \times \dfrac{45}{7} = 5$

㉢ $12 \div \dfrac{4}{9} = (12 \div 4) \times 9 = 27$

➡ ㉢ $27 >$ ㉠ $6\dfrac{2}{3} >$ ㉡ 5

19 $\dfrac{9}{2} \div \dfrac{7}{13} = \dfrac{9}{2} \times \dfrac{13}{7} = \dfrac{117}{14} = 8\dfrac{5}{14}$이므로

$8\dfrac{\square}{14} < \dfrac{9}{2} \div \dfrac{7}{13}$은 $8\dfrac{\square}{14} < 8\dfrac{5}{14}$와 같습니다.

➡ □는 5보다 작아야 하므로 □ 안에 들어갈 수 있는 자연수는 1, 2, 3, 4입니다.

20 어떤 수를 □라 하면 $\square \times 1\dfrac{7}{8} = 9\dfrac{3}{8}$입니다.

➡ $\square = 9\dfrac{3}{8} \div 1\dfrac{7}{8} = \dfrac{75}{8} \div \dfrac{15}{8} = 75 \div 15 = 5$

❷ 소수의 나눗셈

32~33쪽 단계 1 개념 빠삭

예제 문제 **1** 5, 5 **2** 48, 4, 12, 12

개념 집중 연습

1 [막대 그림] / 3
0 1 1.5

2 [막대 그림] / 6
0 1 1.8

3 (위에서부터) 10, 84 / 84, 21
4 (위에서부터) 10, 6 / 6, 41
5 (위에서부터) 100, 156 / 156, 52
6 (위에서부터) 100, 5 / 5, 115
7 94 **8** 213
9 61 **10** 116

예제 문제

1 1.5에서 0.3씩 5번 덜어 낼 수 있습니다.
1.5를 0.3씩 묶으면 5묶음입니다.
➡ $1.5 \div 0.3 = 5$

개념 집중 연습

1 1.5를 0.5씩 표시하면 3등분으로 나누어집니다.
➡ $1.5 \div 0.5 = 3$

2 1.8을 0.3씩 표시하면 6등분으로 나누어집니다.
➡ $1.8 \div 0.3 = 6$

34~35쪽 단계 1 개념 빠삭

예제 문제 **1** (1) 16, 16, 8 (2) 9, 9, 5

2 (1) 4 (2) 32

개념 집중 연습

1 4, 24, 4, 6 **2** 84, 84, 12, 7
3 (위에서부터) 10, 9, 9, 10
4 (위에서부터) 10, 31, 31, 10
5 7, 49 **6** 52, 10, 4, 4
7 36, 12, 24, 24 **8** 15
9 71 **10** 24
11 6 **12** 43

예제 문제

1 분모가 같은 분수의 나눗셈은 분자끼리의 나눗셈으로 계산합니다.

개념 집중 연습

3 나누어지는 수와 나누는 수에 똑같이 10배 하면 나눗셈의 몫은 같습니다.

11 $4.8 \div 0.8 = \dfrac{48}{10} \div \dfrac{8}{10} = 48 \div 8 = 6$

12 $12.9 \div 0.3 = \dfrac{129}{10} \div \dfrac{3}{10} = 129 \div 3 = 43$

36~37쪽 단계 1 개념 빠삭

예제 문제 **1** 195, 195, 13 **2** 6, 144

개념 집중 연습

1 32, 288, 32, 9 **2** 323, 323, 17, 19
3 (위에서부터) 100, 8, 8, 100
4 (위에서부터) 100, 4, 4, 100
5 34, 21, 28, 28 **6** 48, 148, 296, 296
7 57, 125, 175, 175 **8** 5
9 17 **10** 13
11 7 **12** 12

예제 문제

1 분모가 같은 분수의 나눗셈은 분자끼리의 나눗셈으로 계산합니다.

2 나누어지는 수와 나누는 수의 소수점을 각각 오른쪽으로 두 자리씩 옮겨서 계산합니다.

개념 집중 연습

3~4 나누어지는 수와 나누는 수에 똑같이 100배 하면 나눗셈의 몫은 같습니다.

8~10 나누어지는 수와 나누는 수가 모두 소수 두 자리 수일 때에는 소수점을 각각 오른쪽으로 두 자리씩 옮겨서 계산합니다.

11 $2.17 \div 0.31 = \dfrac{217}{100} \div \dfrac{31}{100} = 217 \div 31 = 7$

12 $3.24 \div 0.27 = \dfrac{324}{100} \div \dfrac{27}{100} = 324 \div 27 = 12$

1

/ 7

2 13, 13 **3** 소윤

4 22

5 (위에서부터) 3, 32, 3, 10

6 $15.2 \div 3.8 = \dfrac{152}{10} \div \dfrac{38}{10} = 152 \div 38 = 4$

7
$$\begin{array}{r} 1\,5 \\ 0.7\,\overline{)\,1\,0.5} \\ 7 \\ \hline 3\,5 \\ 3\,5 \\ \hline 0 \end{array}$$

8 8명

9 29, 135

10 (1) 23 (2) 7

11 42

12 11

13 예 $2.45 \div 0.35 = \dfrac{245}{100} \div \dfrac{35}{100} = 245 \div 35 = 7$ / 7

14 예
$$\begin{array}{r} 7 \\ 0.3\,5\,\overline{)\,2.4\,5} \\ 2\,4\,5 \\ \hline 0 \end{array}$$ / 7

15 ( )(○)

16 $8.25 \div 1.65 = 5$, 5배

---

1 1.4를 0.2씩 표시하면 7등분으로 나누어집니다.
→ $1.4 \div 0.2 = 7$

2 나누어지는 수와 나누는 수에 똑같이 10배 또는 100배를 해도 나눗셈의 몫은 같습니다.

10배
→ $5.2 \div 0.4 = 52 \div 4 = 13$
10배

100배
→ $0.52 \div 0.04 = 52 \div 4 = 13$
100배

3
10배
건우: $7.5 \div 0.3 = 75 \div 3 = 25$
10배

4 $132 \div 6 = 22$이므로 $13.2 \div 0.6 = 22$입니다.

6 소수 한 자리 수를 분모가 10인 분수로 바꾸어 분수의 나눗셈으로 계산합니다.

7 몫의 소수점은 옮긴 소수점의 위치에 맞추어 찍어야 합니다.

8 (전체 식혜의 양)÷(한 사람이 마시는 식혜의 양)
$= 3.2 \div 0.4 = 8$(명)

11 $7.14 > 0.17$이므로 7.14를 0.17로 나눕니다.
→ $7.14 \div 0.17 = 42$

12 $6.16 > 1.54 > 0.56$이므로 가장 큰 수는 6.16이고 가장 작은 수는 0.56입니다.
→ $6.16 \div 0.56 = 11$

15 $\left.\begin{array}{l} 5.67 \div 0.27 = 21 \\ 4.94 \div 0.19 = 26 \end{array}\right\}$ → $21 < 26$

16 (사과의 무게)÷(딸기의 무게)
$= 8.25 \div 1.65 = 5$(배)

예제 문제 **1** 2.3, 2.3 **2** 2.3, 2.3

개념 집중 연습

1 130, 130, 4.5 **2** 62.5, 62.5, 2.5

3 2.8, 90, 2.8 / 2.8, 720, 720

4 2.8, 9, 2.8 / 2.8, 72, 72

5 1.3 **6** 4.9

7 2.7 **8** 9.4

9 1.7 **10** 2.6

11 5.1

예제 문제

1 $368 \div 160$의 몫은 2.3이고 368은 3.68의 100배, 160은 1.6의 100배입니다. 따라서 $3.68 \div 1.6$의 몫은 3.68과 1.6에 똑같이 100배를 한 $368 \div 160$의 몫과 같은 2.3입니다.

2 $36.8 \div 16$의 몫은 2.3이고 36.8은 3.68의 10배, 16은 1.6의 10배입니다. 따라서 $3.68 \div 1.6$의 몫은 3.68과 1.6에 똑같이 10배를 한 $36.8 \div 16$의 몫과 같은 2.3입니다.

개념 집중 연습

3 나누어지는 수와 나누는 수에 똑같이 100배 하므로 소수점을 각각 오른쪽으로 두 자리씩 옮겨서 계산합니다.

4 나누어지는 수와 나누는 수에 똑같이 10배 하므로 소수점을 각각 오른쪽으로 한 자리씩 옮겨서 계산합니다.

8 $7.52 \div 0.8 = \dfrac{752}{100} \div \dfrac{80}{100} = 752 \div 80 = 9.4$

9 $3.57 \div 2.1 = \dfrac{357}{100} \div \dfrac{210}{100} = 357 \div 210 = 1.7$

10 $3.64 \div 1.4 = \dfrac{36.4}{10} \div \dfrac{14}{10} = 36.4 \div 14 = 2.6$

11 $8.16 \div 1.6 = \dfrac{81.6}{10} \div \dfrac{16}{10} = 81.6 \div 16 = 5.1$

42~43쪽 1단계 개념 빠삭

예제 문제 **1** 270, 15, 15, 18 **2** 64, 100, 100

개념 집중 연습

1 6, 120, 6, 20 **2** 900, 900, 36, 25
3 (위에서부터) 10, 8, 8, 10
4 (위에서부터) 100, 32, 32, 100
5 8 **6** 12
7 25 **8** 5
9 30 **10** 125
11 24

예제 문제

1 나누는 수가 소수 한 자리 수이므로 분모가 10인 분수로 바꾸어 분자끼리의 나눗셈으로 계산합니다.

$$\Rightarrow 27 \div 1.5 = \frac{270}{10} \div \frac{15}{10} = 270 \div 15 = 18$$

2 나누어지는 수와 나누는 수의 소수점을 오른쪽으로 두 자리씩 옮겨서 계산합니다.

개념 집중 연습

1 나누는 수가 소수 한 자리 수이므로 12와 0.6을 각각 분모가 10인 분수로 바꾸어 계산합니다.

2 나누는 수가 소수 두 자리 수이므로 9와 0.36을 각각 분모가 100인 분수로 바꾸어 계산합니다.

참고
자연수 ■를 분모가 10 또는 100인 분수로 바꾸면
$$■ = \frac{■0}{10} = \frac{■00}{100}$$입니다.

3 나누어지는 수와 나누는 수를 똑같이 10배 해도 몫은 변하지 않습니다.

4 나누어지는 수와 나누는 수를 똑같이 100배 해도 몫은 변하지 않습니다.

8 $32 \div 6.4 = \frac{320}{10} \div \frac{64}{10} = 320 \div 64 = 5$

9 $42 \div 1.4 = \frac{420}{10} \div \frac{14}{10} = 420 \div 14 = 30$

10 $10 \div 0.08 = \frac{1000}{100} \div \frac{8}{100} = 1000 \div 8 = 125$

11 $78 \div 3.25 = \frac{7800}{100} \div \frac{325}{100} = 7800 \div 325 = 24$

44~45쪽 2단계 익힘책 빠삭

1 ( )(○) **2** 230, 2.4

3 (1)
```
      4.2
3.4.0) 1 4.2.8
       1 3 6 0
         6 8 0
         6 8 0
             0
```
(2)
```
     1.7
3.1) 5.2.7
     3 1
     2 1 7
     2 1 7
         0
```

4 2.2 **5** ㉢

6 >

7
```
      5.6
0.8) 4.4.8
     4 0
       4 8
       4 8
        0
```
/ **예** 소수점을 옮겨서 계산하는 경우에 몫의 소수점은 옮긴 소수점의 위치에 맞추어 찍어야 합니다.

8 (위에서부터) 100, 12, 12, 100

9 $72 \div 4.5 = \frac{720}{10} \div \frac{45}{10} = 720 \div 45 = 16$

10 (1) 6 (2) 28 **11** 90
12 유찬 **13** (○)( )
14 ㉠ **15** $11 \div 0.55 = 20$ / 20개

2 5.52를 552로 바꾸어 계산하므로 나누어지는 수와 나누는 수의 소수점을 오른쪽으로 두 자리씩 옮겨서 계산합니다. ➡ $5.52 \div 2.30 = 552 \div 230 = 2.4$

3 (1) 나누어지는 수가 소수 두 자리 수이므로 소수점을 오른쪽으로 두 자리씩 옮겨서 계산합니다.

➡ $14.28 \div 3.40 = 1428 \div 340 = 4.2$

(2) 나누는 수가 소수 한 자리 수이므로 소수점을 오른쪽으로 한 자리씩 옮겨서 계산합니다.

➡ $5.27 \div 3.1 = 52.7 \div 31 = 1.7$

4 $7.48 > 3.4$ ➡ $7.48 \div 3.4 = 2.2$

5 $\underset{㉠}{45.58 \div 5.3} = \underset{㉡}{455.8 \div 53}$

$\underset{㉢}{45.58 \div 5.30} = \underset{㉣}{4558 \div 530}$

6 $15.08 \div 5.2 = 150.8 \div 52 = 2.9$
$4.32 \div 3.6 = 43.2 \div 36 = 1.2$ ➡ $2.9 > 1.2$

7 **평가 기준**
바르게 계산하고, 소수점을 옮겨서 계산하는 경우에 몫의 소수점은 옮긴 소수점의 위치에 맞추어 찍어야 한다고 썼으면 정답으로 합니다.

9 나누는 수가 소수 한 자리 수이므로 분모가 10인 분수로 바꾸어 분자끼리의 나눗셈으로 계산합니다.

11 자연수: 36, 소수: 0.4
→ $36 \div 0.4 = 90$

12 지안: $27 \div 2.25 = 2700 \div 225 = 12$

13 $\left.\begin{array}{l} 21 \div 0.7 = 30 \\ 38 \div 1.52 = 25 \end{array}\right\}$ → $30 > 25$

14 $\left.\begin{array}{l} ㉠\ 15 \div 3.75 = 4 \\ ㉡\ 6 \div 1.2 = 5 \end{array}\right\}$ → $4 < 5$

15 (케이크의 수)
   = (전체 생크림의 양)
     ÷ (케이크 한 개를 만드는 데 필요한 생크림의 양)
   = $11 \div 0.55 = 20$(개)

46~47쪽 단계 1 **개념 빠삭**

예제 문제 **1** (1) 3 (2) 3.3 (3) 3.29

개념 집중 연습

1 (1) 8, 10 (2) 3, 9.8

2 (1) 8, 2.5 (2) 7, 2.49

3
$$3.6 \,/\, 4$$
$$\begin{array}{r} 3) \overline{11} \\ \underline{9} \\ 20 \\ \underline{18} \\ 2 \end{array}$$

4
$$3.2 \,/\, 3$$
$$\begin{array}{r} 9) \overline{29} \\ \underline{27} \\ 20 \\ \underline{18} \\ 2 \end{array}$$

5
$$6.8 \,/\, 7$$
$$\begin{array}{r} 0.7) \overline{4.8} \\ \underline{42} \\ 60 \\ \underline{56} \\ 4 \end{array}$$

6
$$8.714 \,/\, 8.7,\ 8.71$$
$$\begin{array}{r} 7) \overline{61} \\ \underline{56} \\ 50 \\ \underline{49} \\ 10 \\ \underline{7} \\ 30 \\ \underline{28} \\ 2 \end{array}$$

7
$$0.883 \,/\, 0.9,\ 0.88$$
$$\begin{array}{r} 6) \overline{5.3} \\ \underline{48} \\ 50 \\ \underline{48} \\ 20 \\ \underline{18} \\ 2 \end{array}$$

예제 문제

1 몫의 소수 첫째 자리 숫자가 2이므로 몫을 반올림하여 일의 자리까지 나타내면 3입니다.

2 몫의 소수 둘째 자리 숫자가 8이므로 몫을 반올림하여 소수 첫째 자리까지 나타내면 3.3입니다.

3 몫의 소수 셋째 자리 숫자가 5이므로 몫을 반올림하여 소수 둘째 자리까지 나타내면 3.29입니다.

개념 집중 연습

1 (1) $59 \div 6 = 9.8\cdots$ → 10
   (2) $59 \div 6 = 9.83\cdots$ → 9.8

2 (1) $9.7 \div 3.9 = 2.48\cdots$ → 2.5
   (2) $9.7 \div 3.9 = 2.487\cdots$ → 2.49

3 $11 \div 3 = 3.6\cdots$ → 4

4 $29 \div 9 = 3.2\cdots$ → 3

5 $4.8 \div 0.7 = 6.8\cdots$ → 7

6 $61 \div 7 = 8.71\cdots$ → 8.7
   $61 \div 7 = 8.714\cdots$ → 8.71

7 $5.3 \div 6 = 0.88\cdots$ → 0.9
   $5.3 \div 6 = 0.883\cdots$ → 0.88

48~49쪽 단계 1 **개념 빠삭**

예제 문제 **1** (1) (왼쪽부터) 4, 3.5 / 4, 3.5
(2) 4, 3.5 / 4, 3.5

2 (1) (왼쪽부터) 3, 1.1 / 3, 1.1 (2) 3, 1.1 / 3, 1.1

개념 집중 연습

1 (1) 0.7 (2) 4 (3) 0.7

2 (1) 1.5 (2) 6 (3) 1.5

3 (왼쪽부터) 한 사람에게 나누어 주는 설탕의 양,
   나누어 줄 수 있는 사람 수, 나누어 준 설탕의 양,
   남는 설탕의 양

4 5, 0.4 / 5, 0.4

5 4, 3.6 / 4, 3.6

개념 집중 연습

1 (2) 16.7에서 4를 4번 뺄 수 있으므로 바구니 4개에 담을 수 있습니다.
   (3) 16.7에서 4를 4번 빼면 0.7이 남으므로 남는 키위의 양은 0.7 kg입니다.

2 (2) 13.5에서 2를 6번 뺄 수 있으므로 선물 상자 6개를 포장할 수 있습니다.

(3) 13.5에서 2를 6번 빼면 1.5가 남으므로 남는 리본의 길이는 1.5 m입니다.

9 37.5에서 9를 4번 뺄 수 있으므로 나누어 줄 수 있는 사람 수는 4명이고, 37.5에서 9를 4번 빼면 1.5가 남으므로 남는 끈의 길이는 1.5 cm입니다.

11 32.4÷5의 몫을 자연수까지만 계산하면 32.4÷5=6…2.4이므로 담을 수 있는 병의 수는 6개이고, 남는 딸기잼의 양은 2.4 kg입니다.

12 남는 양의 소수점은 나누어지는 수의 소수점의 위치와 같게 찍어야 합니다.

50~51쪽 2단계 익힘책 빠삭

1 (1) 6 (2) 6.2   **2** 민재

3 ㉡

4
$$
\begin{array}{r}
7.6\ 2\ 8 \\
7\overline{)5\ 3.4} \\
4\ 9 \\
\hline
4\ 4 \\
4\ 2 \\
\hline
2\ 0 \\
1\ 4 \\
\hline
6\ 0 \\
5\ 6 \\
\hline
4
\end{array}
$$ / 7.63

5 (1) 8 (2) 8.2   **6** =

7 1.1배   **8** 9, 9, 1.5

9 4명, 1.5 cm   **10** 6, 30, 2.4

11 6개, 2.4 kg   **12**
$$
\begin{array}{r}
2 \\
4\overline{)8.3} \\
8 \\
\hline
0.3
\end{array}
$$ / 2, 0.3

13 13.2−4−4−4=1.2 / 3개, 1.2 g

14
$$
\begin{array}{r}
3 \\
4\overline{)1\ 3.2} \\
1\ 2 \\
\hline
1.2
\end{array}
$$ / 3개, 1.2 g

---

1 (1) 37÷6=6.1… ➡ 6

(2) 37÷6=6.16… ➡ 6.2

2 지안: 82÷9=9.11… ➡ 9.1

3 ㉠ 3.4÷7=0.485… ➡ 0.49

4 53.4÷7=7.628… ➡ 7.63

5 (1) 24.7÷3=8.2… ➡ 8

(2) 24.7÷3=8.23… ➡ 8.2

6 29÷3=9.6…

➡ 몫을 반올림하여 일의 자리까지 나타낸 수: 10

7 (강아지의 무게)÷(고양이의 무게)
=5.2÷4.8=1.08… ➡ 1.1

8 37.5에서 9를 4번 뺄 수 있고 1.5가 남습니다.

52~54쪽 TEST 2단원 평가

1 71   **2** (○)( )

3 (1) 14, 14, 23 (2) 23, 42, 42

4 (위에서부터) 10, 34, 8, 34

5 32   **6** 22

7 (왼쪽부터) 4, 1.6   **8** 25

9 $87.4÷4.6=\dfrac{874}{10}÷\dfrac{46}{10}=874÷46=19$

10   **11** 14

12 6개

13
$$
\begin{array}{r}
3.4 \\
3.1\overline{)1\ 0.5\ 4} \\
9\ 3 \\
\hline
1\ 2\ 4 \\
1\ 2\ 4 \\
\hline
0
\end{array}
$$

14
$$
\begin{array}{r}
6.8\ 5\ 7 \\
7\overline{)4\ 8} \\
4\ 2 \\
\hline
6\ 0 \\
5\ 6 \\
\hline
4\ 0 \\
3\ 5 \\
\hline
5\ 0 \\
4\ 9 \\
\hline
1
\end{array}
$$ / 6.86

15 >   **16**
$$
\begin{array}{r}
5 \\
9\overline{)4\ 8.6} \\
4\ 5 \\
\hline
3.6
\end{array}
$$ / 5, 3.6

17 방법1 예 13.7−3−3−3−3=1.7 / 4, 1.7

방법2 예
$$
\begin{array}{r}
4 \\
3\overline{)1\ 3.7} \\
1\ 2 \\
\hline
1.7
\end{array}
$$ / 4, 1.7

18 ㉣, ㉡, ㉢, ㉠   **19** 12 cm

20 3.3분 뒤

1 나누어지는 수와 나누는 수를 똑같이 10배 해도 나눗셈의 몫은 같습니다.

2 나누는 수가 자연수가 되도록 나누어지는 수와 나누는 수의 소수점을 오른쪽으로 한 자리씩 옮깁니다.
➜ $2.24 \div 1.6 = 22.4 \div 16$

5 $7.04 \div 0.22 = \dfrac{704}{100} \div \dfrac{22}{100} = 704 \div 22 = 32$

6 $65 \div 3 = 21.6 \cdots$ ➜ 22

7 17.6에서 4를 4번 빼면 1.6이 남습니다.

8 자연수: 19, 소수: 0.76
➜ $19 \div 0.76 = 1900 \div 76 = 25$

9 분모가 10인 분수로 바꾸어 분자끼리의 나눗셈으로 계산합니다.

10 $5.27 \div 3.1 = 52.7 \div 31 = 1.7$
$1.89 \div 0.7 = 18.9 \div 7 = 2.7$

11 $83 \div 6 = 13.8 \cdots$ ➜ 14

12 (필요한 상자 수)
= (전체 귤의 양) ÷ (상자 한 개에 담는 귤의 양)
= $25.2 \div 4.2 = 6$(개)

13 나누어지는 수와 나누는 수의 소수점을 똑같이 오른쪽으로 한 자리씩 옮겨서 계산하고 몫의 소수점은 옮긴 소수점의 위치에 맞추어 찍어야 합니다.

14 $48 \div 7 = 6.857 \cdots$ ➜ 6.86

15 $36 \div 0.8 = 360 \div 8 = 45$
$55 \div 1.25 = 5500 \div 125 = 44$
➜ $45 > 44$

16 나누어 줄 수 있는 사람 수를 구해야 하므로 나눗셈의 몫을 자연수까지만 구합니다.

17 판매할 수 있는 봉지 수를 구해야 하므로 나눗셈의 몫을 자연수까지만 구합니다.
➜ $13.7 \div 3 = 4 \cdots 1.7$이므로 판매할 수 있는 봉지 수는 4봉지이고 남는 소금의 양은 1.7 kg입니다.

18 ㉠ $9.5 \div 1.9 = 5$ ㉡ $9.72 \div 1.62 = 6$
㉢ $20.72 \div 3.7 = 5.6$ ㉣ $28 \div 3.5 = 8$
➜ $8 > 6 > 5.6 > 5$

19 평행사변형의 밑변의 길이를 □ cm라 하면
$□ \times 4.5 = 54$이고, $□ = 54 \div 4.5 = 12$입니다.
따라서 평행사변형의 밑변의 길이는 12 cm입니다.

참고
(평행사변형의 넓이) = (밑변의 길이) × (높이)
(밑변의 길이) = (평행사변형의 넓이) ÷ (높이)

20 $70 \div 21 = 3.33 \cdots$ ➜ 3.3분 뒤

---

3 공간과 입체

58~59쪽 1단계 개념 빠삭

예제 문제 **1** (1) × (2) ○
2 (1) 앞 (2) 위 (3) 오른쪽 (4) 왼쪽

개념 집중 연습
1~3

4 준기 **5** 미호 **6** 원영

개념 집중 연습

1~3 가: 주황색, 보라색, 파란색 컵의 순서로 놓이고, 보라색 컵의 손잡이가 오른쪽에 보입니다.
나: 보라색, 주황색, 파란색 컵의 순서로 놓이고, 보라색 컵의 손잡이가 앞쪽으로 보이고 주황색 컵의 손잡이가 오른쪽에 보입니다.
다: 파란색, 보라색, 주황색 컵의 순서로 놓이고, 주황색 컵의 손잡이가 앞쪽으로 보이고 보라색 컵의 손잡이가 왼쪽에 보입니다.
라: 파란색, 주황색, 보라색 컵의 순서로 놓이고, 주황색 컵의 손잡이가 왼쪽에 보입니다.

60~61쪽 1단계 개념 빠삭

예제 문제 **1** ( ) **2** (1) 6
(○)   (2) 5

개념 집중 연습

1 위에 ○표 **2** 나 **3** 가
4 ( )(○) **5** (○)( ) **6** 5
7 6

개념 집중 연습

5 1층의 쌓기나무가 왼쪽부터 1개, 2개, 2개가 연결되어 있는 모양입니다.

6 위에서 본 모양을 보면 뒤에 숨겨진 쌓기나무가 없으므로 똑같이 쌓는 데 필요한 쌓기나무는 5개입니다.

7 위에서 본 모양을 보면 뒤에 숨겨진 쌓기나무가 없으므로 똑같이 쌓는 데 필요한 쌓기나무는 6개입니다.

62~63쪽 2단계 **익힘책** 빠삭

1 (1) 다 (2) 나 (3) 라 (4) 가

2

3 라

4 ㉣

5 ( )(○)

6

7 다

8 (1) 예에 ○표 (2) 아니요에 ○표 (3) 7개에 ○표

9 7개   **10** 10개

2 나: 파란색, 초록색, 분홍색의 순서로 보입니다.
　　라: 분홍색, 초록색, 파란색의 순서로 보입니다.

7 다를 돌려서 보면 ○표 한 쌓기나무가 보
　　이게 됩니다.

9 쌓은 모양과 위에서 본 모양을 비교하여 쌓기나무를
　　모두 세어 보면 7개입니다.

64~65쪽 1단계 **개념** 빠삭

예제 문제 **1** ( )(○)   **2** 옆, 앞

개념 집중 연습

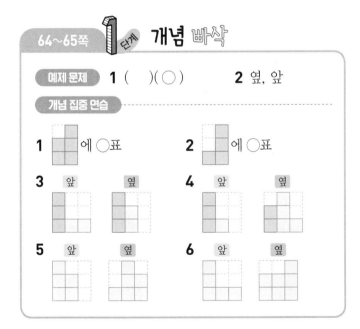

개념 집중 연습

3~4 위에서 본 모양은 바닥에 닿아 있는 면의 모양과 같게
　　　그리고, 앞과 옆에서 본 모양은 쌓은 모양의 각 방향에
　　　서 세로줄의 가장 높은 층의 모양과 같게 그립니다.

5 앞에서 보았을 때 가장 높은 층은 왼쪽부터 3층, 2층입
　　니다.
　　옆에서 보았을 때 가장 높은 층은 왼쪽부터 1층, 3층,
　　2층입니다.

66~67쪽 1단계 **개념** 빠삭

예제 문제 **1** 4   **2** (○)( )   **3** 6

개념 집중 연습

1 5   **2** ( )( )(○)

3 8   **4** 5   **5** 7

개념 집중 연습

2 위에서 본 모양이 인 것은 첫 번째와 세 번째

　　모양이고, 이 중에서 앞과 옆에서 본 모양이 주어진 모
　　양과 모두 같은 것은 세 번째 모양입니다.

4 쌓은 모양 ➡ 필요한 쌓기나무: 5개

5 쌓은 모양 ➡ 필요한 쌓기나무: 7개

68~69쪽 1단계 **개념** 빠삭

예제 문제 **1** 2, 2, 1, 1   **2** 2+2+1+1=6

개념 집중 연습

1 3, 2, 2, 1   **2** 8

개념 집중 연습

3 각 자리에 쌓은 쌓기나무는 ㉠에 1개,
　　㉡에 1개, ㉢에 3개, ㉣에 1개, ㉤에 1개
　　➡ 똑같은 모양으로 쌓는 데 필요한 쌓기
　　나무: 1+1+3+1+1=7(개)

4 각 자리에 쌓은 쌓기나무는 ㉠에 2개,
　　㉡에 1개, ㉢에 1개, ㉣에 1개, ㉤에 3개
　　➡ 똑같은 모양으로 쌓는 데 필요한 쌓기
　　나무: 2+1+1+1+3=8(개)

70~73쪽 2_{단계} 익힘책 빠삭

1 ( )(○)
2 (○)( )
3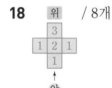
4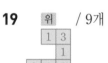
5
6
7 다, 나, 가
8
9 (○)( )
10 ( )(○)( )
11 6개 **12** 6개 **13** 7개
14 (○)( )
    ( )(○)
15 위
    3 ①1
    1
    ↑
    앞
16 위
    2 1
    2 1 1
    ↑
    앞
17
18 위 / 8개
    3
    1 2 1
    1
    ↑
    앞
19 위 / 9개
    1 3
    1 1
    2 1 1
    ↑
    앞
20 앞
21 옆
22 3, 1, 1, 1, 2 **23** 8개 **24** 위
    2 1
    1 2 1
    1 1
    ↑
    앞

1~2 앞과 옆에서 본 모양은 쌓은 모양의 각 방향에서 세로
    줄의 가장 높은 층의 모양과 같습니다.
7 쌓기나무 7개로 쌓았으므로 보이지 않는 부분에 숨겨
    진 쌓기나무는 없습니다.
    앞에서 보았을 때 가장 높은 층은 왼쪽부터 3층, 1층,
    1층입니다. ➡ 나
    옆에서 보았을 때 가장 높은 층은 왼쪽부터 1층, 3층,
    1층입니다. ➡ 가

8 쌓기나무 9개로 쌓았으므로 보이지 않는 부분에 숨겨
    진 쌓기나무는 없습니다.
    앞에서 보았을 때 가장 높은 층은 왼쪽부터 2층, 1층,
    3층입니다.
    옆에서 보았을 때 가장 높은 층은 왼쪽부터 1층, 1층,
    3층입니다.

9 오른쪽 모양은 앞에서 본 모양이 으로 다릅니다.

10 위에서 본 모양이 인 것은 두 번째와 세 번째
    모양이고, 이 중에서 앞과 옆에서 본 모양이 주어진 모
    양과 모두 같은 것은 두 번째 모양입니다.

12 쌓은 모양은 오른쪽과 같으므로 똑같은 모양
    으로 쌓는 데 필요한 쌓기나무는 6개입니다.

다른 풀이

    위
    ☆○
    △○
    △
    앞에서 본 모양을 보면 ○ 부분은 쌓기나무
    가 1개씩 쌓여 있고, 옆에서 본 모양을 보면
    △ 부분도 쌓기나무가 1개씩 쌓여 있습니다.
    앞과 옆에서 본 모양을 보면 ☆ 부분은 쌓기나무가 2개
    쌓여 있습니다. ➡ $2+1+1+1+1=6$(개)

13 쌓은 모양은 오른쪽과 같으므로 똑같은 모양
    으로 쌓는 데 필요한 쌓기나무는 7개입니다.

14 윗줄 오른쪽은 옆에서 본 모양이 다르고, 아랫줄 왼쪽
    은 앞에서 본 모양이 다릅니다.

15 위에서 본 모양에 수를 쓰면   위   입니다.
                              3 2 1
                              1
                              ↑
                              앞

18 각 자리에 쌓은 쌓기나무는 ㉠에 3개, ㉡에
    1개, ㉢에 2개, ㉣에 1개, ㉤에 1개이므로
    똑같은 모양으로 쌓는 데 필요한 쌓기나무는
    $3+1+2+1+1=8$(개)입니다.

19 각 자리에 쌓은 쌓기나무는 ㉠에 1개, ㉡
    에 3개, ㉢에 1개, ㉣에 2개, ㉤에 1개,
    ㉥에 1개이므로 똑같은 모양으로 쌓는
    데 필요한 쌓기나무는 $1+3+1+2+1+1=9$(개)입니
    다.

23 (필요한 쌓기나무 수)=$3+1+1+1+2=8$(개)

74~75쪽 1단계 개념 빠삭

예제 문제
1 위에 ○표
2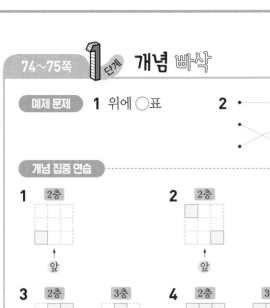

개념 집중 연습

1 2층
↑ 앞

2 2층
↑ 앞

3 2층 3층
↑ 앞 ↑ 앞

4 2층 3층
↑ 앞 ↑ 앞

5 나

6 8

개념 집중 연습

5 1층의 모양을 보고 1층 위에 2층, 2층 위에 3층을 쌓은 모양을 생각하여 찾아보면 나 모양이 됩니다.

6 1층: 4개, 2층: 3개, 3층: 1개
➜ (필요한 쌓기나무 수)=4+3+1=8(개)

참고
각 층에 사용된 쌓기나무 수의 합을 구하면 필요한 쌓기나무 수를 정확하게 구할 수 있습니다.

76~77쪽 1단계 개념 빠삭

예제 문제
1 (○)( )
2 있습니다에 ○표

개념 집중 연습

1 (○)( )
2 ( )(○)
3 ( )( )(×)( )
4 (×)(○)
5 (×)(○)
6 (×)(○)
7 (○)(×)

예제 문제

2

78~79쪽 2단계 익힘책 빠삭

1 1층 2층
↑ 앞 ↑ 앞

2 2층 3층
↑ 앞 ↑ 앞

3 1층 □□□□ / 2
2층 □□□
3층 □□

4 (○)( )

5 위 앞 옆

6 위
| 1 | 2 |
| 2 | 3 |
↑ 앞

7 8개

8 다

9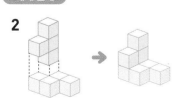

10 가

11 ( )( )(×)

12 가, 다

13

---

1 1층의 모양은 위에서 본 모양과 같습니다.

2 2층의 모양은 1층이 있는 위치에 있어야 하고 3층에 쌓은 쌓기나무의 위치가 모두 포함되어야 합니다.

3 쌓기나무의 개수가 1층부터 5개, 3개, 1개이므로 윗층으로 올라갈수록 쌓기나무의 개수가 2씩 작아집니다.

5 위에서 본 모양은 1층의 모양과 같고, 앞과 옆에서 본 모양은 각 방향에서 세로줄의 가장 높은 층의 모양과 같게 그립니다.

7 (필요한 쌓기나무 수)=1+2+2+3=8(개)

8 다는 ▨ 모양이나 ▨ 모양에 쌓기나무 1개를 더 붙여서 만든 모양입니다.

12 가와 다를 사용하여 주어진 모양을 만들 수 있습니다.

➜ ▨ ▨

80~82쪽 **TEST** 3단원 **평가**

1 나

2 가

3 앞, 옆

4 ㉢, ㉡, ㉠

5
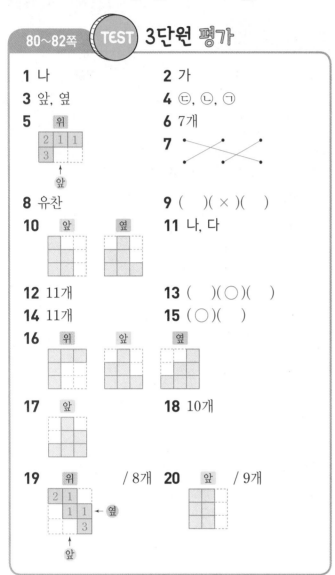

위		
2	1	1
3		

↑
앞

6 7개

7

8 유찬

9 ( )(×)( )

10 앞 / 옆

11 나, 다

12 11개

13 ( )(○)( )

14 11개

15 (○)( )

16 위 / 앞 / 옆

17 앞

18 10개

19 위 / 8개

위		
2	1	
1	1	← 옆
3		

↑
앞

20 앞 / 9개

16

1~2 사진에 보이는 건물의 모양과 위치를 보고 사진을 찍은 위치를 찾을 수 있습니다.

3 앞에서 보았을 때 가장 높은 층은 왼쪽부터 1층, 3층입니다. 옆에서 보았을 때 가장 높은 층은 왼쪽부터 1층, 1층, 3층입니다.

6 똑같은 모양으로 쌓는 데 필요한 쌓기나무 수는 각 자리에 쌓은 쌓기나무 수를 모두 더해서 구할 수 있습니다.
➡ (필요한 쌓기나무 수)=2+1+1+3=7(개)

7 뒤집거나 돌렸을 때 같은 모양을 찾아봅니다.

참고
뒤집거나 돌려서 모양이 같으면 같은 모양입니다.

8 보라색, 빨간색, 파란색 컵의 순서로 놓이고, 보라색 컵의 손잡이가 왼쪽으로 보이고 빨간색 컵의 손잡이가 오른쪽에 보이므로 유찬이가 찍은 사진입니다.

---

9 왼쪽은 지호가 찍은 사진이고, 오른쪽은 다은이가 찍은 사진입니다. 가운데 사진은 찍을 수 없습니다.

주의
컵의 색깔과 놓인 위치, 손잡이 방향에 주의합니다.

10 앞과 옆에서 본 모양은 쌓은 모양의 각 방향에서 세로줄의 가장 높은 층의 모양과 같습니다.
• 앞에서 보았을 때 가장 높은 층은 왼쪽부터 3층, 2층입니다.
• 옆에서 보았을 때 가장 높은 층은 왼쪽부터 2층, 3층, 1층입니다.

11 **보기**의 모양을 뒤집거나 돌려 놓은 모양에 쌓기나무 1개를 더 붙여 만든 것을 찾아봅니다.
➡ 나 다

12 1층에 5개, 2층에 4개, 3층에 2개이므로 주어진 모양과 똑같은 모양으로 쌓는 데 필요한 쌓기나무는 5+4+2=11(개)입니다.

14 1층: 5개, 2층: 4개, 3층: 2개
➡ (필요한 쌓기나무 수)=5+4+2=11(개)

15 주어진 두 모양을 사용하여 모양을 만들 수 있습니다.

17 쌓기나무로 쌓은 모양은 오른쪽과 같습니다. 따라서 앞에서 보았을 때 가장 높은 층은 왼쪽부터 1층, 3층, 2층입니다.

18 쌓기나무로 쌓은 모양은 오른쪽과 같으므로 똑같은 모양으로 쌓는 데 필요한 쌓기나무는 10개입니다.

19 (필요한 쌓기나무 수)=2+1+1+1+3=8(개)

20 쌓기나무로 쌓은 모양은 다음과 같습니다.

△ 부분은 1층까지, ○ 부분은 2층까지, ☆ 부분은 3층까지 쌓여 있습니다. 따라서 똑같은 모양으로 쌓는 데 필요한 쌓기나무는 층별 쌓기나무 수를 모두 더한 4+3+2=9(개)입니다.

4 비례식과 비례배분

예제 문제 **1** 전항, 후항

2 (1) ⑤ : △3 (2) ⑩ : △8

3 (1) 곱하여도 (2) 나누어도

개념 집중 연습

1 7, 8 **2** 5, 2

3 3, 3 / 3 **4** 4, 4 / 4

5 (위에서부터) 28, 4 **6** (위에서부터) 9, 6

7 (위에서부터) 18, 15, 3

8 (위에서부터) 4, 11, 2

9 12 : 9에 ○표 **10** 2 : 7에 ○표

개념 집중 연습

9 4 : 3 12 : 9 (×3, ×3)

10 14 : 49 2 : 7 (÷7, ÷7)

예제 문제 **1** 2 / (위에서부터) 2, 12, 2

2 10 / (위에서부터) 28, 11, 10

개념 집중 연습

1 (위에서부터) 9, 22, 5 **2** (위에서부터) 14, 33, 10

3 4, 4, 9 **4** 100, 85, 31

5 예 2 : 3 **6** 예 7 : 5

7 예 5 : 8 **8** 예 25 : 3

9 ㉡

개념 집중 연습

5 16 : 24 2 : 3 (÷8, ÷8)

6 84 : 60 7 : 5 (÷12, ÷12)

7 0.5 : 0.8 5 : 8 (×10, ×10)

8 2.5 : 0.3 25 : 3 (×10, ×10)

9 121 : 165 11 : 15 (÷11, ÷11)

예제 문제 **1** 18 / (위에서부터) 2, 18

2 0.5 / (위에서부터) 10, 0.5, 12, 5

개념 집중 연습

1 (왼쪽부터) 0.4, 4, 10 / (왼쪽부터) 10, 5, 5, 10

2 (위에서부터) 14, 3, 10

3 (위에서부터) 9, 45, 16, 20

4 (위에서부터) 17, 5, 34, 20

5 (위에서부터) 0.5, 11, 5, 10

6 예 24 : 25 **7** 예 35 : 9

8 예 23 : 2 **9** 예 35 : 52

개념 집중 연습

4 소수를 분수로 바꾼 후 전항과 후항에 각각 분모 4와 10의 공배수인 20을 곱합니다.

7 $2\frac{1}{3} : \frac{3}{5}$ ➡ $\frac{7}{3} : \frac{3}{5}$ (×15, ×15) 35 : 9

8 $2.3 : \frac{1}{5}$ ➡ $2.3 : 0.2$ (×10, ×10) 23 : 2

9 $\frac{7}{8} : 1.3$ ➡ $\frac{7}{8} : \frac{13}{10}$ (×40, ×40) 35 : 52

1 5, 8 **2** ③, ④

3 ( )(○)

4 (위에서부터) (1) 36, 15, 3 (2) 8, 10, 3

5 **6** 7 : 12

7 가 **8** ㉠

9 (위에서부터) (1) 9, 10 (2) 120, 100 (3) 35, 56

10 (1) 예 41 : 24 (2) 예 8 : 9 (3) 예 21 : 4

11 ㉠ **12** ㉡

13 11 / (위에서부터) 11, 99, 90

14 예 16 : 15

5 $48:30 \Rightarrow (48 \div 6):(30 \div 6) \Rightarrow 8:5$

$4:3 \Rightarrow (4 \times 8):(3 \times 8) \Rightarrow 32:24$

6 $28:48 \xrightarrow[\div 4]{\div 4} 7:12$

7 [가] (가로):(세로) $\Rightarrow 18:12 \xrightarrow[\div 6]{\div 6} 3:2$

[나] (가로):(세로) $\Rightarrow 24:14 \xrightarrow[\div 2]{\div 2} 12:7$

8 ㉠ $6:9 \xrightarrow[\div 3]{\div 3} 2:3$ ㉡ $15:12 \xrightarrow[\div 3]{\div 3} 5:4$

9 (3) 전항과 후항에 각각 분모 7과 8의 공배수인 56을 곱합니다.

10 (1) $4.1:2.4 \xrightarrow[\times 10]{\times 10} 41:24$ (2) $\dfrac{2}{3}:\dfrac{3}{4} \xrightarrow[\times 12]{\times 12} 8:9$

(3) $0.7:\dfrac{2}{15} \Rightarrow \dfrac{7}{10}:\dfrac{2}{15} \xrightarrow[\times 30]{\times 30} 21:4$

11 ㉠ $4.7:0.8 \xrightarrow[\times 10]{\times 10} 47:8$ ㉡ $\dfrac{1}{6}:\dfrac{1}{25} \xrightarrow[\times 150]{\times 150} 25:6$

12 ㉠ $18:45 \xrightarrow[\div 9]{\div 9} 2:5$ ㉡ $24:40 \xrightarrow[\div 8]{\div 8} 3:5$

㉢ $36:28 \xrightarrow[\div 4]{\div 4} 9:7$

13 $1.1:2\dfrac{1}{9} \Rightarrow \dfrac{11}{10}:\dfrac{19}{9} \Rightarrow \left(\dfrac{11}{10} \times 90\right):\left(\dfrac{19}{9} \times 90\right)$
$\Rightarrow 99:190$

14 (건우가 읽은 양):(서아가 읽은 양) $\Rightarrow \dfrac{2}{5}:\dfrac{3}{8} \xrightarrow[\times 40]{\times 40} 16:15$

주의
처음에 비를 $\dfrac{3}{8}:\dfrac{2}{5}$로 쓰지 않도록 주의합니다.

94~95쪽 1단계 **개념 빠삭**

예제 문제 **1** (1) (위에서부터) 2, 4, 3 / 2, 4

2 $4:5=12:15$에 ○표

3 (1) ②:③=⑥:⑨ (2) ⑦:④=㉘:⑯

개념 집중 연습

1 (1) 1 / 3, 1 (2) 2, 3

2 (1) 5 / 10, 5 (2) 5, 10

3 3, 2 / 1, 6 **4** 4, 14 / 7, 8

5 (위에서부터) 21, 9, 3 / 7, 9 / 3, 21

6 (위에서부터) 4, 7, 2 / 8, 7 / 14, 4

7 12, 27 **8** 40, 16

예제 문제

3 (1)
$$\overset{\text{외항}}{2:3=6:9}$$
내항

(2)
$$\overset{\text{외항}}{7:4=28:16}$$
내항

개념 집중 연습

7 $4:9 \Rightarrow \dfrac{4}{9}$이고

$12:27 \Rightarrow \dfrac{12}{27}\left(=\dfrac{4}{9}\right)$, $20:40 \Rightarrow \dfrac{20}{40}\left(=\dfrac{1}{2}\right)$이므로
$4:9=12:27$로 세울 수 있습니다.

8 $5:2 \Rightarrow \dfrac{5}{2}$이고

$30:8 \Rightarrow \dfrac{30}{8}\left(=\dfrac{15}{4}\right)$, $40:16 \Rightarrow \dfrac{40}{16}\left(=\dfrac{5}{2}\right)$이므로
$5:2=40:16$으로 세울 수 있습니다.

96~97쪽 1단계 **개념 빠삭**

예제 문제 **1** (1) 10, 60 / 5, 60

(2) 같습니다에 ○표

2 (1) 40, 40 / ○ (2) 144, 108 / ×

개념 집중 연습

1 6, 6 / 2, 6 / = **2** 3, 24 / 2, 24 / =

3 5, 15, 75 / 3, 25, 75 / ○

4 72, 1, 72 / 9, 9, 81 / ×

5 3, 36, 4 **6** 27, 189, 21

7 ㉡

7 ㉠ 외항의 곱: $15 \times 2 = 30$, 내항의 곱: $4 \times 3 = 12$
   ➡ 다릅니다.
   ㉡ 외항의 곱: $10 \times 3 = 30$, 내항의 곱: $3 \times 30 = 90$
   ➡ 다릅니다.
   ㉢ 외항의 곱: $27 \times 2 = 54$, 내항의 곱: $6 \times 9 = 54$
   ➡ 같습니다.

98~99쪽 **2**단계 **익힘책** 빠삭

1 3, 16	**2** ( )(○)
3 ㉠	**4** ㉡
5 12	**6** 예 $3 : 7 = 9 : 21$
7 예 $3 : 6 = 2 : 4$	**8** 예 $15 : 20 = 3 : 4$
9 소윤	**10** 16, 96, 12
11	**12** (1) 3 (2) 15
	13 ㉡
14 13	**15** ㉡

1 비례식에서 바깥쪽에 있는 3과 16이 외항입니다.

2
$$\underbrace{12 : \overbrace{16 = 3}^{내항} : 4}_{외항} \qquad \underbrace{8 : \overbrace{12 = 16}^{내항} : 24}_{외항}$$
   ➡ 내항이 12, 16인 비례식은 $8 : 12 = 16 : 24$입니다.

3 ㉠ 1 : 9의 비율 ➡ $\frac{1}{9}$, 4 : 36의 비율 ➡ $\frac{4}{36}\left(=\frac{1}{9}\right)$
   따라서 두 비의 비율이 같으므로 비례식입니다.

참고
비율이 같은 두 비를 기호 '='를 사용하여 나타낸 식을 비례식이라고 합니다.

4 $6 : 9 \rightarrow$ (비율)$= \frac{6}{9} = \frac{2}{3}$
   $12 : 18 \rightarrow$ (비율)$= \frac{12}{18} = \frac{2}{3}$
   ➡ $\underbrace{6 : \overbrace{9 = 12}^{내항} : 18}_{외항}$

5 ・전항: 12, 6 ・외항: 12, 4
   ➡ 전항이면서 외항인 수는 12입니다.

6 3 : 7의 비율 → $\frac{3}{7}$, 14 : 6의 비율 → $\frac{14}{6} = \frac{7}{3}$,
   9 : 21의 비율 → $\frac{9}{21} = \frac{3}{7}$
   ➡ $3 : 7 = 9 : 21$ 또는 $9 : 21 = 3 : 7$

7 3 : 6의 비율 → $\frac{3}{6} = \frac{1}{2}$,
   5 : 7의 비율 → $\frac{5}{7}$,
   2 : 4의 비율 → $\frac{2}{4} = \frac{1}{2}$
   ➡ $3 : 6 = 2 : 4$ 또는 $2 : 4 = 3 : 6$

8 비율이 $\frac{15}{20}$인 비 → 15 : 20,
   비율이 $\frac{3}{4}$인 비 → 3 : 4
   ➡ $15 : 20 = 3 : 4$ 또는 $3 : 4 = 15 : 20$

9 소윤: $24 \times 2 = 48$, $16 \times 3 = 48$로 같으므로 비례식입니다.
   민재: $0.5 \times 15 = 7.5$, $0.3 \times 20 = 6$으로 같지 않으므로 비례식이 아닙니다.

11 ・$\square : 8 = 6 : 16$
   ➡ $\square \times 16 = 8 \times 6$, $\square \times 16 = 48$, $\square = 3$
   ・$6 : \square = 24 : 20$
   ➡ $6 \times 20 = \square \times 24$, $\square \times 24 = 120$, $\square = 5$

12 (1) $0.9 : 1.2 = \square : 4$
   ➡ $0.9 \times 4 = 1.2 \times \square$, $1.2 \times \square = 3.6$, $\square = 3$
   (2) $\frac{2}{5} : \frac{3}{7} = 14 : \square$
   ➡ $\frac{2}{5} \times \square = \frac{3}{7} \times 14$, $\frac{2}{5} \times \square = 6$, $\square = 15$

13 ㉠ 외항의 곱: $\frac{4}{9} \times 7 = \frac{28}{9}$, 내항의 곱: $\frac{7}{9} \times 4 = \frac{28}{9}$
   ㉡ 외항의 곱: $1.4 \times 3 = 4.2$, 내항의 곱: $2.4 \times 2 = 4.8$
   ➡ ㉡은 외항의 곱과 내항의 곱이 같지 않으므로 비례식이 아닙니다.

14 비례식에서 외항의 곱과 내항의 곱은 같으므로
   ㉮ $\times$ ㉯ $= 8 \times \square$, $104 = 8 \times \square$, $\square = 13$입니다.

15 ㉠ $\frac{2}{3} : \frac{1}{5} = 10 : \square$
   ➡ $\frac{2}{3} \times \square = \frac{1}{5} \times 10$, $\frac{2}{3} \times \square = 2$, $\square = 2 \times \frac{3}{2} = 3$
   ㉡ $9 : \square = 54 : 42$
   ➡ $9 \times 42 = \square \times 54$, $\square \times 54 = 378$,
      $\square = 378 \div 54 = 7$

100~101쪽 ①단계 개념 빠삭

예제 문제 1 ( ) 2 ( )(○)
(○)

3 200, 200, 400, 20 4 20

개념 집중 연습

1 (1) 15 (2) 15, 15, 13500, 4500 (3) 4500
2 (1) 20 (2) 20, 20, 200, 40 (3) 40
3 5 / 5, 5, 245, 35 / 35
4 (1) 3 (2) 9

개념 집중 연습

4 (2) 8 : 3＝24 : ■

➡ 8×■＝3×24, 8×■＝72, ■＝9
따라서 새우젓은 9컵을 넣어야 합니다.

102~103쪽 ①단계 개념 빠삭

예제 문제 1 비례배분

2 5, 8, 15 / 3, 8, 25 3 4, 3 / 4, 8 / 3, 6

개념 집중 연습

1 3, 2, $\frac{3}{5}$, 9 / 3, 2, $\frac{2}{5}$, 6

2 6, 5, $\frac{6}{11}$, 18 / 6, 5, $\frac{5}{11}$, 15

3 예

태형 지민

/ 2, 8 / $\frac{1}{3}$, 4

4 9, 27 5 10, 14
6 9, 9, 10, 10 / 2, 10, 10

개념 집중 연습

3 태형: $12×\frac{2}{2+1}＝12×\frac{2}{3}＝8$(개),

지민: $12×\frac{1}{2+1}＝12×\frac{1}{3}＝4$(개)

5 $24×\frac{5}{5+7}＝24×\frac{5}{12}＝10$,

$24×\frac{7}{5+7}＝24×\frac{7}{12}＝14$

104~105쪽 ②단계 익힘책 빠삭

1 (1) 3 : 7＝36 : □에 ○표 (2) 84개
2 (1) 10 (2) 10 (3) 10 cm
3 (1) 90 (2) 27 km
4 (1) 예 5 : 170＝□ : 850 (2) 25 L
5 예 1600 : 2＝8000 : □ / 10개
6 4, 9, 20 / (왼쪽부터) 5, 4, $\frac{4}{9}$, 16
7 4, 4, 40 / 1, 1, 10
8 11, 24, 220 / 24, 24, 480
9 10800원, 7200원 10 15시간
11 5×4에 ○표 /

예 $180×\frac{4}{5+4}＝180×\frac{4}{9}＝80$(명)

12 15 cm

2 (1) 64 : 40＝16 : □
➡ 64×□＝40×16, 64×□＝640, □＝10
(2) 64 : 16＝40 : □
➡ 64×□＝16×40, 64×□＝640, □＝10

3 (2) 30 : 9＝90 : ●
➡ 30×●＝9×90, 30×●＝810, ●＝27

4 (2) 5 : 170＝□ : 850
➡ 5×850＝170×□, 170×□＝4250, □＝25

5 살 수 있는 사과의 수를 □개라 하고 비례식을 세우면
1600 : 2＝8000 : □입니다.
➡ 1600×□＝2×8000, 1600×□＝16000, □＝10
따라서 8000원으로 살 수 있는 사과는 10개입니다.

9 윤기: $18000×\frac{3}{3+2}＝18000×\frac{3}{5}＝10800$(원),

동생: $18000×\frac{2}{3+2}＝18000×\frac{2}{5}＝7200$(원)

10 하루는 24시간이므로

(밤의 길이)＝$24×\frac{5}{3+5}＝24×\frac{5}{8}＝15$(시간)입니다.

11 분모가 비의 두 항의 합이어야 하는데 곱으로 잘못 계산했습니다.

12 둘레가 100 cm이므로 (가로)＋(세로)＝50 (cm)입니다.
➡ (세로)＝$50×\frac{3}{7+3}＝50×\frac{3}{10}＝15$ (cm)

1 5, 13	**2** 16, 3
3 (○)( )	**4** 예 15 : 8
5 ㉠	**6** 16
7 15, 24	**8** ㉡
9 30, 54	**10** 36, 84
11 예 4 : 7=16 : 28	**12** 72
13 가	**14** $\frac{8}{15}$, 40 / $\frac{7}{15}$, 35
15 ㉠	**16** 8 / 25600원
17 24000원	**18** 예 15 : 16
19 12, 20, 10	**20** 45 cm

3 비율이 같은 두 비를 기호 '='를 사용하여 나타낸 식을 비례식이라고 합니다.

4 $\frac{3}{4}:\frac{2}{5}$ ➡ $\left(\frac{3}{4}\times20\right):\left(\frac{2}{5}\times20\right)$ ➡ 15 : 8

5 ㉠ 외항은 9, 14입니다.
㉡ 비 9 : 7에서 전항은 9입니다.

6 • 외항은 5, 16입니다.
• 후항은 8, 16입니다.
➡ 외항이면서 후항인 수는 16입니다.

7 비율이 같은 두 비로 비례식을 세울 수 있습니다.
비율이 $\frac{5}{8}$인 비 → 5 : 8, 비율이 $\frac{15}{24}$인 비 → 15 : 24
➡ 5 : 8=15 : 24

8
㉠ $\underset{\underset{15\times9=135}{\overline{}}}{\overset{\overset{18\times5=90}{\overline{}}}{18:15=9:5}}$ ➡ 비례식이 아닙니다.

㉡ $\underset{\underset{9\times28=252}{\overline{}}}{\overset{\overset{4\times63=252}{\overline{}}}{4:9=28:63}}$ ➡ 비례식입니다.

9 $84\times\frac{5}{5+9}=84\times\frac{5}{14}=30$
$84\times\frac{9}{5+9}=84\times\frac{9}{14}=54$

10 $120\times\frac{3}{3+7}=120\times\frac{3}{10}=36$
$120\times\frac{7}{3+7}=120\times\frac{7}{10}=84$

11 4 : 7 → $\frac{4}{7}$, 12 : 35 → $\frac{12}{35}$, 16 : 28 → $\frac{16}{28}\left(=\frac{4}{7}\right)$
➡ 4 : 7=16 : 28 또는 16 : 28=4 : 7

12 외항의 곱과 내항의 곱은 같으므로
$\frac{1}{4}\times\square=9\times2$, $\frac{1}{4}\times\square=18$, □=72입니다.

13 가 ➡ 16 : 20은 전항과 후항을 각각 4로 나누면 4 : 5
가 됩니다.
나 ➡ 18 : 16은 전항과 후항을 각각 2로 나누면 9 : 8
이 됩니다.

14 지효: $75\times\frac{8}{8+7}=75\times\frac{8}{15}=40$(개)
정국: $75\times\frac{7}{8+7}=75\times\frac{7}{15}=35$(개)

15 ㉠ 2 : 3=□ : 9
➡ 2×9=3×□, 3×□=18, □=6
㉡ 8 : 5=16 : □
➡ 8×□=5×16, 8×□=80, □=10
㉢ 4 : 7=□ : 14
➡ 4×14=7×□, 7×□=56, □=8

16 고구마 8 kg의 가격을 ■원이라 하고 비례식을 세우면
3 : 9600=8 : ■입니다.
➡ 3×■=9600×8, 3×■=76800, ■=25600

17 건우와 서아가 일한 시간의 비를 간단한 자연수의 비로
나타내면 8 : 6 ➡ 4 : 3입니다.
건우: $42000\times\frac{4}{4+3}=42000\times\frac{4}{7}=24000$(원)

18 (직사각형의 넓이)=10×6=60 (cm²)
(정사각형의 넓이)=8×8=64 (cm²)
(직사각형의 넓이) : (정사각형의 넓이)
➡ 60 : 64 ➡ (60÷4) : (64÷4) ➡ 15 : 16

19 ㉠ : ㉡=6 : ㉢이라 하면
비율이 $\frac{3}{5}$이므로 $\frac{6}{㉢}=\frac{3}{5}$, ㉢=10이고
내항의 곱이 120이므로 ㉡×6=120, ㉡=20입니다.
외항의 곱도 120이므로 ㉠×10=120, ㉠=12입니다.
➡ 12 : 20=6 : 10

20 (가로)+(세로)=150÷2=75 (cm)
➡ (가로)=$75\times\frac{3}{3+2}=75\times\frac{3}{5}=45$ (cm)

5 원의 넓이

112~113쪽 1단계 개념 빠삭

예제 문제 **1** (위에서부터) 원주, 지름

2 (1) 3 (2) 4

개념 집중 연습

1 ㉢, ㉡, ㉠ **2** 길어집니다에 ○표

3 다, 가, 나

4 예

원의 지름 /
0 1 2 3 4 5 6 7 8 9 10 (cm)

예

원의 지름
0 1 2 3 4 5 6 7 8 9 10 (cm)

5 3, 4 / 3, 4

개념 집중 연습

3 원의 지름: 다>가>나 ➡ 원주: 다>가>나

4 (정육각형의 둘레)=(원의 반지름)×6
=(원의 지름)×3=2×3=6 (cm)
(정사각형의 둘레)=(원의 지름)×4=2×4=8 (cm)

114~115쪽 1단계 개념 빠삭

예제 문제 **1** (1) 원주율 (2) 원주

2 (1) × (2) ○

개념 집중 연습

1 3 **2** 3.1

3 3.14 **4** 3.1

5 3.1 **6** 3.14

7 같습니다에 ○표

개념 집중 연습

3 (원주율)=(원주)÷(지름)=15.7÷5=3.14

4 (원주율)=37.2÷12=3.1

5 (지름)=(반지름)×2=3×2=6 (cm)
➡ (원주율)=18.6÷6=3.1

6 (지름)=8×2=16 (cm)
➡ (원주율)=50.24÷16=3.14

7 가 바퀴: 47.1÷15=3.14
나 바퀴: 94.2÷30=3.14
➡ 가 바퀴와 나 바퀴의 (원주)÷(지름)은 같습니다.

116~117쪽 2단계 익힘책 빠삭

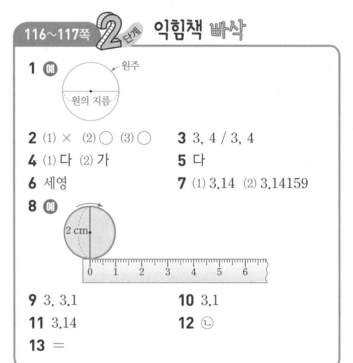

1 예

원주
원의 지름

2 (1) × (2) ○ (3) ○ **3** 3, 4 / 3, 4

4 (1) 다 (2) 가 **5** 다

6 세영 **7** (1) 3.14 (2) 3.14159

8 예

2 cm
0 1 2 3 4 5 6

9 3, 3.1 **10** 3.1

11 3.14 **12** ㉡

13 =

2 (1) 원주는 원의 지름의 약 3.14배입니다.

5 지름이 3 cm인 원의 원주는 지름의 3배인 9 cm보다 길고, 지름의 4배인 12 cm보다 짧으므로 원주와 가장 비슷한 길이는 다입니다.

6 준호: 원의 지름만큼 자른 끈은 원주를 따라 약 3번 놓을 수 있습니다.
유나: 원주는 원의 지름의 약 3배입니다.

7 (1) 3.141… ➡ 3.14
(2) 3.141592… ➡ 3.14159

8 원주는 지름의 약 3.14배이므로 지름이 2 cm인 원의 원주는 2×3.14=6.28 (cm)입니다.
➡ 자의 6.28 cm 위치와 가까운 곳에 표시하면 됩니다.

9 (원주율)=(원주)÷(지름)=40.84÷13=3.14…
반올림하여 일의 자리까지 나타내면 3.1… ➡ 3입니다.
반올림하여 소수 첫째 자리까지 나타내면
3.14… ➡ 3.1입니다.

10 (원주율)=21.99÷7=3.14… ➡ 3.1

11 반지름이 3 cm인 원의 지름은 6 cm이므로
(원주율)=18.85÷6=3.141··· ➜ 3.14

12 ⓒ 원주율은 3, 3.1, 3.14 등으로 어림하여 사용합니다.

13 62.8÷20=3.14, 125.6÷(20×2)=3.14
➜ 원의 크기와 상관없이 (원주)÷(지름)은 일정합니다.

예제 문제 **1** (1) 원주율, 3.14, 15.7
(2) 3.14, 18.84
2 (1) 2, 2, 24 (2) 2, 18

개념 집중 연습

1 36 **2** 39
3 43.4 **4** 78.5
5 31 **6** 50.24
7 (위에서부터) 9, 27 / 18, 54

개념 집중 연습

4 (원주)=(지름)×(원주율)=25×3.14=78.5 (cm)

5 반지름이 5 cm인 원의 지름은 10 cm이므로
(원주)=10×3.1=31 (cm)입니다.

6 반지름이 8 cm인 원의 지름은 16 cm이므로
(원주)=16×3.14=50.24 (cm)입니다.

7 가: 지름이 9 cm이므로 (원주)=9×3=27 (cm)입니다.
나: 반지름이 9 cm인 원의 지름은 18 cm이므로
(원주)=18×3=54 (cm)입니다.

예제 문제 **1** (1) ( ) (2) (○)
(○) ( )

2 (1) 5 / 3, 5 (2) 7 / 3, 7

개념 집중 연습

1 6 / 6 **2** 9 / 9
3 13 **4** 21
5 11 **6** 25
7 7 **8** 10

개념 집중 연습

6 (지름)=(원주)÷(원주율)=78.5÷3.14=25 (cm)

7 (지름)=42÷3=14 (cm)
➜ (반지름)=14÷2=7 (cm)

8 (지름)=62÷3.1=20 (cm)
➜ (반지름)=20÷2=10 (cm)

1 11, 3.1, 34.1 **2** 63 cm
3 75.36 cm **4** 59.66 cm
5 42 m **6**
7 3.14 cm **8** 12
9 9 cm **10** 26 cm
11 2 m **12** 8 cm
13 5 cm **14** >
15 소윤

3 접시의 둘레는 지름이 24 cm인 원의 원주와 같으므로
24×3.14=75.36 (cm)입니다.

4 (원주)=19×3.14=59.66 (cm)

5 반지름이 7 m인 원의 지름은 14 m이므로
(원주)=14×3=42 (m)입니다.

6 ・(지름)=8 cm ➜ (원주)=8×3.1=24.8 (cm)
・반지름이 10 cm인 원의 지름은 20 cm이므로
(원주)=20×3.1=62 (cm)입니다.
・(지름)=12 cm ➜ (원주)=12×3.1=37.2 (cm)

7 반지름이 8 cm인 원의 지름은 16 cm이므로
(원주)=16×3.14=50.24 (cm)입니다.
➜ (두 원의 원주의 차)=50.24-47.1=3.14 (cm)

8 (지름)=37.68÷3.14=12 (cm)

9 (지름)=27.9÷3.1=9 (cm)

10 만들 수 있는 가장 큰 원의 원주는 78 cm입니다.
➜ (지름)=78÷3=26 (cm)

11 (지름)=6.28÷3.14=2 (m)

12 (지름)=48÷3=16 (cm)
→ (반지름)=16÷2=8 (cm)

13 고리의 원주가 31 cm이므로
고리의 지름은 31÷3.1=10 (cm)입니다.
→ (고리의 반지름)=10÷2=5 (cm)

14 원주가 62.8 cm인 원의 지름은 62.8÷3.14=20 (cm),
반지름은 20÷2=10 (cm)입니다.
→ 10>9이므로 원주가 62.8 cm인 원이 더 큽니다.

15 (현서가 만든 원의 지름)=33÷3=11 (cm)
→ 15>11이므로 원의 지름이 더 긴 사람은 소윤입니다.

124~125쪽 단계 개념 빠삭

예제 문제 **1** 18

2 36   **3** 18, 36

개념 집중 연습

1 128, 256 / 128, 256   **2** 32, 60 / 32, 60
3 60, 88 / 60, 88   **4** 8, 32, 8, 64 / 32, 64
5 14, 2, 98, 14, 196 / 98, 196

예제 문제

1 (마름모의 넓이)=6×6÷2=18 (cm²)

참고
(마름모의 넓이)
=(한 대각선의 길이)×(다른 대각선의 길이)÷2

2 (정사각형의 넓이)=6×6=36 (cm²)

참고
(정사각형의 넓이)=(한 변의 길이)×(한 변의 길이)

126~127쪽 단계 개념 빠삭

예제 문제 **1** (위에서부터) 원주, 반지름

2 원주, 지름, 반지름, 반지름

개념 집중 연습

1 15.7, 5 / 78.5   **2** 21.98, 7 / 153.86
3 9, 9, 254.34   **4** 15, 15, 675
5 7, 7, 151.9   **6** 8, 8, 192
7 5, 5, 78.5   **8** 14, 14, 607.6

개념 집중 연습

1 (가로)=5×2×3.14×$\frac{1}{2}$=15.7 (cm)
(원의 넓이)=15.7×5=78.5 (cm²)

2 (가로)=14×3.14×$\frac{1}{2}$=21.98 (cm)
(원의 넓이)=21.98×7=153.86 (cm²)

3 (원의 넓이)=(반지름)×(반지름)×3.14
=9×9×3.14=254.34 (cm²)

7 (반지름)=10÷2=5 (cm)
→ (원의 넓이)=5×5×3.14=78.5 (cm²)

8 (반지름)=28÷2=14 (cm)
→ (원의 넓이)=14×14×3.14=607.6 (cm²)

128~129쪽 단계 개념 빠삭

예제 문제 **1** 2, 2, 12 / 4, 4, 48

2 2   **3** 4

개념 집중 연습

1 3.1, 12.4, 27.9   **2** 4, 9
3 6, 108, 3, 27 / 108, 27, 81
4 16, 768, 12, 432 / 768, 432, 336
5 192, 96, 48

개념 집중 연습

1 (반지름이 1 cm인 원의 넓이)
=1×1×3.1=3.1 (cm²)
(반지름이 2 cm인 원의 넓이)
=2×2×3.1=12.4 (cm²)
(반지름이 3 cm인 원의 넓이)
=3×3×3.1=27.9 (cm²)

2 12.4÷3.1=4(배), 27.9÷3.1=9(배)

5 • 왼쪽: 8×8×3=192 (cm²)

• 가운데: 8×8×3×$\frac{1}{2}$=96 (cm²)

• 오른쪽: 8×8×3×$\frac{1}{4}$=48 (cm²)

정답과 해설

1 30, 30, 450　　**2** 30, 30, 900

3 450, 900　　**4** 50, 100 / 50, 100

5 88, 132

6 (1) 144 cm², 192 cm²　(2) 144, 192, **예** 168

7 3, 9.42 / 9.42, 28.26

8 (위에서부터) 198.4 / 10×10×3.1, 310 / 13×13×3.1, 523.9

9 12 cm²　　**10** 254.34 cm²

11 153.86 cm²　　**12** 1323 cm²

13 375.1 cm²　　**14** 건우

15 432 cm²　　**16** ㉡

17 113.04 cm²　　**18** 78.5 cm²

19 334.8 cm²　　**20** 864 cm²

21 248 cm²　　**22** 139.5 cm²

23 193.75 cm²　　**24** 5826 m²

25 27 cm²

5 (파란색 선 안쪽 모눈의 수)=88개 → 88 cm²
(빨간색 선 안쪽 모눈의 수)=132개 → 132 cm²
➡ 88 cm²<(원의 넓이)<132 cm²

6 (1) (원 안의 정육각형의 넓이)=24×6=144 (cm²)
(원 밖의 정육각형의 넓이)=32×6=192 (cm²)
(2) 원의 넓이는 144 cm²보다 크고 192 cm²보다 작으므로 144 cm²와 192 cm² 사이의 값으로 어림합니다.

7 직사각형의 가로는 원의 (원주)×$\frac{1}{2}$과 같으므로
(가로)=3×2×3.14×$\frac{1}{2}$=9.42 (cm)입니다.

8 (원의 넓이)=(반지름)×(반지름)×(원주율)
• (반지름)=(지름)÷2=20÷2=10 (cm)
• (반지름)=(지름)÷2=26÷2=13 (cm)

9 (반지름)=(컴퍼스를 벌린 길이)=2 cm
➡ (원의 넓이)=2×2×3=12 (cm²)

10 (원의 넓이)=9×9×3.14=254.34 (cm²)

11 (반지름)=14÷2=7 (cm)
➡ (원의 넓이)=7×7×3.14=153.86 (cm²)

12 (거울의 넓이)=21×21×3=1323 (cm²)

13 (원의 넓이)=11×11×3.1=375.1 (cm²)

14 (원의 넓이)=20×20×3.14=1256 (cm²)

15 (반지름)=(지름)÷2=24÷2=12 (cm)
➡ (피자의 넓이)=12×12×3=432 (cm²)

16 ㉠ (반지름)=10÷2=5 (cm)이므로
(원의 넓이)=5×5×3=75 (cm²)입니다.
➡ ㉠ 75 cm²<㉡ 147 cm²

17 색칠한 부분의 넓이는 반지름이 6 cm인 원의 넓이와 같습니다.
➡ (색칠한 부분의 넓이)
=6×6×3.14=113.04 (cm²)

18 색칠한 부분의 넓이는 지름이 10 cm인 원의 넓이와 같습니다.
➡ (반지름)=10÷2=5 (cm)
(색칠한 부분의 넓이)=5×5×3.14=78.5 (cm²)

19 (큰 원의 넓이)=12×12×3.1=446.4 (cm²)
(작은 원의 반지름)=12÷2=6 (cm)
(작은 원의 넓이)=6×6×3.1=111.6 (cm²)
➡ (색칠한 부분의 넓이)
=446.4−111.6=334.8 (cm²)

20 작은 원의 색칠한 부분을 옮기면 색칠한 부분의 넓이는 반지름이 24 cm인 반원 1개의 넓이와 같습니다.
➡ (색칠한 부분의 넓이)=24×24×3×$\frac{1}{2}$
=864 (cm²)

21 색칠한 부분의 넓이는 가장 큰 원의 넓이에서 중간 크기의 원의 넓이를 뺀 것과 같습니다.
(가장 큰 원의 반지름)=4+4+4=12 (cm)
(중간 크기 원의 반지름)=4+4=8 (cm)
➡ (색칠한 부분의 넓이)
=(12×12×3.1)−(8×8×3.1)
=446.4−198.4=248 (cm²)

22 (가장 큰 원의 반지름)=2+4+3=9 (cm)
(중간 크기 원의 반지름)=2+4=6 (cm)
➡ (색칠한 부분의 넓이)
=(9×9×3.1)−(6×6×3.1)
=251.1−111.6=139.5 (cm²)

23 (큰 반원의 넓이)=10×10×3.1×$\frac{1}{2}$=155 (cm²)
(작은 반원의 넓이)=5×5×3.1×$\frac{1}{2}$=38.75 (cm²)
➡ (도형의 넓이)=155+38.75=193.75 (cm²)

24

(직사각형 부분의 넓이)$=50\times60=3000$ (m^2)

(반원 2개의 넓이의 합)

$=30\times30\times3.14=2826$ (m^2)

➡ (꽃밭의 넓이)$=3000+2826=5826$ (m^2)

25

(반지름이 6 cm인 반원의 넓이)

$=6\times6\times3\times\dfrac{1}{2}=54$ (cm^2)

(지름이 6 cm인 원의 넓이)$=3\times3\times3=27$ (cm^2)

➡ (색칠한 부분의 넓이)$=54-27=27$ (cm^2)

134~136쪽 TEST 5단원 평가

1 지름		**2** 원주율	
3 3.14		**4** 47.1 cm	
5 6		**6** 18, 6	
7 50, 100		**8** 지안	
9 ㉢		**10** 18 cm	
11 251.1 cm^2		**12** 200.96 cm^2	
13 162, 216		**14** 188.4	
15 69.66 m^2		**16** 108 cm^2	
17 ㉢, ㉡, ㉠		**18** 12.56 m	
19 6125 m^2		**20** 150.72 cm^2	

3 (원주율)$=$(원주)$\div$(지름)$=9.42\div3=3.14$

4 (원주)$=$(지름)$\times$(원주율)$=15\times3.14=47.1$ (cm)

5 (지름)$=$(원주)$\div$(원주율)$=18.6\div3.1=6$ (cm)

6 (직사각형의 가로)$=$(원주)$\times\dfrac{1}{2}=12\times3\times\dfrac{1}{2}$

$=18$ (cm)

(직사각형의 세로)$=$(반지름)$=12\div2=6$ (cm)

7 (원 안의 마름모의 넓이)$=10\times10\div2=50$ (cm^2)

(원 밖의 정사각형의 넓이)$=10\times10=100$ (cm^2)

➡ 50 cm$^2<$(원의 넓이)<100 cm^2

8 (반지름)$=8\div2=4$ (cm)

➡ (원의 넓이)$=4\times4\times3.1=49.6$ (cm^2)

9 ㉢ 원주율은 원의 지름과 상관없이 항상 일정합니다.

10 끈을 사용하여 만들 수 있는 가장 큰 원의 원주는 55.8 cm입니다.

➡ (지름)$=55.8\div3.1=18$ (cm)

11 (반지름)$=18\div2=9$ (cm)

➡ (원의 넓이)$=9\times9\times3.1=251.1$ (cm^2)

12 (반지름)$=16\div2=8$ (cm)

➡ (원의 넓이)$=8\times8\times3.14=200.96$ (cm^2)

13 (원 안의 정육각형의 넓이)$=27\times6=162$ (cm^2)

(원 밖의 정육각형의 넓이)$=36\times6=216$ (cm^2)

➡ 162 cm$^2<$(원의 넓이)<216 cm^2

14 바퀴가 한 바퀴 굴러간 거리는 바퀴의 원주와 같습니다.

➡ (원주)$=60\times3.14=188.4$ (cm)

15 꽃밭의 넓이는 한 변의 길이가 18 m인 정사각형의 넓이에서 반지름이 9 m인 원의 넓이를 뺀 것과 같습니다.

➡ (꽃밭의 넓이)$=(18\times18)-(9\times9\times3.14)$

$=324-254.34=69.66$ (m^2)

16 (도형의 넓이)$=12\times12\times3\times\dfrac{1}{4}=108$ (cm^2)

17 ㉠ (반지름)$=38\div2=19$ (cm)

$\rightarrow$ (원의 넓이)$=19\times19\times3.1=1119.1$ (cm^2)

㉡ (원의 넓이)$=20\times20\times3.1=1240$ (cm^2)

➡ ㉢$>$㉡$>$㉠

18 (지름)$=2\times2=4$ (m)

➡ (원주)$=4\times3.14=12.56$ (m)

19 (직사각형 부분의 넓이)$=85\times50=4250$ (m^2)

(반원 2개의 넓이의 합)$=25\times25\times3=1875$ (m^2)

➡ (운동장의 넓이)$=4250+1875=6125$ (m^2)

20 빨간색 부분의 넓이는 중간 크기의 원의 넓이에서 가장 작은 원의 넓이를 뺀 것과 같습니다.

(가장 큰 원의 반지름)$=24\div2=12$ (cm)

(중간 크기 원의 반지름)$=12-4=8$ (cm)

(가장 작은 원의 반지름)$=8-4=4$ (cm)

➡ (빨간색 부분의 넓이)

$=(8\times8\times3.14)-(4\times4\times3.14)$

$=200.96-50.24=150.72$ (cm^2)

6 원기둥, 원뿔, 구

140~141쪽 **개념 빠삭**

예제 문제 **1** (○) ( )

2

개념 집중 연습

1 ㉡ **2** ㉠

3 (왼쪽부터) 높이, 밑면 **4** (왼쪽부터) 옆면, 밑면

5 ○, □, □

6 6, 3 **7** 4, 4

개념 집중 연습

1 ㉠은 위와 아래에 있는 면이 서로 합동이 아닙니다.
㉢은 각기둥입니다.

2 ㉢은 각기둥입니다.
㉢은 위와 아래에 있는 면이 서로 평행하지 않고 합동이 아닙니다.

6 (밑면의 지름)=(직사각형의 가로)×2
=3×2=6 (cm)
(높이)=(직사각형의 세로)=3 cm

7 (밑면의 지름)=(직사각형의 가로)×2
=2×2=4 (cm)
(높이)=(직사각형의 세로)=4 cm

142~143쪽 **개념 빠삭**

예제 문제 **1** 전개도

2 원, 2 **3** 직사각형, 1

개념 집중 연습

1 나 **2** 나

3 (1) 선분 ㄱㄹ, 선분 ㄴㄷ (2) 선분 ㄱㄴ, 선분 ㄹㄷ

4 (1) 선분 ㄱㄴ, 선분 ㄹㄷ (2) 선분 ㄱㄹ, 선분 ㄴㄷ

5 8 **6** 5

7 8, 25.12

개념 집중 연습

1 가: 두 밑면은 옆면인 직사각형의 마주 보는 두 변에 그려야 합니다.

5 ㉠=(밑면의 지름)=4×2=8 (cm)

6 ㉡=(원기둥의 높이)=5 cm

7 ㉢=(밑면의 둘레)=8×3.14=25.12 (cm)

144~147쪽 **익힘책 빠삭**

1 ㉡

2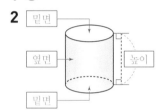

3 ①, ③

4 원기둥

5 6 cm, 5 cm

6 원, 2

7 민재

8 5 cm **9** 7 cm

10 ㉢, ㉠, ㉡ **11** ㉢, ㉣

12 예 위에 있는 면과 아래에 있는 면이 서로 평행하지 않고 합동이 아닙니다.

13 12 cm **14** 2개, 1개

15 (1) ○ (2) × **16** ㉢

17 ㉠, ㉢

18

19 4 cm

20 18.6 cm

21 예   **22** ㉡, ㉣

23 예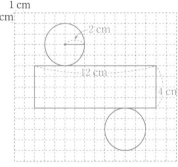

24 5 cm **25** 6 cm

26 172 cm

1 원기둥은 마주 보는 두 면이 서로 평행하고 합동인 원으로 이루어진 입체도형입니다.
➡ 원기둥 모양인 물건: ㉡

2 참고
원기둥에서 ┌ 밑면: 서로 평행하고 합동인 두 면
├ 옆면: 두 밑면과 만나는 면
└ 높이: 두 밑면에 수직인 선분의 길이

4 한 변을 기준으로 직사각형 모양의 종이를 돌려 만든 입체도형은 원기둥입니다.

5 밑면의 반지름이 3 cm이므로 지름은 $3×2=6$ (cm)입니다.

7 원기둥의 밑면은 원이고, 각기둥의 밑면은 다각형이므로 민재가 잘못 말했습니다.

8 높이는 두 밑면에 수직인 선분의 길이이므로 5 cm입니다.

10 ㉠ 가의 밑면의 수: 2개 ┐
㉡ 나의 옆면의 수: 1개 ├ ➡ 6개>2개>1개
㉢ 가의 옆면의 수: 6개 ┘

11 ㉠ 원기둥의 밑면은 평평한 면이고 원입니다.
㉡ 원기둥을 앞에서 본 모양은 직사각형입니다.

12 평가 기준
두 밑면이 서로 평행하지 않고 합동이 아니라고 했으면 정답으로 합니다.

13 직사각형의 가로는 밑면의 지름과 같고, 세로는 원기둥의 높이와 같습니다.
➡ 밑면의 지름이 $2×2=4$ (cm)이므로 높이는 $4×3=12$ (cm)입니다.

15 ⑵ 옆면의 세로의 길이는 원기둥의 높이와 같습니다.

16 ㉠ 두 밑면이 합동이 아닙니다.
㉡ 옆면이 직사각형이 아닙니다.

17 원기둥의 전개도에서 합동인 두 원이 밑면입니다.

19 (선분 ㄱㄴ)=(원기둥의 높이)=4 cm

20 (밑면의 지름)=(밑면의 반지름)$×2=3×2=6$ (cm)
(선분 ㄱㄹ)=(밑면의 둘레)$=6×3.1=18.6$ (cm)

21 옆면은 직사각형이 되도록 그립니다.
두 밑면은 합동이 되도록 옆면의 마주 보는 두 변에 그립니다.

22 ㉡ 옆면은 직사각형이어야 합니다.
㉣ 두 밑면은 서로 합동이어야 합니다.

23 (옆면의 가로)=(밑면의 둘레)
$=2×2×3=12$ (cm)
(옆면의 세로)=(원기둥의 높이)$=4$ cm

24 (밑면의 지름)=(옆면의 가로)÷(원주율)
$=30÷3=10$ (cm)
(밑면의 반지름)$=10÷2=5$ (cm)

25 (밑면의 지름)=(옆면의 가로)÷(원주율)
$=37.68÷3.14=12$ (cm)
(밑면의 반지름)$=12÷2=6$ (cm)

26 (옆면의 가로)=(밑면의 반지름)$×2×$(원주율)
$=12×2×3=72$ (cm)
(옆면의 둘레)$=(72+14)×2=172$ (cm)

148~149쪽 1단계 **개념** 빠삭

예제 문제 **1** (○) ( ) **2**

개념 집중 연습

1

2

3 (왼쪽부터) 모선, 원뿔의 꼭짓점, 높이
4 (왼쪽부터) 원뿔의 꼭짓점, 옆면, 밑면
5 원뿔 /
6 원뿔 /

7

28
정답과 해설

개념 집중 연습

1 평평한 면이 원이고 옆을 둘러싼 면이 굽은 면인 뿔 모양의 입체도형을 찾습니다.
- 가운데 도형: 밑면이 1개가 아니고 뾰족한 부분이 없습니다.
- 오른쪽 도형: 각뿔입니다.

2 • 왼쪽 도형: 원기둥입니다.
- 오른쪽 도형: 각기둥입니다.

3 원뿔에서 뾰족한 부분의 점을 원뿔의 꼭짓점, 원뿔의 꼭짓점과 밑면인 원의 둘레의 한 점을 이은 선분을 모선, 원뿔의 꼭짓점에서 밑면에 수직으로 내린 선분의 길이를 높이라고 합니다.

4 원뿔에서 뾰족한 부분의 점을 원뿔의 꼭짓점, 평평한 면을 밑면, 옆을 둘러싼 굽은 면을 옆면이라고 합니다.

5 한 변을 기준으로 직각삼각형 모양의 종이를 돌리면 원뿔이 만들어집니다.

150~151쪽 1단계 개념 빠삭

예제 문제 **1** 구   **2** ㉡

개념 집중 연습

1 ㉠   **2** ㉢
3 ㉡ / 예   **4** ㉢ / 예
5 ㉢ / 예   **6** 7
7 7.5
8

예제 문제

1 구는 굽은 면으로 이루어진 입체도형입니다.
2 구의 중심은 구에서 가장 안쪽에 있는 점입니다.

개념 집중 연습

1 구 모양인 물건을 찾으면 ㉠ 배구공입니다.

2 구 모양인 물건을 찾으면 ㉢ 지구본입니다.

3 구의 중심에서 구의 겉면의 한 점을 이어 반지름을 긋습니다.

6 (구의 반지름)=7 cm

7 (구의 지름)=15 cm
→ (구의 반지름)=15÷2=7.5 (cm)

8 구는 위, 앞, 옆에서 본 모양이 모두 원입니다.

152~153쪽 2단계 익힘책 빠삭

1 3개   **2** 원뿔의 꼭짓점
3 6 cm, 9 cm   **4** 선분 ㄱㄴ, 선분 ㄱㄷ
5 은우   **6** 7 cm
7 ㉡, ㉢   **8** 가, 다
9 6 cm   **10** 서아
11 1, 2, 2
12

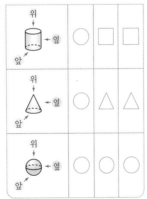

13 원뿔, 구
/ 예 위에서 본 모양이 원입니다.
/ 예 원뿔은 뾰족한 부분이 있는데 구는 없습니다.

3 높이: 원뿔의 꼭짓점에서 밑면에 수직으로 내린 선분의 길이이므로 6 cm입니다.
모선의 길이: 원뿔의 꼭짓점과 밑면인 원의 둘레의 한 점을 이은 선분의 길이이므로 9 cm입니다.

4 길이가 8 cm인 선분은 원뿔의 모선이므로 모선을 모두 찾습니다.
→ 선분 ㄱㄴ, 선분 ㄱㄷ

5 나는 모선의 길이를 재는 방법이고 모선의 길이는 5 cm입니다.

6 한 변을 기준으로 직각삼각형 모양의 종이를 돌리면 원뿔이 만들어지고 만든 원뿔의 높이는 7 cm입니다.

7 ㉠ 원뿔을 앞에서 본 모양은 삼각형입니다.
㉣ 원뿔의 밑면은 평평한 면이고 원입니다.

8 가 농구공과 다 구슬은 구 모양입니다.

9 (구의 지름)=12 cm
➡ (구의 반지름)=12÷2=6 (cm)

10 건우: 구에는 중심이 1개 있습니다.

13 평가 기준
□ 안에 원뿔과 구를 써넣고 공통점과 차이점을 1개씩 바르게 썼으면 정답으로 합니다.

154~156쪽 **TEST** 6단원 평가

1 ㉠, ㉣ / ㉢, ㉢   **2** ( ) (○)
3 4 cm   **4** ⑤
5 정우   **6** ( ) ( ) (○)
7 5 cm, 4 cm   **8** (왼쪽부터) 8, 2
9 14 cm   **10** 원뿔
11 4 cm
12 (왼쪽부터) 10, 24.8, 4
13 나   **14** ㉡
15 12 cm   **16** ㉡
17 7 cm   **18** 구
19 112 cm   **20** 2355 cm²

---

1 기둥 모양을 찾으면 ㉠, ㉣이고, 뿔 모양을 찾으면 ㉢, ㉢입니다.

2 왼쪽은 원뿔의 높이를 잰 것입니다.

3 구의 반지름은 구의 중심에서 구의 겉면의 한 점을 이은 선분이므로 4 cm입니다.

5 형주: 두 밑면이 서로 겹쳐집니다.
민철: 옆면이 직사각형이 아닙니다.

6 구는 어느 방향에서 보아도 항상 원으로 보입니다.

7 (원뿔의 높이)=5 cm,
(밑면의 지름)=2×2=4 (cm)

8 한 변을 기준으로 직사각형 모양의 종이를 돌리면 밑면의 지름이 4×2=8 (cm), 높이가 2 cm인 원기둥이 만들어집니다.

9 지름을 기준으로 반원 모양의 종이를 돌리면 구가 만들어집니다. 구의 지름은 반원의 지름과 같으므로 7×2=14 (cm)입니다.

11 (원기둥의 높이)=10 cm, (원뿔의 높이)=6 cm
➡ (원기둥과 원뿔의 높이의 차)=10−6=4 (cm)

12 (옆면의 세로)=(원기둥의 높이)=10 cm
(옆면의 가로)=(밑면의 둘레)
=(반지름)×2×(원주율)
=4×2×3.1=24.8 (cm)

13 가의 밑면의 지름은 3×2=6 (cm)이고, 나의 밑면의 지름은 5×2=10 (cm)입니다.
➡ 6 cm<10 cm이므로 밑면의 지름이 더 긴 것은 나입니다.

14 ㉡ 앞에서 본 모양이 원기둥은 직사각형, 원뿔은 삼각형으로 서로 다릅니다.

15 원기둥의 밑면의 지름은 6×2=12 (cm)입니다.
앞에서 본 모양에서 가로의 길이는 밑면의 지름과 같으므로 12 cm입니다.
앞에서 본 모양이 정사각형이므로 원기둥의 높이는 가로의 길이와 같은 12 cm입니다.

16 ㉡ 원기둥의 밑면의 둘레와 길이가 같은 것은 선분 ㄱㄹ, 선분 ㄴㄷ입니다.

17 (밑면의 지름)=42÷3=14 (cm)
➡ (밑면의 반지름)=14÷2=7 (cm)

18 원기둥 4개, 원뿔 3개, 구 6개로 만든 모양이므로 가장 많이 사용한 도형은 구입니다.

19 (한 밑면의 둘레)=4×2×3=24 (cm)
➡ (전개도의 둘레)=(두 밑면의 둘레)+(옆면의 둘레)
=24×2+(24×2+8×2)
=48+64=112 (cm)

20 페인트가 묻은 부분의 넓이는 원기둥의 옆면의 넓이의 5배입니다.
➡ (페인트가 묻은 부분의 넓이)=10×3.14×15×5
=2355 (cm²)

1 분수의 나눗셈

1쪽 1 단원 문장으로 이어지는 연산 학습

1 1, 5 **2** 15, 15
3 2, 4 **4** 12, 2
5 7, 7 **6** 22, 22, 1, 5
7 14 **8** 3
9 3 **10** $\dfrac{11}{13}$

연산 → 문장제

$\dfrac{9}{20} \div \dfrac{3}{20} = 3$ / 3모

7 $\dfrac{14}{15} \div \dfrac{1}{15} = 14 \div 1 = 14$

10 $\dfrac{11}{18} \div \dfrac{13}{18} = 11 \div 13 = \dfrac{11}{13}$

2쪽 1 단원 문장으로 이어지는 연산 학습

1 6, 6, 6 **2** 2, 2, $\dfrac{2}{3}$
3 18, 18, 9 **4** 20, 6, 6, $\dfrac{5}{6}$
5 9, 9, 1, 9 **6** 34, 17, 17, $\dfrac{8}{17}$
7 $3\dfrac{1}{3}\left(=\dfrac{10}{3}\right)$ **8** $1\dfrac{2}{15}\left(=\dfrac{17}{15}\right)$
9 6 **10** $2\dfrac{1}{16}\left(=\dfrac{33}{16}\right)$

연산 → 문장제

$\dfrac{9}{10} \div \dfrac{3}{20} = 6$ / 6도막

7 $\dfrac{5}{8} \div \dfrac{3}{16} = \dfrac{10}{16} \div \dfrac{3}{16} = 10 \div 3 = \dfrac{10}{3} = 3\dfrac{1}{3}$

8 $\dfrac{17}{18} \div \dfrac{5}{6} = \dfrac{17}{18} \div \dfrac{15}{18} = 17 \div 15 = \dfrac{17}{15} = 1\dfrac{2}{15}$

10 $\dfrac{3}{4} \div \dfrac{4}{11} = \dfrac{33}{44} \div \dfrac{16}{44} = 33 \div 16 = \dfrac{33}{16} = 2\dfrac{1}{16}$

3쪽 1 단원 문장으로 이어지는 연산 학습

1 6 **2** 20 **3** 10
4 10 **5** 36 **6** 16
7 39 **8** 33 **9** 28
10 133 **11** 48 **12** 72
13 36 **14** 85 **15** 64

연산 → 문장제

$30 \div \dfrac{5}{6} = 36$ / 36 %

3 $6 \div \dfrac{3}{5} = (6 \div 3) \times 5 = 10$

4 $7 \div \dfrac{7}{10} = (7 \div 7) \times 10 = 10$

5 $8 \div \dfrac{2}{9} = (8 \div 2) \times 9 = 36$

6 $10 \div \dfrac{5}{8} = (10 \div 5) \times 8 = 16$

7 $12 \div \dfrac{4}{13} = (12 \div 4) \times 13 = 39$

8 $15 \div \dfrac{5}{11} = (15 \div 5) \times 11 = 33$

9 $18 \div \dfrac{9}{14} = (18 \div 9) \times 14 = 28$

11 $26 \div \dfrac{13}{24} = (26 \div 13) \times 24 = 48$

12 $27 \div \dfrac{3}{8} = (27 \div 3) \times 8 = 72$

14 $34 \div \dfrac{2}{5} = (34 \div 2) \times 5 = 85$

15 $44 \div \dfrac{11}{16} = (44 \div 11) \times 16 = 64$

연산 → 문장제

(1시간 동안 충전할 수 있는 배터리 양)
= (충전한 배터리 양) ÷ (충전한 시간)
= $30 \div \dfrac{5}{6}$
= $(30 \div 5) \times 6 = 36$ (%)

4쪽 **1** 단원 문장으로 이어지는 연산 학습

1 3, 18, 3, 3

2 3, 3, 9, 27, 6, 3

3 5, 35, 1, 17

4 8, 8, 5, 56, 3, 11

5 $2\frac{2}{21}\left(=\frac{44}{21}\right)$

6 $3\frac{1}{13}\left(=\frac{40}{13}\right)$

7 $4\frac{9}{10}\left(=\frac{49}{10}\right)$

8 $4\frac{2}{3}\left(=\frac{14}{3}\right)$

9 $8\frac{1}{3}\left(=\frac{25}{3}\right)$

10 $4\frac{1}{5}\left(=\frac{21}{5}\right)$

연산 → 문장제

$\frac{10}{3} \div \frac{2}{5} = 8\frac{1}{3}\left(=\frac{25}{3}\right)$ / $8\frac{1}{3}\left(=\frac{25}{3}\right)$ m

8 $1\frac{3}{4} \div \frac{3}{8} = \frac{7}{4} \div \frac{3}{8} = \frac{7}{\overset{}{\underset{1}{4}}} \times \frac{\overset{2}{8}}{3} = \frac{14}{3} = 4\frac{2}{3}$

10 $2\frac{7}{10} \div \frac{9}{14} = \frac{27}{10} \div \frac{9}{14} = \frac{27}{\underset{5}{10}} \times \frac{\overset{7}{14}}{\underset{1}{9}} = \frac{21}{5} = 4\frac{1}{5}$

연산 → 문장제

(세로)=(직사각형의 넓이)÷(가로)

$= \frac{10}{3} \div \frac{2}{5} = \frac{\overset{5}{10}}{3} \times \frac{5}{\underset{1}{2}} = \frac{25}{3} = 8\frac{1}{3}$ (m)

5~6쪽 **1** 단원 성취도 평가

1 5, 2, $\frac{5}{2}$, $2\frac{1}{2}$

2 $\frac{9}{10} \times \frac{9}{4}$

3 ( ) (○)

4 8

5 6

6 $\frac{2}{3} \div \frac{7}{8} = \frac{2}{3} \times \frac{8}{7} = \frac{16}{21}$

7 $\frac{10}{21} \div \frac{5}{21}$에 색칠

8 <

9 예 $2\frac{1}{3} \div \frac{5}{12} = \frac{7}{3} \div \frac{5}{12} = \frac{7}{\underset{1}{3}} \times \frac{\overset{4}{12}}{5} = \frac{28}{5} = 5\frac{3}{5}$

10 ㉠

11 $6 \div \frac{3}{4} = 8$, 8명

12 9

13 $5\frac{2}{5}\left(=\frac{27}{5}\right)$, $40\frac{1}{2}\left(=\frac{81}{2}\right)$

14 $1\frac{7}{18}\left(=\frac{25}{18}\right)$배

15 1, 2, 3, 4

---

5 가분수: $\frac{7}{2}$, 진분수: $\frac{7}{12}$

➡ $\frac{7}{2} \div \frac{7}{12} = \frac{42}{12} \div \frac{7}{12} = 42 \div 7 = 6$

7 • $\frac{6}{7} \div \frac{2}{7} = 6 \div 2 = 3$

• $\frac{12}{19} \div \frac{4}{19} = 12 \div 4 = 3$

• $\frac{10}{21} \div \frac{5}{21} = 10 \div 5 = 2$

8 $\frac{6}{7} \div \frac{2}{5} = \frac{\overset{3}{6}}{7} \times \frac{5}{\underset{1}{2}} = \frac{15}{7} = 2\frac{1}{7}$, $\frac{3}{8} \div \frac{1}{8} = 3 \div 1 = 3$

➡ $2\frac{1}{7} < 3$

9 대분수를 가분수로 바꾼 다음 분수의 곱셈으로 나타내 계산합니다.

10 ㉠ $\frac{3}{4} \div \frac{2}{7} = \frac{3}{4} \times \frac{7}{2} = \frac{21}{8} = 2\frac{5}{8}$

㉡ $\frac{4}{9} \div \frac{8}{11} = \frac{\overset{1}{4}}{9} \times \frac{11}{\underset{2}{8}} = \frac{11}{18}$

11 (어머니께서 만드신 토마토 주스의 양)÷(한 병에 담는 양)

$= 6 \div \frac{3}{4} = (6 \div 3) \times 4 = 8$(명)

12 $1\frac{11}{25} \div \frac{\Box}{25} = \frac{36}{25} \div \frac{\Box}{25} = 36 \div \Box = 4$, $\Box = 9$

13 $1\frac{19}{35} \div \frac{2}{7} = \frac{54}{35} \div \frac{2}{7} = \frac{\overset{27}{54}}{\underset{5}{35}} \times \frac{\overset{1}{7}}{\underset{1}{2}} = \frac{27}{5} = 5\frac{2}{5}$

$5\frac{2}{5} \div \frac{2}{15} = \frac{27}{5} \div \frac{2}{15} = \frac{27}{\underset{1}{5}} \times \frac{\overset{3}{15}}{2} = \frac{81}{2} = 40\frac{1}{2}$

14 (학교~우재네 집까지의 거리)÷(학교~도서관까지의 거리)

$= \frac{5}{6} \div \frac{3}{5} = \frac{5}{6} \times \frac{5}{3} = \frac{25}{18} = 1\frac{7}{18}$(배)

15 $\frac{14}{5} \div \frac{4}{7} = \frac{14}{5} \times \frac{\overset{7}{7}}{\underset{2}{4}} = \frac{49}{10} = 4\frac{9}{10}$

➡ $4\frac{9}{10} > \Box$이므로 $\Box$ 안에 들어갈 수 있는 자연수는 1, 2, 3, 4입니다.

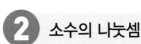

소수의 나눗셈

2 단원 **문장으로 이어지는 연산 학습**

1 84, 84, 21 　　**2** 25, 25, 17
3 21　　**4** 16　　**5** 14
6 49　　**7** 18　　**8** 23
9 32　　**10** 232

연산 → 문장제

$41.6 \div 1.3 = 32$ / 32개

9 $41.6 \div 1.3 = \dfrac{416}{10} \div \dfrac{13}{10} = 416 \div 13 = 32$

10 $20.88 \div 0.09 = \dfrac{2088}{100} \div \dfrac{9}{100} = 2088 \div 9 = 232$

2 단원 **문장으로 이어지는 연산 학습**

1 1.6, 320, 1.6　　**2** 1.3, 23.4, 1.3
3 2.4　　**4** 3.1　　**5** 1.2
6 1.9　　**7** 23.4　　**8** 4.7
9 8.15　　**10** 18.3

연산 → 문장제

$39.12 \div 4.8 = 8.15$ / 8.15 cm

9 $39.12 \div 4.8 = 391.2 \div 48 = 8.15$

10 $45.75 \div 2.5 = 457.5 \div 25 = 18.3$

2 단원 **문장으로 이어지는 연산 학습**

1 5, 5, 16　　**2** 25, 25, 20
3 240, 240, 15　　**4** 4000, 4000, 125
5 50　　**6** 30　　**7** 25
8 24　　**9** 300　　**10** 20
11 5

연산 → 문장제

$85 \div 4.25 = 20$ / 20 km

---

8 $36 \div 1.5 = \dfrac{360}{10} \div \dfrac{15}{10} = 360 \div 15 = 24$

9 $33 \div 0.11 = \dfrac{3300}{100} \div \dfrac{11}{100} = 3300 \div 11 = 300$

11 $126 \div 25.2 = \dfrac{1260}{10} \div \dfrac{252}{10} = 1260 \div 252 = 5$

연산 → 문장제

(경유 1 L로 갈 수 있는 거리)
 =(간 거리)÷(사용한 경유의 양)
 $= 85 \div 4.25 = \dfrac{8500}{100} \div \dfrac{425}{100}$
 $= 8500 \div 425 = 20$ (km)

2 단원 **문장으로 이어지는 연산 학습**

1
```
       0.5 4  / 0.5
1 1 ) 6
      5 5
        5 0
        4 4
          6
```

2
```
       2.1 5  / 2.2
1.3 ) 2.8
      2 6
        2 0
        1 3
          7 0
          6 5
            5
```

3
```
       2.6 8  / 2.7
1.9 ) 5.1
      3 8
      1 3 0
      1 1 4
        1 6 0
        1 5 2
            8
```

4
```
       0.7 1 4  / 0.71
7 ) 5
    4 9
      1 0
        7
        3 0
        2 8
          2
```

5
```
       1.8 9 2  / 1.89
1 3 ) 2 4.6
      1 3
      1 1 6
      1 0 4
        1 2 0
        1 1 7
            3 0
            2 6
              4
```

6
```
       3.2 8 5  / 3.29
2.1 ) 6.9
      6 3
        6 0
        4 2
        1 8 0
        1 6 8
          1 2 0
          1 0 5
            1 5
```

7 (왼쪽부터) 4, 0.5 / 4, 0.5
8 4, 0.5 / 4, 0.5

1 $6 \div 11 = 0.5\underline{4}\cdots \rightarrow 0.5$

참고
몫을 반올림하여 소수 첫째 자리까지 구하려면 소수 둘째
자리에서 반올림해야 하므로 나눗셈의 몫을 소수 둘째 자리
까지 구합니다.

2 $2.8 \div 1.3 = 2.1\underline{5}\cdots \rightarrow 2.2$

3 $5.1 \div 1.9 = 2.6\underline{8}\cdots \rightarrow 2.7$

4 $5 \div 7 = 0.71\underline{4}\cdots \rightarrow 0.71$

참고
몫을 반올림하여 소수 둘째 자리까지 구하려면 소수 셋째
자리에서 반올림해야 하므로 나눗셈의 몫을 소수 셋째 자리
까지 구합니다.

5 $24.6 \div 13 = 1.89\underline{2}\cdots \rightarrow 1.89$

6 $6.9 \div 2.1 = 3.28\underline{5}\cdots \rightarrow 3.29$

11~12쪽 **2** 단원 성취도 평가

1 22 　　　　　　　　**2** 8

3 45

4 $1.82 \div 0.13 = \dfrac{182}{100} \div \dfrac{13}{100} = 182 \div 13 = 14$

5 2.33

6
```
        4.6
0.8) 3.6 8
     3 2
     ─────
       4 8
       4 8
     ─────
         0
```

7 (선 잇기)

8 >

9 1.4, 14, 140　　**10** ㉡

11 1.2 / 7, 1.2　　**12** 2.8

13 8 cm

14 $69.12 \div 38.4 = 1.8$, 1.8배

15 11개, 1.5 m

1
```
        10배
   ┌─────────────┐
26.4 ÷ 1.2 = 22    264 ÷ 12 = 22
   └─────────────┘
        10배
```

2
```
          8
4.2) 3 3.6
     3 3 6
     ─────
         0
```

---

3 자연수: 36 →
소수: 0.8
```
          4 5
0.8) 3 6.0
     3 2
     ─────
       4 0
       4 0
     ─────
         0
```

4 소수 두 자리 수를 분모가 100인 분수로 바꾸어 분수
의 나눗셈으로 계산합니다.

5
```
      2.3 2 8
7) 1 6.3 0 0
   1 4
   ─────
     2 3
     2 1
   ─────
       2 0
       1 4
   ─────
         6 0
         5 6
   ─────
           4
```
→ $16.3 \div 7 = 2.32\underline{8}\cdots$이므로 나눗셈의 몫을 반올림하여 소수 둘째 자리까지 나타내면 2.33입니다.

6 소수점을 옮겨서 계산하는 경우 몫의 소수점은 옮긴 소
수점의 위치에 맞추어 찍어야 합니다.

7 $40.8 \div 2.4 = 408 \div 24 = 17$
$72 \div 4.5 = 720 \div 45 = 16$

8 $9.8 \div 0.7 = 98 \div 7 = 14$
$6.05 \div 0.5 = 60.5 \div 5 = 12.1$
$\rightarrow 14 > 12.1$

9 나누는 수가 같을 때 나누어지는 수가 10배, 100배가
되면 몫도 10배, 100배가 됩니다.

10 ㉠ $16.8 \div 6 = 2.8$
㉡ $8.6 \div 3 = 2.8\underline{6}\cdots \rightarrow 2.9$
따라서 계산 결과가 더 큰 것은 ㉡입니다.

12 $11.48 > 10.9 > 4.1$이므로 가장 큰 수는 11.48, 가장
작은 수는 4.1입니다.
```
         2.8
4.1) 1 1.4 8
     8 2
     ─────
       3 2 8
       3 2 8
     ─────
           0
```

13 (세로) = (넓이) ÷ (가로)
$= 28.8 \div 3.6 = 8$ (cm)

14 (아버지의 몸무게) ÷ (해은이의 몸무게)
$= 69.12 \div 38.4 = 1.8$(배)

15 $23.5 \div 2$의 몫을 자연수까지만 계산하면
$23.5 \div 2 = 11 \cdots 1.5$이므로 묶을 수 있는 상자의 수는
11개이고, 남는 노끈의 길이는 1.5 m입니다.

③ 공간과 입체

13쪽 **3** 단원 **기초력 집중 연습**

1 나   **2** 다   **3** 가
4 다   **5** 가   **6** 라
7 7개   **8** 8개

4 위에서 본 모양은 바닥에 닿아 있는 면의 모양과 같습니다.

7 1층: 4개, 2층: 2개, 3층: 1개
➡ (필요한 쌓기나무 수)=4+2+1=7(개)

8 1층: 6개, 2층: 2개
➡ (필요한 쌓기나무 수)=6+2=8(개)

14쪽 **3** 단원 **기초력 집중 연습**

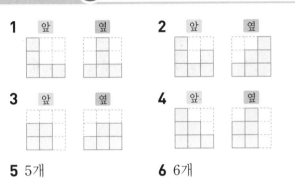

5 5개   **6** 6개

5 쌓은 모양은 이므로 똑같은 모양으로 쌓는 데

필요한 쌓기나무는 5개입니다.

6 쌓은 모양은 이므로 똑같은 모양으로 쌓는 데

필요한 쌓기나무는 6개입니다.

15쪽 **3** 단원 **기초력 집중 연습**

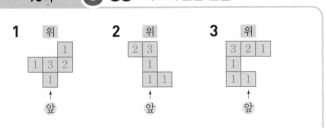

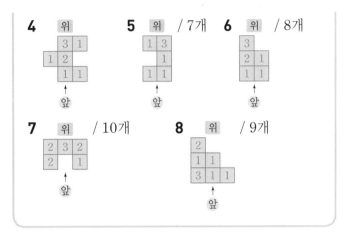

5 각 자리에 쌓은 쌓기나무는 ㉠에 1개, ㉡에 3개, ㉢에 1개, ㉣에 1개, ㉤에 1개이므로 똑같은 모양으로 쌓는 데 필요한 쌓기나무는 1+3+1+1+1=7(개)입니다.

6 각 자리에 쌓은 쌓기나무는 ㉠에 3개, ㉡에 2개, ㉢에 1개, ㉣에 1개, ㉤에 1개이므로 똑같은 모양으로 쌓는 데 필요한 쌓기나무는 3+2+1+1+1=8(개)입니다.

7 각 자리에 쌓은 쌓기나무는 ㉠에 2개, ㉡에 3개, ㉢에 2개, ㉣에 2개, ㉤에 1개이므로 똑같은 모양으로 쌓는 데 필요한 쌓기나무는 2+3+2+2+1=10(개)입니다.

8 각 자리에 쌓은 쌓기나무는 ㉠에 2개, ㉡에 1개, ㉢에 1개, ㉣에 3개, ㉤에 1개, ㉥에 1개이므로 똑같은 모양으로 쌓는 데 필요한 쌓기나무는 2+1+1+3+1+1=9(개)입니다.

16쪽 **3** 단원 **기초력 집중 연습**

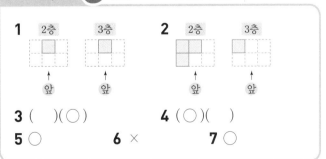

3 ( )(○)   **4** (○)( )
5 ○   **6** ×   **7** ○

3~4 1층의 모양을 보고 1층 위에 2층, 2층 위에 3층을 쌓은 모양을 생각하며 쌓은 모양을 찾습니다.

17~18쪽 3단원 성취도 평가

1 6개에 ○표
2 ( ) (×) ( )
3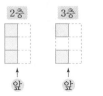
4
5
6
7 9개
8
9 가
10 나
11 3개
12 4개
13 11개
14 다
15 2개

1 위에서 본 모양을 보면 뒤에 숨겨진 쌓기나무가 없으므로 똑같이 쌓는 데 필요한 쌓기나무는 6개입니다.

2 컵의 위치와 색깔, 손잡이의 방향 등을 비교하면 두 번째 사진은 찍을 수 없습니다.

4~5 앞에서 보았을 때 가장 높은 층은 왼쪽부터 3층, 1층, 1층이고, 옆에서 보았을 때 가장 높은 층은 왼쪽부터 1층, 3층, 2층입니다.

7 (필요한 쌓기나무 수)=2+3+1+2+1=9(개)

9 나를 앞에서 본 모양은 입니다.

11~12 쌓기나무의 층수가 2층 이상이면 2층에 쌓기나무가 놓이므로 2 이상인 수가 적힌 칸수를 세어 봅니다.

13 쌓기나무가 1층에 5개, 2층에 4개, 3층에 2개이므로 똑같은 모양으로 쌓는 데 필요한 쌓기나무는 5+4+2=11(개)입니다.

14 돌리거나 뒤집어서 만들 수 있는 모양을 찾습니다.

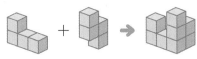

15 위에서 본 모양에 수를 쓰면 오른쪽과 같으므로 똑같은 모양으로 쌓는 데 필요한 쌓기나무는 1+3+2+1=7(개)입니다.
따라서 더 필요한 쌓기나무는 7-5=2(개)입니다.

4 비례식과 비례배분

19쪽 4단원 문장으로 이어지는 기초 학습

1 5, 2
2 11, 23
3 (위에서부터) 2, 21, 2
4 (위에서부터) 6, 48, 6
5 (위에서부터) 8, 9, 8
6 (위에서부터) 12, 72, 12
7 14 : 4에 ○표
8 3 : 1에 ○표
9 12 : 16에 ○표
10 12 : 7에 ○표

7 ┌─ ×2 ─┐
　7 : 2　14 : 4
　└─ ×2 ─┘

8 ┌─ ÷6 ─┐
　18 : 6　3 : 1
　└─ ÷6 ─┘

9 ┌─ ×2 ─┐
　6 : 8　12 : 16
　└─ ×2 ─┘

10 ┌─ ÷3 ─┐
　36 : 21　12 : 7
　└─ ÷3 ─┘

20쪽 4단원 문장으로 이어지는 기초 학습

1 (왼쪽부터) 10, 12, 10
2 (왼쪽부터) 63, 9, 63
3 예 17 : 8
4 예 7 : 11
5 예 3 : 2
6 예 5 : 6
7 예 12 : 25
8 예 2 : 1
9 예 21 : 20
10 예 5 : 4

기초 → 문장제
예 21 : 20

5 1.2 : 0.8 ➡ (1.2×10) : (0.8×10) ➡ 12 : 8
➡ (12÷4) : (8÷4) ➡ 3 : 2

6 0.25 : 0.3 ➡ (0.25×100) : (0.3×100) ➡ 25 : 30
➡ (25÷5) : (30÷5) ➡ 5 : 6

7 $\frac{2}{5} : \frac{5}{6}$ ➡ $\left(\frac{2}{5}\times30\right) : \left(\frac{5}{6}\times30\right)$ ➡ 12 : 25

8 $\frac{3}{4} : \frac{3}{8}$ ➡ $\left(\frac{3}{4}\times8\right) : \left(\frac{3}{8}\times8\right)$ ➡ 6 : 3
➡ (6÷3) : (3÷3) ➡ 2 : 1

9 $0.7 : \frac{2}{3}$ ➡ $\frac{7}{10} : \frac{2}{3}$ ➡ $\left(\frac{7}{10}\times30\right) : \left(\frac{2}{3}\times30\right)$
➡ 21 : 20

10 $1\frac{1}{2} : 1.2$ ➡ 1.5 : 1.2 ➡ (1.5×10) : (1.2×10)
➡ 15 : 12 ➡ (15÷3) : (12÷3) ➡ 5 : 4

4 단원 문장으로 이어지는 **기초** 학습

1 3, 21 / 7, 9 **2** 24, 4 / 32, 3
3 예 2:5=8:20 **4** 예 3:4=12:16
5 12 **6** 18
7 8 **8** 7
9 30 **10** 9

기초 → 문장제

30 cm

3 2:5의 비율 → $\dfrac{2}{5}$, 10:30의 비율 → $\dfrac{10}{30}=\dfrac{1}{3}$,

8:20의 비율 → $\dfrac{8}{20}=\dfrac{2}{5}$

➡ 2:5=8:20 또는 8:20=2:5

5 9:2=54:□

➡ 9×□=2×54, 9×□=108, □=12

6 □:42=3:7

➡ □×7=42×3, □×7=126, □=18

기초 → 문장제

(밑변의 길이):(높이)=3:2
➡ 3:2=45:□
➡ 3×□=2×45, 3×□=90, □=30

4 단원 문장으로 이어지는 **기초** 학습

1 (1) 200 (2) 600 **2** (1) 30 (2) 90
3 7, 2, $\dfrac{7}{9}$, 35 / 7, 2, $\dfrac{2}{9}$, 10
4 2, 3, $\dfrac{2}{5}$, 40 / 2, 3, $\dfrac{3}{5}$, 60
5 16, 12 **6** 18, 21
7 10, 2 **8** 24, 30

기초 → 문장제

10개, 2개

1 (2) 1:3=200:■ ➡ 1×■=3×200, ■=600
2 (2) 1:3=30:● ➡ 1×●=3×30, ●=90

기초 → 문장제

석진: $12×\dfrac{5}{5+1}=12×\dfrac{5}{6}=10$(개)

동생: $12×\dfrac{1}{5+1}=12×\dfrac{1}{6}=2$(개)

4 단원 성취도 평가

1 2, 9, 3, 6 **2** ㉡
3 (1) (왼쪽부터) 15, 6 (2) (왼쪽부터) 100, 5
4 5, 4, 28 / (왼쪽부터) 4, 5, 5, 35
5 **6** 예 7:6 **7** ㉢
8 (1) 36 (2) 45 **9** 예 5:7=35:49
10 건우 **11** 예 32:23 **12** 300, 200
13 5:8 **14** 2 **15** 16 g

3 (1) 비의 전항과 후항에 두 분모의 공배수인 15를 곱합니다.
  (2) 비의 전항과 후항을 두 수의 공약수인 100으로 나눕니다.

6 $0.7:\dfrac{3}{5}$ ➡ 0.7:0.6 ➡ (0.7×10):(0.6×10)
  ➡ 7:6

8 (1) 4:3=□:27
  ➡ 4×27=3×□, 108=3×□, □=36
  (2) 7:9=35:□
  ➡ 7×□=9×35, 7×□=315, □=45

9 3:4의 비율 → $\dfrac{3}{4}$, 5:7의 비율 → $\dfrac{5}{7}$,

12:20의 비율 → $\dfrac{12}{20}=\dfrac{3}{5}$,

35:49의 비율 → $\dfrac{35}{49}=\dfrac{5}{7}$

➡ 5:7=35:49 또는 35:49=5:7

12 0.3:0.2=3:2

➡ $500×\dfrac{3}{3+2}=500×\dfrac{3}{5}=300$,

$500×\dfrac{2}{3+2}=500×\dfrac{2}{5}=200$

13 ㉠:㉡=■:● 라 하면 외항의 곱과 내항의 곱이 같으므로 ㉠×●=㉡×■에서 ●=8, ■=5입니다.
  ➡ ㉠:㉡=5:8

14 4:7=16:★
  ➡ 4×★=7×16, 4×★=112, ★=28
  70:28=5:□
  ➡ 70×□=28×5, 70×□=140, □=2

15 소금의 양을 □ g이라 하면 4:11=□:44
  ➡ 4×44=11×□, 11×□=176, □=16입니다.
  따라서 소금의 양은 16 g입니다.

5 원의 넓이

1 길어집니다에 ○표 **2** 길어집니다에 ○표
3 3.1 **4** 3.1
5 3.1 **6** 3.1
7 3, 3.1, 3.14

3 (원주율)=37.7÷12=3.14··· ➡ 3.1

4 (원주율)=94.25÷30=3.14··· ➡ 3.1

5 반지름이 9 cm인 원의 지름은 18 cm이므로
(원주율)=56.54÷18=3.14··· ➡ 3.1

6 반지름이 13 cm인 원의 지름은 26 cm이므로
(원주율)=81.68÷26=3.14··· ➡ 3.1

7 94.25÷30=3.141···
• 반올림하여 일의 자리까지: 3.1··· ➡ 3
• 반올림하여 소수 첫째 자리까지: 3.14··· ➡ 3.1
• 반올림하여 소수 둘째 자리까지: 3.141··· ➡ 3.14

1 8, 24 **2** 27, 3, 9
3 30 cm **4** 42 cm
5 15 cm **6** 24 cm
7 10 cm **8** 14 cm

기초 ➡ 문장제
62.8÷3.14÷2=10 / 10 cm

3 (원주)=(지름)×(원주율)=10×3=30 (cm)

4 (원주)=7×2×3=42 (cm)

5 (지름)=(원주)÷(원주율)=46.5÷3.1=15 (cm)

6 (지름)=74.4÷3.1=24 (cm)

7 (반지름)=62.8÷3.14÷2=10 (cm)

8 (반지름)=87.92÷3.14÷2=14 (cm)

기초 ➡ 문장제
(반지름)=62.8÷3.14÷2=10 (cm)

1 16, 128, 16, 256 / 128, 256
2 75 cm² **3** 147 cm²
4 243 cm² **5** 675 cm²
6 432 cm² **7** 507 cm²

기초 ➡ 문장제
12×12×3=432 / 432 cm²

2 (원의 넓이)=5×5×3=75 (cm²)

3 (반지름)=14÷2=7 (cm)
➡ (원의 넓이)=7×7×3=147 (cm²)

4 (원의 넓이)=9×9×3=243 (cm²)

5 (반지름)=30÷2=15 (cm)
➡ (원의 넓이)=15×15×3=675 (cm²)

6 (원의 넓이)=12×12×3=432 (cm²)

7 (반지름)=26÷2=13 (cm)
➡ (원의 넓이)=13×13×3=507 (cm²)

기초 ➡ 문장제
(접시의 넓이)=12×12×3=432 (cm²)

1 100, 5, 77.5 / 100, 77.5, 22.5
2 64, 3.1, 24.8 / 64, 24.8, 88.8
3 6, 55.8, 2, 6.2 / 55.8, 6.2, 49.6
4 3.1, 310, 3.1, 77.5 / 310, 77.5, 232.5
5 144 cm² **6** 49 cm²

5 (반지름이 8 cm인 원의 넓이)=8×8×3=192 (cm²)
(반지름이 4 cm인 원의 넓이)=4×4×3=48 (cm²)
➡ (색칠한 부분의 넓이)=192−48=144 (cm²)

참고
도형들의 넓이를 더하거나 빼서 색칠한 부분의 넓이를 구할 수 있습니다.

6 (정사각형의 넓이)=14×14=196 (cm²)
(반지름이 7 cm인 원의 넓이)=7×7×3=147 (cm²)
➡ (색칠한 부분의 넓이)=196−147=49 (cm²)

29~30쪽 5단원 성취도 평가

1 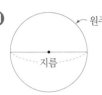 원주 / 지름

2 3.14

3 27.9 cm

4 10

5 32, 64

6 113.04 cm²　**7** 75 cm²

8 (왼쪽부터) 27, 9 / 243 cm²

9 1240 cm²　**10** 2.65

11 1323 cm²　**12** ㉠

13 942 cm　**14** 98 cm²

15 113.6 m²

---

5 (원 안에 있는 마름모의 넓이)=8×8÷2=32 (cm²)
(원 밖에 있는 정사각형의 넓이)=8×8=64 (cm²)
➡ 32 cm²<(원의 넓이)<64 cm²

8 (직사각형의 가로)=9×2×3×$\frac{1}{2}$=27 (cm)
(직사각형의 세로)=9 cm
➡ (원의 넓이)=27×9=243 (cm²)

9 (거울의 반지름)=40÷2=20 (cm)
➡ (거울의 넓이)=20×20×3.1=1240 (cm²)

10 (500원짜리 동전의 지름)=8.321÷3.14
=2.65 (cm)

11 그릴 수 있는 가장 큰 원의 지름은 42 cm입니다.
(반지름)=42÷2=21 (cm)
➡ (원의 넓이)=21×21×3=1323 (cm²)

12 ㉠ (접시의 넓이)=7×7×3.1=151.9 (cm²)
㉢ (접시의 넓이)=5×5×3.1=77.5 (cm²)
➡ ㉠ 151.9 cm²>㉡ 111.6 cm²>㉢ 77.5 cm²

13 반지름이 15 cm인 원의 지름은 30 cm이므로
(원주)=30×3.14=94.2 (cm)입니다.
➡ (굴러간 거리)=94.2×10=942 (cm)

14 14 cm / 7 cm
반원 부분을 옮기면 직사각형과 같습니다.
➡ (색칠한 부분의 넓이)
=14×7=98 (cm²)

15 (정사각형 부분의 넓이)=8×8=64 (m²)
(반원 2개의 넓이의 합)=4×4×3.1=49.6 (m²)
➡ (잔디밭의 넓이)=64+49.6=113.6 (m²)

---

6 원기둥, 원뿔, 구

31쪽 6단원 기초력 집중 연습

1 (×) (○) (×)　**2** (×) (○) (×)

3 　**4**

5 　　**6** 9 cm

7 4 cm

8 8 cm　**9** 10 cm, 10 cm

10 6 cm, 24 cm

---

3 서로 평행하고 합동인 두 면을 찾아 색칠합니다.

6 원기둥의 높이는 두 밑면에 수직인 선분의 길이입니다.

9 만든 원기둥의 높이는 직사각형의 세로의 길이와 같고, 원기둥의 밑면의 반지름은 직사각형의 가로의 길이와 같습니다.
➡ (원기둥의 높이)=10 cm,
(밑면의 지름)=(밑면의 반지름)×2
=5×2=10 (cm)

10 (원기둥의 높이)=6 cm,
(밑면의 지름)=(밑면의 반지름)×2
=12×2=24 (cm)

32쪽 6단원 기초력 집중 연습

1 나　　**2** 가

3  　**4**

5 10 cm, 62 cm　**6** 15 cm, 46.5 cm

7 24.8, 9　**8** 37.2, 10

---

1 가: 두 밑면이 합동이 아닙니다.

2 나: 두 밑면이 서로 겹쳐집니다.

5 원기둥의 밑면의 둘레는 전개도에서 옆면의 가로의 길이와 같습니다.

7 (옆면의 가로)=(밑면의 둘레)
$=4×2×3.1=24.8$ (cm)
(옆면의 세로)=(원기둥의 높이)=9 cm

8 (옆면의 가로)=(밑면의 둘레)
$=6×2×3.1=37.2$ (cm)
(옆면의 세로)=(원기둥의 높이)=10 cm

33쪽	**6** 단원 기초력 **집중 연습**

1 (○) (×) (×)   **2** (×) (×) (○)
3 높이   **4** 모선의 길이
5 밑면의 지름   **6** 5 cm, 13 cm
7 15 cm, 17 cm   **8** 6 cm, 8 cm
9 7 cm, 10 cm

8 (밑면의 지름)=$4×2=8$ (cm)

9 (밑면의 지름)=$5×2=10$ (cm)

34쪽	**6** 단원 기초력 **집중 연습**

1 (×) (×) (○)   **2** (○) (×) (×)
3 (왼쪽부터) 구의 중심, 구의 반지름
4 4 cm   **5** 5 cm
6 9 cm   **7** 10 cm
8 12 cm   **9** 16 cm
10 7   **11** 10

8 구의 반지름이 6 cm이므로
구의 지름은 $6×2=12$ (cm)입니다.

9 구의 반지름이 8 cm이므로
구의 지름은 $8×2=16$ (cm)입니다.

10 구의 지름은 반원의 지름과 같습니다.
(구의 반지름)=$14÷2=7$ (cm)

11 (구의 반지름)=$20÷2=10$ (cm)

35~36쪽	**6** 단원 성취도 평가

1 가, 바 / 다, 마   **2** 4 cm
3 12 cm, 5 cm
4

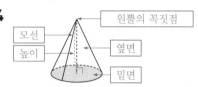

5 ㉢   **6** 원뿔, 구에 ○표
7 5 cm
8 15 cm, 17 cm, 16 cm
9 7 cm
10 ◯ , △ , △
11 (위에서부터) 7, 42, 11
12 서은, 예서   **13** 3 cm
14 124 cm²

3 원기둥의 밑면의 반지름이 6 cm이므로 지름은
$6×2=12$ (cm)입니다.
원기둥의 높이는 두 밑면에 수직인 선분의 길이이므로
5 cm입니다.

5 ㉠ 옆면과 밑면이 서로 겹쳐지므로 원기둥을 만들 수
없습니다.
㉡ 옆면이 직사각형이 아니므로 원기둥을 만들 수 없
습니다.

7 한 변을 기준으로 직사각형 모양의 종이를 한 바퀴 돌
리면 높이가 5 cm이고, 밑면의 반지름이 2 cm인 원
기둥이 만들어집니다.

9 (구의 지름)=(반원의 지름)=14 cm
➔ (구의 반지름)=$14÷2=7$ (cm)

11 (옆면의 가로)=(밑면의 둘레)=$7×2×3=42$ (cm)
(옆면의 세로)=(원기둥의 높이)=11 cm

12 진호: 원기둥에는 꼭짓점과 모서리가 없습니다.

13 (밑면의 둘레)=(옆면의 가로)=18.84 cm
(밑면의 반지름)=$18.84÷3.14÷2=3$ (cm)

14 (롤러를 한 바퀴 굴렸을 때 칠해진 부분의 넓이)
=(옆면의 넓이)
➔ 옆면의 가로가 10 cm이고 옆면의 세로가
$2×2×3.1=12.4$ (cm)이므로 페인트가 칠해진
부분의 넓이는 $10×12.4=124$ (cm²)입니다.